前言

随着我国经济的快速发展和人民生活水平的不断提高，人们对居住品质的要求日益提升，“好房子”已成为房地产行业和建筑领域的重要发展方向。同时，随着房屋建筑的发展与变化，房子逐渐出现迭代现象。目前已经出现了低密度、高得房率、户型优化、提升公区标准、双套房、恒温泳池、健身房、品质架空层、台地水景、集中供能、统一封闭阳台、升级大门、下沉式绿地、入户大厅星空吊顶、首层架空层等“实战”应用或者实际应用场景。为贯彻落实国家《住宅项目规范》(GB 55038—2025)的最新要求，推动住宅建设向高品质、人性化、智能化方向转型，我们精心编写了本书，旨在为行业从业者提供一本权威、实用、全面的技术指南。

本书共8章，分别介绍了住宅基础知识与相关标准；“好房子”之建筑与装饰要求；“好房子”之给水排水、通风与空调要求；“好房子”之燃气、电气与智能化要求；“好房子”之公建化外立面与公区要求；“好房子”之园林庭院绿化要求；“好房子”之游泳池要求；“好房子”之车库吊顶与水磨石地面要求等内容。本书主要特点如下。

1. 紧扣最新标准，内容权威规范

本书以《住宅项目规范》(GB 55038—2025)为核心依据，结合现行国家标准、行业规范及地方政策，确保内容符合最新法规要求，为读者提供权威的技术支撑。

2. 涵盖全流程，系统性强

从住宅设计、施工、安装到验收，本书全面覆盖住宅建设的各个环节，包括建筑结构、给排水、电气智能化、园林绿化、公共空间优化等，形成完整的技术体系。

3. 实战经验丰富，实用性强

不仅讲解规范条文，还结合行业最新实践，提供“黄金尺寸”“LDKG一体化”“双套房设计”等实战技巧，帮助读者解决实际工程中的难点问题。

4. 图解直观，易于理解

采用大量图表和示意图，将复杂的规范条款和施工工艺可视化，降低学习门槛，提升阅读效率。

5. 聚焦行业趋势，创新性强

针对当前住宅市场的热点需求，如低密度社区、高得房率优化、公建化外立面、智能家居等，提供前沿技术和创新解决方案。

6. 适用人群广泛，参考价值高

本书既适合建筑设计、施工、监理等专业人员参考，也可作为大中专院校教材或培训资料，同时为房地产开发商、装修公司及自建房业主提供实用指导。

本书在编写过程中，参考了一些珍贵的资料、文献、网站，在此向这些资料、文献、网站的作者或者单位深表谢意！ 另外，本书在编写过程中还参考了有关标准、规范、要求、政策、方法等资料，从而保证本书内容的时效性并符合现行要求。

本书由阳许倩、阳鸿钧、阳育杰、许四一、欧小宝、阳红珍、许小菊、阳梅开、许满菊、阳苟妹、许秋菊等人员参加编写或支持编写，或者从事相关协助工作。 另外，本书的编写还得到了一些同行、朋友及有关单位的帮助与支持，在此向他们表示衷心的感谢！

由于时间有限，书中难免存在不足之处，敬请读者批评、指正。

好房子这样造

“新规”住宅设计、施工、安装与验收

阳许倩 / 等 编著

化学工业出版社
·北京·

内容简介

本书是一本全面解析高品质住宅设计、施工、安装与验收的实用指南。全书紧密结合国家新标准《住宅项目规范》（GB 55038—2025），系统介绍了“好房子”在建筑、装饰、给排水、通风与空调、电气智能化、外立面与公区、园林绿化等领域的核心技术与实战经验。内容涵盖低密度设计、高得房率优化、双套房布局、公建化外立面等前沿趋势，并通过图解形式直观呈现技术要点，助力读者快速掌握行业新规与实操技能。

本书可供住宅建筑施工人员、设计人员、管理人员，房地产企业管理人员，监理单位技术人员等参考阅读，也可作为大中专院校相关专业、培训学校等的参考用书。

图书在版编目（CIP）数据

好房子这样造：“新规”住宅设计、施工、安装与验收 / 阳许倩等编著. -- 北京：化学工业出版社，2025. 12. -- ISBN 978-7-122-49108-4

Ⅰ. TU241

中国国家版本馆 CIP 数据核字第 2025DJ7498 号

责任编辑：彭明兰　　文字编辑：连思佳
责任校对：边　涛　　装帧设计：刘丽华

出版发行：化学工业出版社
（北京市东城区青年湖南街 13 号　邮政编码 100011）
印　　装：三河市航远印刷有限公司
787mm×1092mm　1/16　印张 15　字数 347 千字
2026 年 1 月北京第 1 版第 1 次印刷

购书咨询：010-64518888　　售后服务：010-64518899
网　　址：http://www.cip.com.cn
凡购买本书，如有缺损质量问题，本社销售中心负责调换。

定　　价：69.80 元

目录

第1章

住宅基础知识与相关标准

1.1 住宅基础知识

1.1.1 住宅的概念与术语解说

住宅的概念及相关术语解说如表 1-1 所示。

表 1-1 住宅的概念及相关术语解说

名称	解说
办公建筑	办公建筑是指供机关、团体、企事业单位办理行政事务与从事各类业务活动的建筑物
半地下室	半地下室是指房间楼(地)面低于室外设计地坪的高度超过该房间建筑层高的 1/3,且不超过 1/2 者
变形缝	变形缝是指为防止建筑物在外界因素作用下,结构内部产生附加变形与应力,导致建筑物开裂、碰撞甚至破坏而预留的构造缝,包括伸缩缝、沉降缝、抗震缝等
层高	①层高是指建筑物各层间以楼(地)面面层(设计完成面)计算的垂直距离; ②屋顶层的层高是指由该层楼面面层(设计完成面)到平屋面的结构面层或至坡屋顶的结构梁顶与外墙结构面延长线的交点所计算的垂直距离
地下室	地下室是指房间楼(地)面低于室外设计地坪的高度超过该房间建筑层高的 1/2 者
房屋层数	①房屋层数是指房屋的自然层数,一般根据室内地坪±0 以上计算; ②采光窗在室外地坪以上的半地下室,其室内层高在 2.20m 以上(不含 2.20m)的,计算自然层数
房屋建成年份	①房屋建成年份是指房屋实际竣工年份; ②拆除翻建的房屋应以翻建竣工年份为准; ③一幢房屋有两种以上建成年份的,应分别注明
房屋墙体归属	房屋墙体归属是指房屋四面墙体所有权的归属,包括自有墙、共有墙、借墙三类
房屋权界线	①房屋权界线是指房屋权属范围的界线,包括共有共用房屋的权界线; ②以产权人的指界与邻户认证来确定,并且应对有争议的权界线做相应记录
房屋权界线示意图	①房屋权界线示意图是指以权属单元为单位绘制的略图,其表示房屋及其相关位置、权界线、共有共用房屋权界线,以及与邻户相连墙体的归属,并且应标注房屋边长; ②对有争议的权界线应标注部位

续表

名称	解说
房屋用地界线	①房屋用地界线是指房屋用地范围的界线； ②房屋用地界线包括共用院落的界线，由产权人（用地人）指界与邻户认证来确定； ③提供不出证据或有争议的房屋应根据实际使用范围标出争议部位，按未定界处理
房屋总层数	①房屋总层数为房屋地上层数与地下层数之和； ②假层、附层（夹层）、插层、阁楼（暗楼）、装饰性塔楼、突出屋面的楼梯间和水箱间不计层数； ③所在层次是指本权属单元的房屋在该幢楼房中的第几层，地下层次以负数表示
公共建筑	公共建筑是指供人们进行各种公共活动的建筑物
管道井	管道井是指建筑物中用于布置设备管线与设备的竖向井道
过街楼	①过街楼是指跨越道路上空，并且与两边建筑相连接的建筑物； ②过街楼也指当有道路在建筑群中穿过时，为了保证建筑物间的功能联系，设置跨越道路上空使两边建筑相连接的建筑物
架空层	架空层是指建筑物中仅有结构支撑而无外围护结构的开敞楼层
架空走廊	架空走廊是指专门设置在建筑物的二层或二层以上，作为不同建筑物之间水平交通的空间
建筑空间	①建筑空间是指以建筑界面限定的、供人们生活与活动的场所； ②具备可出入、可利用条件的围合空间
结构层	结构层是指整体结构体系中承重的楼板，特指整体结构体系中承重的楼层，包括板、梁等构件
结构层高	结构层高是指楼（地）面结构层上表面到上部结构层上表面间的垂直距离
居住建筑	①居住建筑是指供人们居住使用的场所； ②根据居住特点与管理方式，居住建筑分为住宅类居住建筑、非住宅类居住建筑
勒脚	勒脚是指在房屋外墙接近地面部位设置的饰面保护构造
露台	露台是指设置在屋面、首层地面或雨篷上的供人室外活动的有围护设施的平台
门斗	门斗是指建筑物入口处两道门之间的空间
门廊	①门廊是指建筑物入口前有顶棚的半围合空间； ②门廊是在建筑物出入口，无门、三面或两面有墙，上部有板（或借用上部楼板）围护的部位
坡道	坡道是指连接不同标高的楼（地）面的斜坡式交通道
骑楼	①骑楼是指建筑底层沿街面后退且留出公共人行空间的建筑物； ②骑楼是指沿街二层以上用承重柱支撑骑跨在公共人行空间之上，其底层沿街面后退的建筑物
裙房	裙房是指在高层建筑主体投影范围外，与建筑主体相连且建筑高度不大于 24m 的附属建筑
商业服务网点	商业服务网点是指设置在住宅建筑首层或首层及二层，每个分隔单元建筑面积不大于 $300m^2$ 的商店、邮政所、储蓄所、理发店等小型营业性用房
挑廊	挑廊是指挑出建筑物外墙的水平交通空间
通风道	通风道是指建筑物内用于组织进风、排风的管道、井道

续表

名称	解说
凸窗(飘窗)	①凸窗(飘窗)是指凸出建筑物外墙面的窗户; ②凸窗(飘窗)有别于楼(地)板的延伸,窗台应只是墙面的一部分且距(楼)地面应有一定的高度
围护结构	围护结构是指围合建筑空间的墙体、门、窗
围护设施	围护设施是指为了保障安全而设置的栏杆、栏板等围挡
烟道	烟道是指排放各种烟气的管道、井道
檐廊	①檐廊是指建筑物挑檐下的水平交通空间; ②檐廊附属于建筑物底层,外墙有屋檐作为顶盖,其下部一般有柱或栏杆、栏板等
用地范围的界标	用地范围的界标是指用地界线上的各种标志,包括道路、河流等自然界线、房屋墙体、围墙、栅栏等围护物体,以及界碑、界桩等埋石标志
用地略图	用地略图是指以用地单元为单位绘制的略图,其表示房屋用地位置、四至关系、用地界线、共用院落的界线,以及界标类别与归属,并且标注房屋用地界线边长
用地四至	用地四至是指用地范围与四邻接壤的情况,一般按东、南、西、北方向注明邻接丘号或街道名称
雨篷	雨篷是指建筑出入口上方、凸出墙面、为遮挡雨水而单独设置的建筑部件
主体结构	主体结构是指接受、承担、传递建设工程所有上部荷载,维持上部结构整体性、稳定性、安全性的有机联系的构造
自然层	自然层是指根据楼(地)面结构分层的楼层

1.1.2　住宅与房屋的分类

(1) 房屋建筑结构可以分为钢结构、钢-钢筋混凝土结构、钢筋混凝土结构、混合结构、砖木结构等类别,如图 1-1 所示。

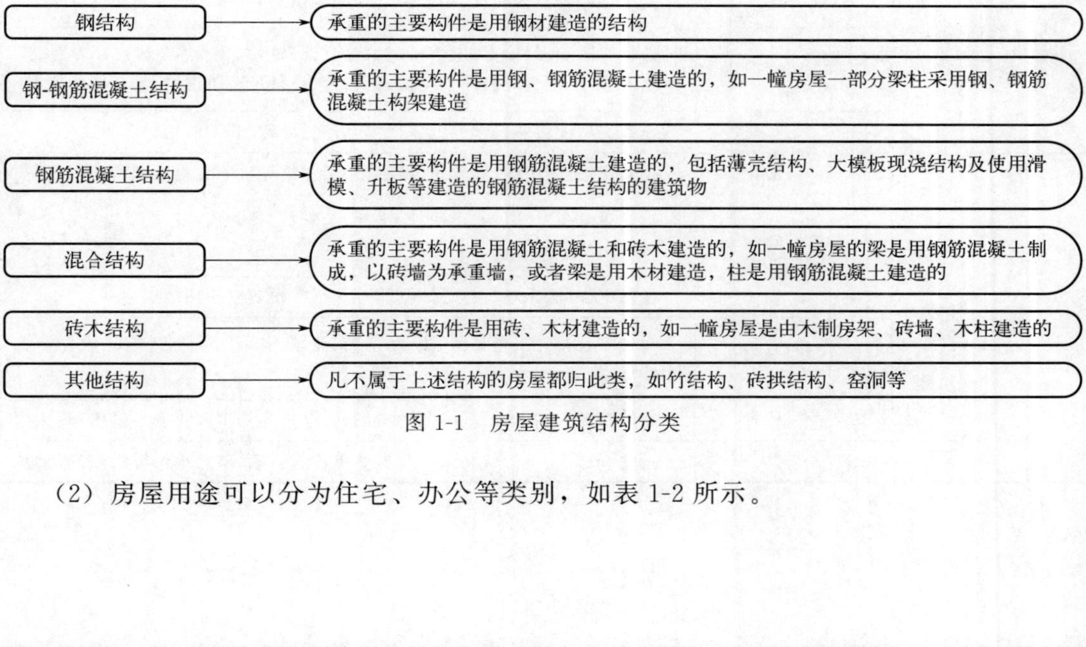

图 1-1　房屋建筑结构分类

(2) 房屋用途可以分为住宅、办公等类别,如表 1-2 所示。

表 1-2　房屋用途分类

<table>
<tr><th colspan="2">一级分类</th><th colspan="2">二级分类</th><th rowspan="2">内容</th></tr>
<tr><th>编号</th><th>名称</th><th>编号</th><th>名称</th></tr>
<tr><td rowspan="3">10</td><td rowspan="3">住宅</td><td>11</td><td>成套住宅</td><td>指由若干卧室、起居室、厨房、卫生间、室内走道或客厅等组成的供一户使用的房屋</td></tr>
<tr><td>12</td><td>非成套住宅</td><td>指人们生活居住的但不成套的房屋</td></tr>
<tr><td>13</td><td>集体宿舍</td><td>指机关、学校、企事业单位供单身职工、学生居住的房屋，集体宿舍是住宅的一部分</td></tr>
<tr><td rowspan="7">20</td><td rowspan="7">工业、交通、仓储</td><td>21</td><td>工业</td><td>指各类工厂、车间、手工作坊、发电厂等用来从事生产活动的独立设置的房屋</td></tr>
<tr><td>22</td><td>公用设施</td><td>指用于从事自来水、泵站、污水处理、变电、燃气、供热、垃圾处理、环卫、公厕、殡葬、消防等市政公用事业的房屋</td></tr>
<tr><td>23</td><td>铁路</td><td>指铁路系统用于从事铁路运输的房屋</td></tr>
<tr><td>24</td><td>民航</td><td>指民航系统用于从事民航运输的房屋</td></tr>
<tr><td>25</td><td>航运</td><td>指航运系统用于从事水路运输的房屋</td></tr>
<tr><td>26</td><td>公交运输</td><td>指公路运输、公共交通系统用于从事客、货运输，装卸，搬运的房屋</td></tr>
<tr><td>27</td><td>仓储</td><td>指用于储备、中转、外贸、供应等各种仓库、油库用房</td></tr>
<tr><td rowspan="5">30</td><td rowspan="5">商业、金融、信息</td><td>31</td><td>商业服务</td><td>指各类商店、门市部、饮食店、粮油店、菜场、理发店、照相馆、浴室、旅社、招待所等从事商业和为居民生活服务所用的房屋</td></tr>
<tr><td>32</td><td>经营</td><td>指各种开发、装饰、中介公司等从事各类经营业务活动所用的房屋</td></tr>
<tr><td>33</td><td>旅游</td><td>指宾馆、饭店、乐园、俱乐部、旅行社等主要从事旅游服务所用的房屋</td></tr>
<tr><td>34</td><td>金融保险</td><td>指银行、储蓄所、信用社、信托公司、证券公司、保险公司等从事金融服务所用的房屋</td></tr>
<tr><td>35</td><td>电信信息</td><td>指各种邮电、电信部门、信息产业部门等从事电信与信息工作所用的房屋</td></tr>
<tr><td rowspan="3">40</td><td rowspan="3">教育、医疗卫生、科研</td><td>41</td><td>教育</td><td>指大专院校、中等专业学校、中学、小学、幼儿园、托儿所、职业学校、业余学校、干校、党校、进修院校、工读学校、广播电视大学等从事教育所用的房屋</td></tr>
<tr><td>42</td><td>医疗卫生</td><td>指各类医院、门诊部、卫生所（站）、检（防）疫站、保健院（站）、疗养院、医学化验、药品检验等医疗卫生机构从事医疗、保健、防疫、检验所用的房屋</td></tr>
<tr><td>43</td><td>科研</td><td>指各类从事自然科学、社会科学等研究、设计、开发所用的房屋</td></tr>
<tr><td rowspan="5">50</td><td rowspan="5">文化、娱乐、体育</td><td>51</td><td>文化</td><td>指文化馆、图书馆、展览馆、博物馆、纪念馆等从事文化活动所用的房屋</td></tr>
<tr><td>52</td><td>新闻</td><td>指广播电视台、电台、出版社、报社、杂志社、通讯社、记者站等从事新闻出版所用的房屋</td></tr>
<tr><td>53</td><td>娱乐</td><td>指影剧院、游乐场、俱乐部、剧团等从事文娱演出所用的房屋</td></tr>
<tr><td>54</td><td>园林绿化</td><td>指公园、动物园、植物园、陵园、苗圃、花圃、花园、风景名胜、防护林等所用的房屋</td></tr>
<tr><td>55</td><td>体育</td><td>指体育场、体育馆、游泳池、射击场、跳伞塔等从事体育所用的房屋</td></tr>
<tr><td>60</td><td>办公</td><td>61</td><td>办公</td><td>指党、政机关、群众团体、行政事业单位等行政、事业单位等所用的房屋</td></tr>
</table>

续表

一级分类		二级分类		内容
编号	名称	编号	名称	
70	军事	71	军事	指中国人民解放军军事机关、营房、阵地、基地、机场、码头、工厂、学校等所用的房屋
80	其他	81	涉外	指外国使、领馆,驻华办事处等涉外所用的房屋
		82	宗教	指寺庙、教堂等从事宗教活动所用的房屋
		83	监狱	指监狱、看守所、劳改场(所)等所用的房屋

(3) 房屋产别可以分为国有房产、集体所有房产、私有房产等类别,如表1-3所示。

表1-3 房屋产别分类

一级分类		二级分类		含义
编号	名称	编号	名称	
10	国有房产			指归国家所有的房产。包括由政府接管、国家经租、收购、新建以及由国有单位用自筹资金建造或购买的房产
		11	直管产	指由政府接管、国家经租、收购、新建、扩建的房产(房屋所有权已正式划拨给单位的除外),大多数由政府房地产管理部门直接管理、出租、维修,少部分免租拨借给单位使用
		12	自管产	指国家划拨给全民所有制单位所有以及全民所有制单位自筹资金购买或建造的房产
		13	军产	指中国人民解放军部队所有的房产。包括由国家划拨的房产、利用军费开支或军队自筹资金购买或建造的房产
20	集体所有房产			指城市集体所有制单位所有的房产。即集体所有制单位投资建造、购买的房产
30	私有房产			指私人所有的房产。包括中国公民、港澳台同胞、海外侨胞、在华外国侨民、外国人所投资建造、购买的房产,以及中国公民投资的私营企业(私营独资企业、私营合伙企业和私营有限责任公司)所投资建造、购买的房产
		31	部分产权	指按照房改政策,职工个人以标准价购买的住房,拥有部分产权
40	联营企业房产			指不同所有制性质的单位之间共同组成新的法人型经济实体所投资建造、购买的房产
50	股份制企业房产			指股份制企业所投资建造或购买的房产
60	港、澳、台投资房产			指港、澳、台地区投资者以合资、合作或独资在祖国大陆举办的企业所投资建造或购买的房产
70	涉外房产			指中外合资经营企业、中外合作经营企业和外资企业、外国政府、社会团体、国际性机构所投资建造或购买的房产
80	其他房产			凡不属于以上各类别的房屋,都归在这一类,包括因所有权人不明,由政府房地产管理部门、全民所有制单位、军队代为管理的房屋以及宗教、寺庙等房屋

(4) 房屋用地用途可以分为商业金融业用地、住宅用地等类别,如表1-4所示。

表 1-4 房屋用地用途分类

一级分类		二级分类		含义
编号	名称	编号	名称	
10	商业金融业用地			指商业服务业、旅游业、金融保险业等用地
		11	商业服务业	指各种商店、公司、修理服务部、生产资料供应站、饭店、旅社、对外经营的食堂、文印誊写社、报刊门市部、蔬菜销转运站等用地
		12	旅游业	指主要为旅游业服务的宾馆、饭店、大厦、乐园、俱乐部、旅行社、旅游商店、友谊商店等用地
		13	金融保险业	指银行、储蓄所、信用社、信托公司、证券交易所、保险公司等用地
20	工业、仓储用地			指工业、仓储用地
		21	工业	指独立设置的工厂、车间、手工业作坊、建筑安装的生产场地、排渣(灰)场等用地
		22	仓储	指国家、省(自治区、直辖市)及地方的储备、中转、外贸、供应等各种仓库、油库、材料堆积场及其附属设备等用地
30	市政用地			指市政公用设施、绿化用地
		31	市政公用设施	指自来水厂、泵站、污水处理厂、变电(所)站、煤气站、供热中心、环卫所、公共厕所、火葬场、消防队、邮电局(所)及各种管线工程专用地段等用地
		32	绿化	指公园、动植物园、陵园、风景名胜、防护林、水源保护林以及其他公共绿地等用地
40	公共建筑用地			指文化、体育、娱乐、机关、宣传、科研、设计、教育、医卫等用地
		41	文化、体育、娱乐	指文化馆、博物馆、图书馆、展览馆、纪念馆、体育场馆、俱乐部、影剧院、游乐场、文艺体育团体等用地
		42	机关、宣传	指党政事业机关及工、青、妇等群众组织驻地，广播电台、电视台、出版社、报社、杂志社等用地
		43	科研、设计	指科研、设计机构用地。如研究院(所)、设计院及其试验室、试验场等用地
		44	教育	指大专院校，中等专业学校，职业学校，干校，党校，中、小学校，幼儿园，托儿所，业余进修院(校)，工读学校等用地
		45	医卫	指医院、门诊部、保健院(站、所)、疗养院(所)、救护站、血站、卫生院、防治所、检疫站、防疫站、医学化验、药品检验等用地
50	住宅用地			指供居住的各类房屋用地
60	交通用地			指铁路、民用机场、港口码头及其他交通用地
		61	铁路	指铁路线路及场站、地铁出入口等用地
		62	民用机场	指民用机场及其附属设施用地
		63	港口码头	指供客、货运船停靠的场所用地

续表

一级分类		二级分类		含义
编号	名称	编号	名称	
		64	其他交通	指车场(站)、广场、公路、街、巷、小区内的道路等用地
70	特殊用地			指军事设施、涉外、宗教、监狱等用地
		71	军事设施	指军事设施用地。包括部队机关、营房、军用工厂、仓库和其他军事设施等用地
		72	涉外	指外国使馆、驻华办事处等用地
		73	宗教	指专门从事宗教活动的庙宇、教堂等宗教用地
		74	监狱	指监狱、看守所、劳改场(所)等用地
80	水域用地			指河流、湖泊、水库、坑塘、沟渠、防洪堤坝等用地
90	农用地			指水田、菜地、旱地、园地等用地
		91	水田	指筑有田埂(坎)的可以经常蓄水用于种植水稻等水生作物的耕地
		92	菜地	指以种植蔬菜为主的耕地。包括温室、塑料大棚等用地
		93	旱地	指水田、菜地以外的耕地。包括水浇地和一般旱地
		94	园地	指种植以采集果、叶、根、茎等为主的集约经营的多年生木本和草本作物,覆盖度大于 50%或每亩[①] 株数大于合理株数 70%的土地,包括果树苗圃等用地
00	其他用地			指各种未利用土地、空闲地等其他用地

① 1 亩 $=666.67m^2$。

1.1.3 低密宜居住宅与容积率的计算

(1) 低密，就是指低密度。低密度住宅是指住宅建筑分布较为稀疏、每单位住宅占地面积相对较大的住宅类型。

低密度住宅往往意味着更高质量的居住环境，即低密宜居。低密度住宅也往往具有低容积率、高绿化率、私密性好等特点。因此，好房子应为“低密度低容积率住宅”。

(2) 容积率是衡量住宅密集程度的重要指标。低密度住宅的容积率较低，意味着建筑物之间的空地较多，环境较为开阔。

容积率的标准术语解释为：是指在一定用地范围内，建设项目计算容积率建筑面积(简称“计容面积”)与总建设用地面积的比值。因此，推知容积率的计算公式如图 1-2 所示。

计容面积：数值上等于建设用地内建筑的地上、地下所有计容面积之和

$$容积率=\frac{计容面积}{建设用地面积}$$

除规定的特定情况外，地下建筑无论是否为经营性质，其建筑面积一律不纳入容积率计算

图 1-2 容积率的计算公式

1.1.4 计容面积的计算

计容面积的计算因时间、地区不同而存在差异。某地规定计算容积率时，计容面积应根据以下规定进行计算。

（1）建筑外墙抹灰、镶贴块料面层、装饰面、装饰性幕墙不计入计容面积。

（2）非机动车停车棚——无围护结构的非机动车停车棚不计入容积率。

（3）避难层——避难层中的避难空间不计入计容面积，避难层中除避难空间外的其他空间，如楼梯、电梯井、前室（合用前室）、配电室等空间，按其水平投影面积计算计容面积。

（4）门卫室——居住小区结合每个出入口可分别设置一处门卫室，用于通行管理、信息传达、安全保卫，其建筑面积不大于 $20m^2$，不计入容积率。超出上述要求的部分根据实际面积计容。

（5）地下室附属的地上空间——非机动车坡道与机动车坡道的出入口顶棚、地下车库附建的风井、不与地上楼梯间共用的地下疏散楼梯、地下室室外疏散楼梯上方设置的雨篷、城市地铁出入口的地面部分不计入容积率。住宅建筑在主体结构内用于地下室疏散的室外走道不计入容积率。

（6）阳台——每个户型阳台的水平投影面积之和不应超过该户型套内建筑面积的16%，且不应大于 $24m^2$。阳台进深不超过 2.1m 的部分按阳台围护设施（或围护结构）外表面所围空间水平投影面积的 1/2 计入容积率，进深超过 2.1m 的部分按全部面积计入容积率。

（7）架空层——紧邻居住小区集中绿地、活动场地的住宅建筑（低、多层住宅除外）底层设置的架空层，仅作为公共休闲、绿化等公共开敞空间使用的，其层高不应小于 3.6m，电梯、楼梯、门厅、设备管井、市政设备设施等必要使用空间的建筑面积累计不大于底层投影面积的 30%，满足以上条件的架空层不计入容积率。当必要使用空间的建筑面积累计大于底层投影面积的 30%时，架空层的架空空间不计容，必要使用空间计容。

（8）居住建筑计容面积的计算方式如下。

① 结构层高在 3.6～4.7m（不含 3.6m）的计算 1.5 倍计容面积；

② 结构层高在 4.7m 以上（不含 4.7m）的计算 2 倍计容面积；

③ 住宅套内建筑面积超过 $140m^2$ 的，当其起居室（厅）挑空空间层高不大于两层层高，水平投影面积不超过住宅套内建筑面积的 25%且不大于 $50m^2$ 时，根据其水平投影面积计入计容面积，超出部分按 2 倍计入计容面积。

（9）住宅、办公、商业建筑的门厅、大堂、中庭、内廊、采光厅、异形屋顶等公共部分与用于开展影视、体育、会议等活动的具有特殊层高要求的功能用房，以及特殊用途的大型商业用房，机场、地铁车辆段、车站、体育馆、博物馆、展览馆等建筑，可以根据其水平投影面积计入计容面积。

（10）下沉空间——设有下沉空间的地下建筑，其建筑面积计入地下总建筑面积。分别计算计容面积的情况如下。

① 采光井或者下沉庭院的计容面积，如图 1-3 所示。

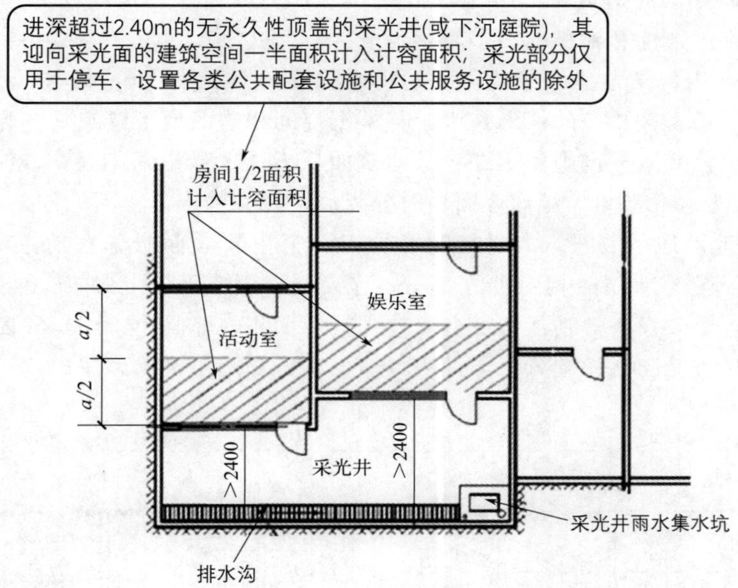

图 1-3 采光井（或下沉庭院）计容面积

a—房间进深

② 下沉式广场一般为与其相连的地下商业、地下轨道交通服务，解决地下空间的通风、采光、消防等多方面的问题，具有一定的尺度的计容面积，如图 1-4 所示。

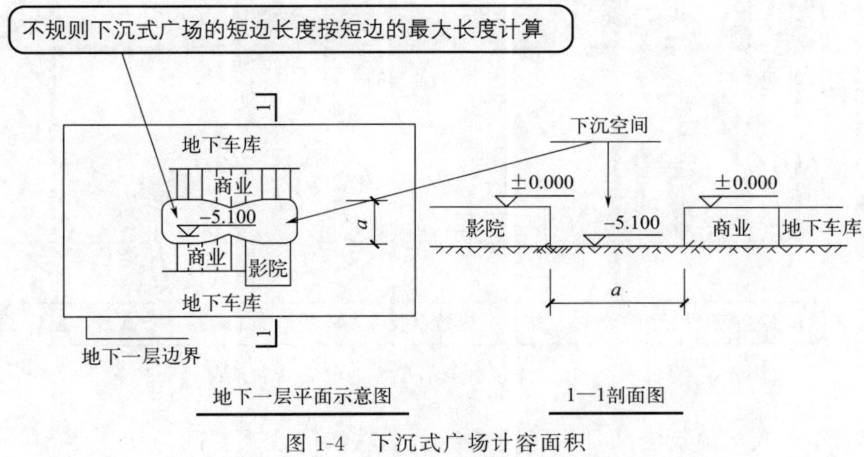

图 1-4 下沉式广场计容面积

a—下沉式广场短边长度

a. 下沉式广场短边长度小于或等于 13m 时，其迎向下沉式广场的地下建筑空间按单一功能空间的 1/2 面积计入计容面积。单一功能空间进深超过 13m 的，按下沉式广场短边长度控制。单一功能空间仅用于停车、设置各类公共配套设施的，不计入容积率。

b. 下沉式广场短边长度超过 13m 时，其迎向下沉式广场的建筑内部空间按单一功能空间面积计入计容面积。单一功能空间进深超过 13m 的，根据 13m 控制。单一功能空间仅用于停车、设置各类公共配套设施的，不计入容积率。

c. 下沉式广场与周边道路、广场直接相连时，下沉式广场地坪视为周围建筑的室外地坪，根据相应规则计算容积率。

d. 居住小区内部结合集中绿地、活动场地设置的下沉式广场（包括下沉式广场与小区内部道路、广场直接相连的情形）中，与下沉空间相连的地下建筑，作为停车库、各类公共配套设施、公共服务设施使用的，其建筑面积不计入容积率。

（11）临街的地下空间计算计容面积时分为以下几种情况。

① 混合功能的地下空间，当建筑物不少于一个主要立面全部在地上，其临街（路）界面用于商业经营等功能的相对独立部分，全部计入计容面积。临街（路）界面用于停车、储藏、设置市政设备等功能的部分，计入计容面积。非临街（路）界面用于停车、储藏、设置市政设备等功能的部分，不计入计容面积，如图 1-5 所示。

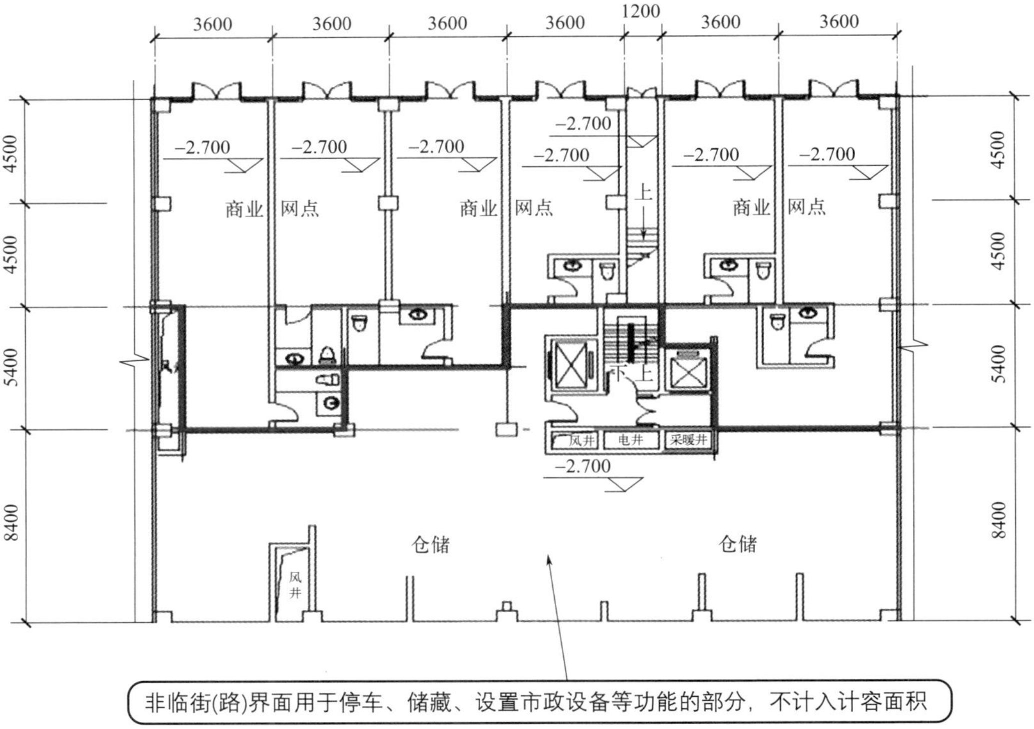

图 1-5　不少于一个主要立面全部在地上的混合功能的地下空间

② 功能不分离的地下空间，用于商业经营等功能的建筑空间与用于停车、储藏、设置市政设备等功能的建筑空间无法完全分离时，临街（路）部分全部计入计容面积，非临街（路）部分不计入计容面积，如图 1-6 所示。

③ 局部露出地面的地下空间，主入口在地上，其他部分在地下的商业、酒店等建筑的计容面积计算，如图 1-7 所示。

（12）超低能耗建筑——符合超低能耗建筑（含被动房）建设标准要求的工程项目，在计算、统计建筑面积时，超出现行节能设计标准规定增加的保温层厚度的，根据规定计算建筑面积，但不计入容积率，如图 1-8 所示。

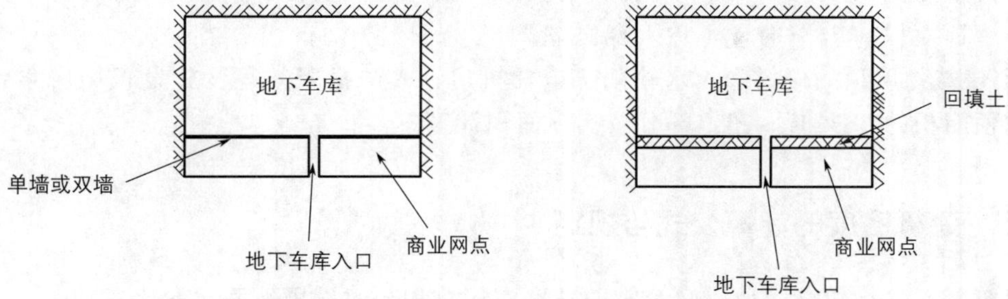

图 1-6　功能不分离的地下空间

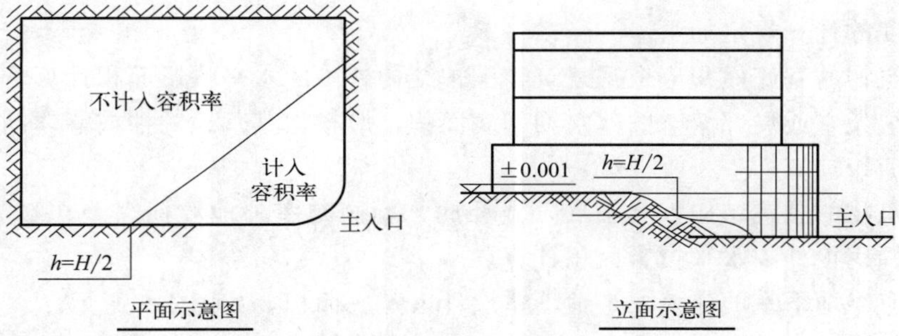

图 1-7　局部露出地面的地下空间

H—层高；h—覆土深度

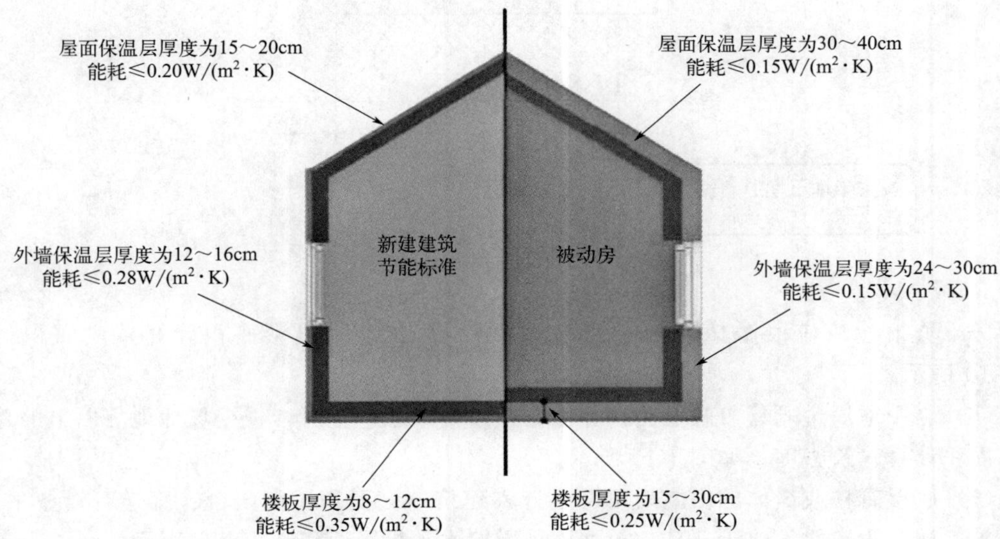

图 1-8　超低能耗建筑

（13）屋顶配套用房计容面积的计算方式如下。

① 建筑物屋顶的楼梯间、水箱间、电梯机房、人防报警间等设施设备用房累计面积不大于屋顶面积的25％时，不计入容积率。

② 建筑物屋顶的楼梯间、水箱间、电梯机房、人防报警间等设施设备用房累计面积大于屋顶面积的25％时，超出部分按实际面积计容。

1.1.5 建筑密度的计算公式与规定

建筑密度是指建设用地内建筑物的基底面积总和与建设用地面积的比率。

建筑密度的计算公式如下。

$$建筑密度=\frac{建筑物基底面积总和}{建设用地面积}\times 100\%$$

建筑密度的计算规定如下。

（1）建筑物的基底面积应根据建筑物围护结构外围的水平投影面积计算。

（2）底层架空或局部架空的建筑物基底面积，应根据其落地的柱或墙体勒脚以上外围的水平投影面积计算。

（3）建筑物的悬挑结构，其板底（或梁底）标高与室外地坪标高差在2.2m以下的，应按悬挑结构底板外围水平投影面积计算。

（4）设有半地下室的建筑，半地下室层计入基底面积，如图1-9所示。

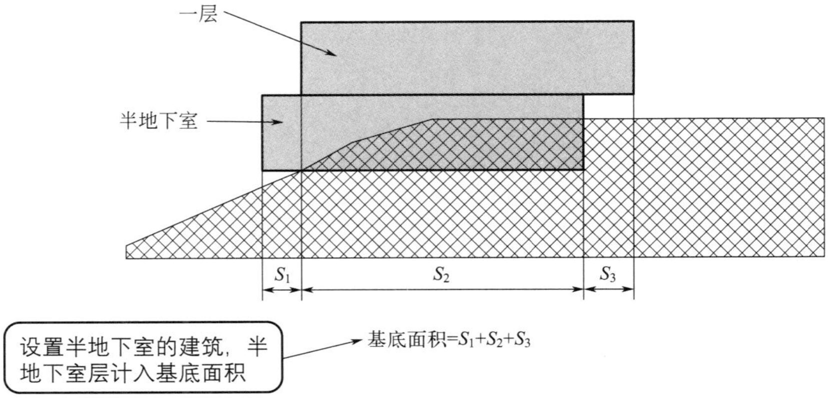

图1-9　半地下室基底面积

（5）坡地建筑应根据其接触地面的地上各层外围水平投影面积计算基底面积，如图1-10所示。

（6）当用地周边毗邻市政道路，利用高差设计半地下室时，根据场地地坪以上的建筑基底面积计算建筑密度，如图1-11所示。

（7）底层有柱或墙体的房屋附属设施计入建筑基底面积，如阳台、廊道、设备平台、露台等以柱子为支撑的建筑部件，根据柱外围的水平投影面积计算基底面积。

（8）多排柱的棚结构建筑，根据柱外围的水平投影面积计算基底面积；单排柱、独立

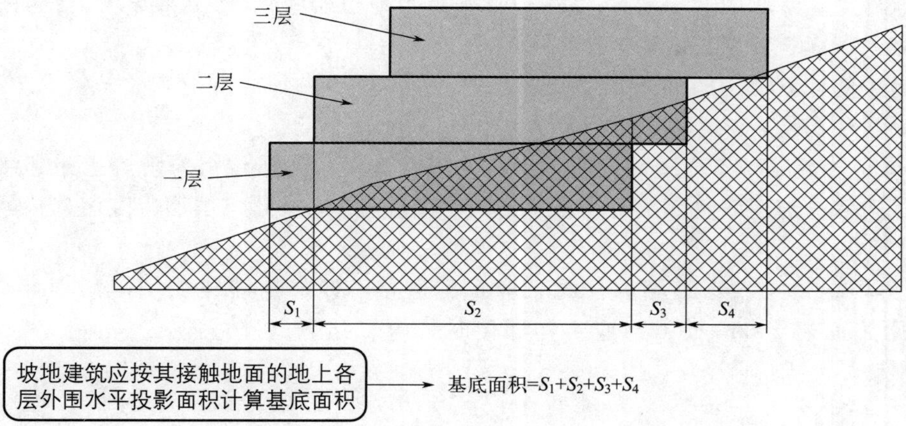

图 1-10　坡地建筑基底面积

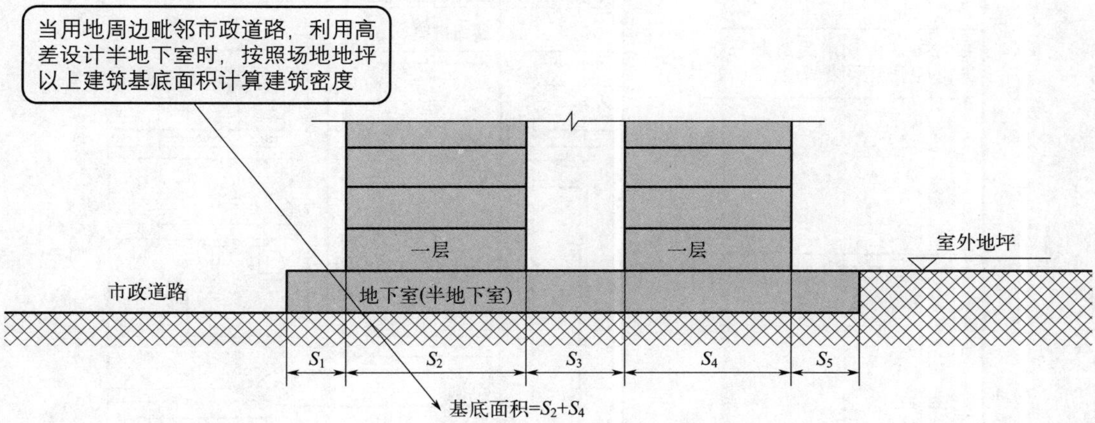

图 1-11　利用高差设计半地下室的基底面积

柱的棚结构建筑，根据其顶盖外围的水平投影面积的 1/2 计算基底面积。

(9) 建筑物底层的消防车道（通道）、人行通道计入基底面积。

(10) 建筑物的变形缝面积在计算建筑物基底面积时不扣除。

(11) 内天井、台阶、围墙、无顶盖的构架、市政道路内的骑楼、跨越市政道路的过街楼、架空通廊、集中绿地内的小品、雕塑、假山等不计入基底面积。

1.1.6 绿地率的计算与规定

绿地率是指建设用地的总绿地面积与总用地面积的比率。绿地率的计算公式如下。

$$绿地率=\frac{用地范围内总绿地面积之和}{建设用地面积}\times 100\%$$

总绿地面积包括建设用地范围内的公共绿地、公共服务设施所属绿地、道路绿地、宅旁绿地（即道路红线内的绿地），其中包括满足当地植树绿化覆土要求、方便居民出入的地下或半地下建筑的屋顶绿地。

绿地率的计算规定如下。

（1）居住街坊内绿地面积的计算方法如下。

① 绿地边界与城市道路邻接时，应算到道路红线；与居住街坊附属道路邻接时，应算到路面边缘；与建筑物邻接时，应算到距房屋墙脚 1m 处；与围墙、院墙邻接时，应算到墙脚。

② 集中绿地与城市道路邻接时，应算到道路红线；与居住街坊附属道路邻接时，应算到距路面边缘 1m 处；与建筑物邻接时，应算到距房屋墙脚 1.5m 处，如图 1-12 所示。

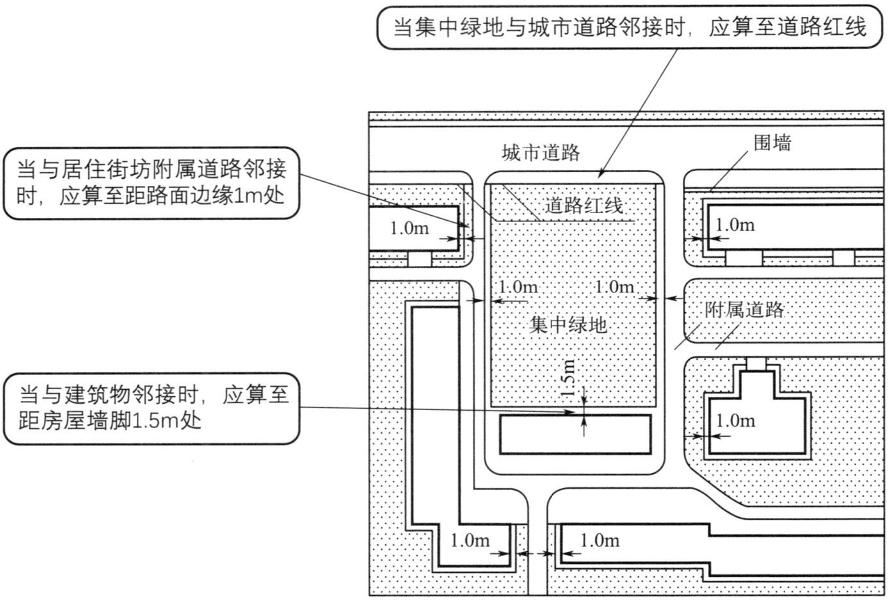

图 1-12 居住街坊内集中绿地绿地率的计算要求

（2）下列情况计入绿地面积。

① 地下、半地下室顶部绿地，其顶板面标高至少有一边低于邻近道路，覆土深度达到 1m 以上，并且实行覆土绿化的部分，地下室未被建（构）筑物围合，覆土断面与设施外部土层相接，并且具备光照、通风等植物生长的必要条件。

② 居住街坊内的集中绿地，作为景观组成部分的小品、亭台、曲廊、水池、溪流、步道、居民健身场地等可计入绿地面积，但绿地面积不得小于集中绿地用地面积的 70%。

③ 单植乔木（如行道树等），根据树池面积计入绿地面积。

（3）下列情况不计入绿地面积。

① 嵌草铺装、墙面垂直绿化。

② 利用底部架空设置的绿地。

1.1.7 零公摊、房屋赠送面积与得房率

“好房子”往往具有零公摊、得房率高、赠送面积大等特点。其中，零公摊的房子是指购房时按套内面积计价，不包含公摊面积的住宅。零公摊的房子，购房者支付的房价仅对应实际居住空间，电梯、楼道等公共区域面积不计入购房面积。零公摊的房子也就是没有公摊面积，得房率为100%。这对于购房者而言是有利的，符合该要求的房子自然是“好房子”。

公摊面积是指整栋楼的业主共同分摊的公共建筑面积，包括电梯井、楼梯间、公共门厅等区域的面积。公摊面积与套内面积之和构成建筑面积，公式如下。

$$\text{建筑面积}=\text{套内建筑面积}+\text{公摊面积}$$

建筑面积的实质就是建筑楼（地）面处外围护结构外表面所围空间的水平投影面积。

套内建筑面积常包括套内使用面积、墙体面积和阳台面积等。

套型建筑面积（以前传统的销售面积）则还需加上公摊面积。可见，套内建筑面积与套型建筑面积是不同的。

另外，得房率是指房屋的实际使用面积（套内建筑面积）与套型建筑面积（以前传统的销售面积）的比值，通常以百分比表示。得房率反映了房屋实际可利用空间的效率。得房率越高，意味着购房者实际可使用的面积占套型建筑面积的比率越大。那么，得房率高的房子自然是“好房子”。

得房率的计算公式如下。

$$\text{得房率}=\frac{\text{套内建筑面积}}{\text{套型建筑面积}}$$

房屋的赠送面积通常指不计入产权登记或仅部分计入建筑面积的区域，常见形式包括阳台、飘窗、露台、阁楼、地下室、入户花园、一层小院等，具体如图1-13所示。

阳台	主体结构外的阳台根据底板投影面积的1/2计算，开发商常将未计算部分称为赠送面积。例如，一个10m^2的半封闭阳台，仅计算5m^2，剩余5m^2被包装为“赠送面积”
飘窗	如果窗台与室内地面高差≥0.45m，或结构净高＜2.1m，不计入建筑面积。部分开发商将符合上述条件的飘窗作为赠送卖点
露台	露天平台不计入建筑面积，但需注意其产权归属(可能为公共区域)
阁楼	结构净高＜2.1m的部分不计入面积，开发商常将该类空间作为赠送。例如，坡屋顶下净高1.5m的区域无法计入产权面积
地下室	层高＜2.2m按1/2面积计算或不计算，如果未达标则可能被称为赠送
入户花园	通常仅计算一半面积，剩余部分被包装成赠送
一层小院	属公共面积，不计入产权证，但是有的开发商把它包装成为赠送

图1-13 常见的房屋赠送面积类型

目前的住宅零公摊，一种是以套内面积计价模式实现的“取消公摊”，另一种是通过

赠送面积，使得房率达到100%，曲线实现住宅"零公摊"。

某户型房屋赠送面积示意图如图1-14所示。

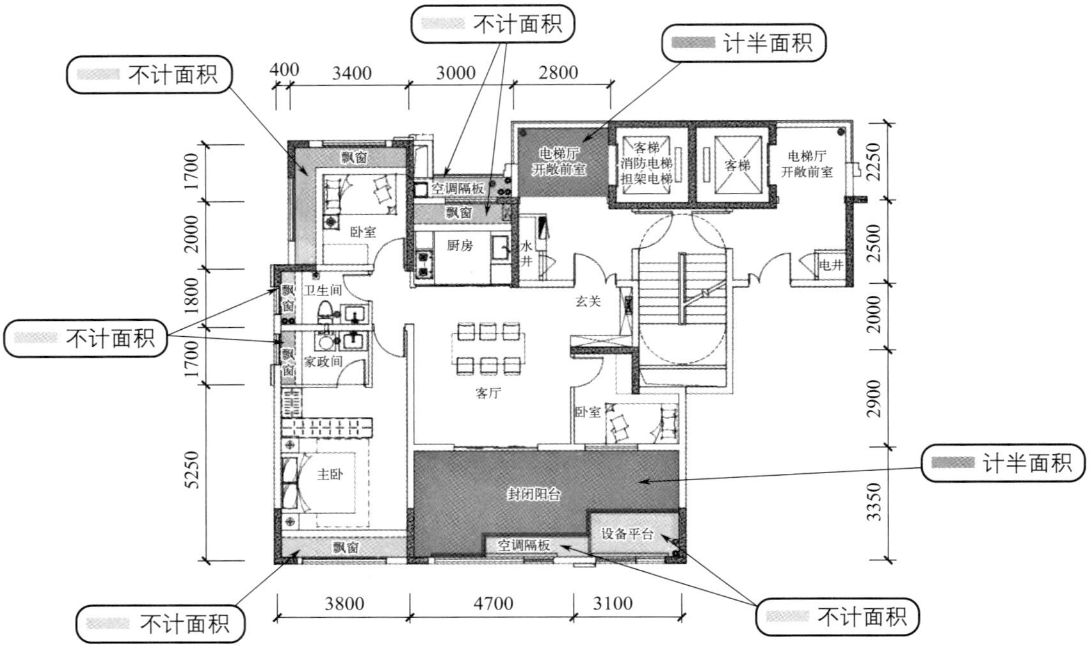

图1-14 某户型房屋赠送面积示意图

1.1.8 负公摊与公摊面积的计算

负公摊是指开发商通过增加赠送面积或优化设计，使房屋的实际使用面积超过其产权面积，也就是实际使用面积大于产权面积，从而在计算上形成"公摊为负"的现象。

"负公摊"就是得房率超过了100%。公摊面积的计算公式如下。

公摊面积＝建筑面积－套内面积(含墙体、阳台等面积)

1.1.9 房产面积的精度要求

房产面积的精度分为三级，各级面积的限差和中误差的限值，如图1-15所示。

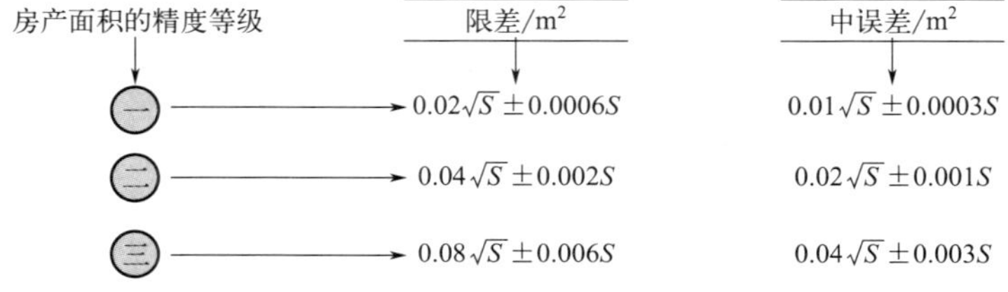

图1-15 房产面积的精度要求

S—房产面积，m^2

1.1.10　房产分户图的绘制与要求

房产分户图是指在分丘图基础上绘制的细部图，是以一户产权人为单位，表示房屋权属范围的细部图，以明确异产毗连房屋的权利界线，供核发房屋所有权证的附图使用。

房屋产权面积包括套内建筑面积和共有分摊面积，并标注在分户图框内。

某户所在的丘号、户号、幢号、结构、层数、层次需标注在分户图框内。楼梯、走道等共有部位需在图纸范围内加简注。图面整饰文字注记应相对集中。

房产图的绘制方法包括全野外采集数据成图、航摄像片采集数据成图、野外解析测量数据成图、平板仪测绘房产图等。

房产分户图如图 1-16 所示。

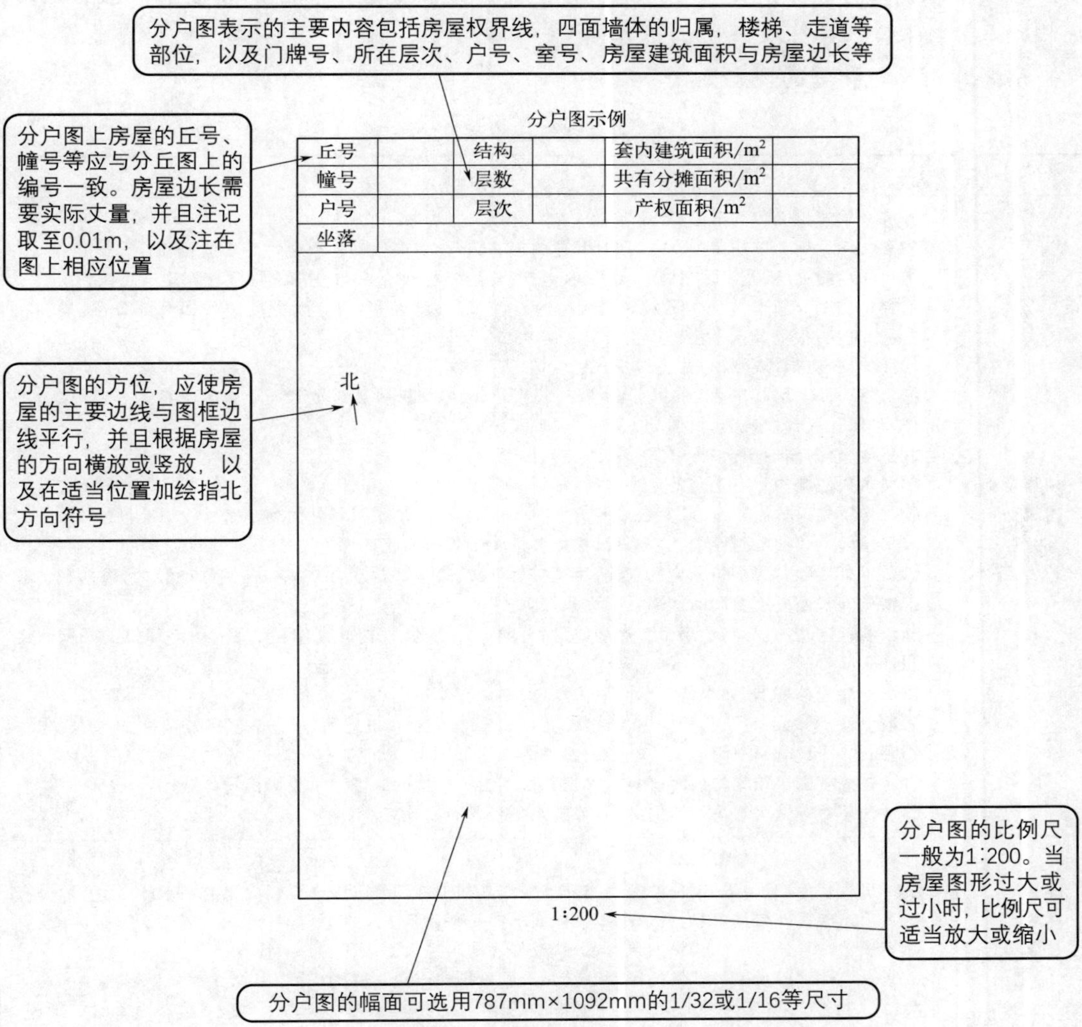

图 1-16　房产分户图

1.1.11 房产面积的测算与规定

房产面积测算是指水平投影面积测算。房产面积测算分为房屋面积测算、用地面积测算等。其中，房屋面积测算包括房屋建筑面积测算、共有建筑面积测算、产权面积测算、使用面积测算等。

房屋使用面积是指房屋户内全部可供使用的空间面积，是根据房屋的内墙面水平投影面积来计算的。

房屋产权面积是指产权人依法拥有房屋所有权的房屋建筑面积。房屋产权面积应由房屋所在地的房地产行政主管部门登记确权认定。

房屋共有建筑面积是指各产权主共同占有或共同使用的建筑面积。

各类面积测算必须独立测算两次，其较差应在规定的限差内，并且取中数作为最后结果。

各类面积测算的量距应使用经检定合格的卷尺或其他能达到相应精度的仪器、工具，面积以 m^2 为单位，并且取至 0.01m^2。

房屋建筑面积测算的规定见表 1-5。

表 1-5 房屋建筑面积测算的规定

项目	解说
计算全部建筑面积的范围	计算全部建筑面积的范围如下。 ①永久性结构的单层房屋，按一层计算建筑面积；多层房屋根据各层建筑面积的总和计算。 ②房屋内的夹层、技术层、插层、楼梯间、电梯间等高度在 2.2m 以上的部位应计算建筑面积。 ③穿过房屋的通道、房屋内的门厅、大厅，均按一层计算面积。门厅、大厅内的回廊部分，若层高在 2.2m 以上的，根据其水平投影面积计算。 ④楼梯间、电梯(观光梯)井、提物井、垃圾道、管道井等均按房屋自然层计算面积。 ⑤房屋天面上层高在 2.2m 以上的楼梯间、水箱间、电梯机房及斜面结构及屋顶高度在 2.2m 以上的部位，且属永久性建筑的，根据其外围水平投影面积来计算。 ⑥挑楼、全封闭的阳台，根据其外围水平投影面积来计算。 ⑦属永久性结构且有上盖的室外楼梯，根据各层水平投影面积计算。 ⑧与房屋相连的有柱走廊、两房屋间有上盖和柱的走廊，均根据其柱的外围水平投影面积计算。 ⑨房屋间永久性的封闭的架空通廊，根据外围水平投影面积计算。 ⑩属永久性顶盖无围护结构的车棚、货棚等，以柱围合或部分围合结构与柱共同围合的，根据其柱或围护结构外表面所围空间的水平投影面积计算。 ⑪依坡地建筑的房屋、利用吊脚做架空层、有围护结构的，根据其高度在 2.2m 以上部位的外围水平面积计算。 ⑫有伸缩缝的房屋，如果伸缩缝与室内相通，则计算建筑面积。 ⑬地下室、半地下室及其相应出入口，层高在 2.2m 以上的，根据其外墙(不包括采光井、防潮层、保护墙)外围水平投影面积计算。 ⑭有柱或有围护结构的门廊、门斗，根据其柱或围护结构的外围水平投影面积计算。 ⑮玻璃幕墙等作为房屋外墙的，按其外围水平投影面积计算
计算一半建筑面积的范围	计算一半建筑面积的范围如下。 ①与房屋相连、有上盖、无柱的走廊、檐廊，根据其围护结构外围水平投影面积的一半计算。 ②无顶盖的室外楼梯，根据各层水平投影面积的一半计算。 ③有顶盖、不封闭的、永久性的架空通廊，根据外围水平投影面积的一半计算。 ④属永久性顶盖无围护结构的车棚、货棚等，以单排柱或独立柱构成的，根据其水平投影面积的一半计算。 ⑤未封闭的阳台、挑廊，根据其围护结构外围水平投影面积的一半计算

续表

项目	解说
不计算建筑面积的范围	不计算建筑面积的范围如下。 ①层高小于 2.2m 的夹层、插层、技术层和层高小于 2.2m 的地下室和半地下室。 ②突出房屋墙面的构件、配件、装饰柱、装饰性的玻璃幕墙、垛、勒脚、台阶、无柱雨篷等。 ③骑楼、过街楼的底层用作道路街巷通行的部分。 ④利用引桥、高架路、高架桥、路面作为顶盖建造的房屋。 ⑤活动房屋、临时房屋、简易房屋。 ⑥独立烟囱、亭、塔、罐、池、地下人防干、支线。 ⑦与房屋室内不相通的房屋间的伸缩缝。 ⑧房屋之间无上盖的架空通廊。 ⑨房屋的天面、挑台,天面上的花园、泳池。 ⑩建筑物内的操作平台、上料平台,及利用建筑物的空间安置箱、罐的平台

1.1.12 成套房屋建筑面积的规定要求

成套房屋的套内建筑面积，由套内使用面积、套内墙体面积、套内阳台建筑面积等部分组成。

(1) 套内房屋使用面积的规定如下。

① 套内使用面积为套内卧室、起居室、过厅、过道、厨房、卫生间、储藏室、壁柜等空间面积的总和。

② 套内楼梯按自然层数的面积总和计入使用面积。

③ 不包括在结构面积内的套内烟囱、通风道、管道井均计入使用面积。

(2) 套内墙体面积的规定如下。

① 套内墙体面积是指套内使用空间周围的围护墙体或承重墙体或其他承重支撑体所占的面积。其中各套之间的分隔墙、套与公共建筑空间之间的分隔墙以及外墙（包括山墙）等共有墙，均按其水平投影面积的一半计入套内墙体面积。

② 套内自有墙体按水平投影面积全部计入套内墙体面积。

(3) 套内阳台建筑面积的规定如下。

套内阳台建筑面积均按阳台外围与房屋外墙之间的水平投影面积计算。其中，封闭的阳台按水平投影面积全部计算建筑面积；未封闭的阳台，按其水平投影面积的一半计算建筑面积。

1.1.13 共有、共用面积的处理与分摊公式

共有、共用面积包括共有的房屋建筑面积和共用的房屋用地面积。

共有、共用面积的处理原则如下。

(1) 产权各方有合法权属分割文件或协议的，根据文件或协议的规定执行。

(2) 无产权分割文件或协议的，可根据相关房屋的建筑面积按比例进行分摊。

共有、共用面积按比例分摊的计算公式，如图 1-17 所示。

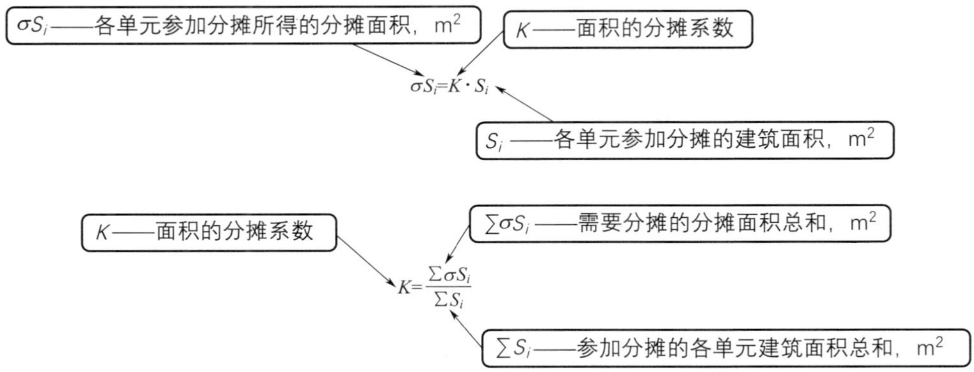

图 1-17　按相关建筑面积进行共有、共用面积分摊计算

1.1.14　共有建筑面积的分摊要求

共有建筑面积的分摊要求见表 1-6。

表 1-6　共有建筑面积的分摊要求

项目	解说
共有建筑面积的内容	①共有建筑面积的内容包括电梯井、管道井、楼梯间、垃圾道、变电室、设备间、公共门厅、过道、地下室、值班警卫室等，以及为整幢建筑物服务的公共用房、管理用房的建筑面积，以其水平投影面积计算。 ②共有建筑面积还包括套与公共建筑之间的分隔墙，以及外墙（包括山墙）水平投影面积一半的建筑面积。 ③独立使用的地下室、车棚、车库、为多幢建筑物服务的警卫室、管理用房、作为人防工程的地下室，都不计入共有建筑面积
共有建筑面积的计算方法	整幢建筑物的建筑面积扣除整幢建筑物各套套内建筑面积之和，并扣除已作为独立空间使用的地下室、车棚、车库、为多幢建筑物服务的警卫室、管理用房，以及人防工程等建筑面积，即为整幢建筑物的共有建筑面积

1.2　标准与住宅新标准

1.2.1　基本概念与术语解说

"好房子"的建设离不开国家与相关部门的指导，其中有关标准的要求是保障之一。

标准是指通过标准化活动，根据规定的程序经协商一致制定，为各种活动或其结果提供规则、指南或特性，供共同使用和重复使用的文件。标准，也定义为指农业、工业、服务业、社会事业等领域需要统一的技术要求。

标准的基本概念、术语解说，见表 1-7。

表1-7 标准的基本概念、术语解说

名称	解说
制定标准	制定标准是指标准制定部门对需要制定标准的项目，编制计划及组织草拟、审批、编号、发布的活动。其是标准化工作任务之一，也是标准化活动的起点
标准备案	标准备案是指一项标准在其发布后，负责制定标准的部门或单位，将该项标准文本及有关材料送标准化行政主管部门及有关行政主管部门存案以备查考的活动
标准层次分类法	层次分类法是标准的一种分类方法。其是将标准系统的结构要素(标准)，按其发生作用的有效范围划分为不同的层次。从覆盖范围来看，标准分为国际标准、区域性标准、国家标准、行业标准、地方标准、企业标准。我国目前将标准分为国家标准、行业标准、地方标准、企业标准四级
标准的标龄	自标准实施之日起，到标准复审重新确认、修订或废止的时间，称为标准的有效期。由于各国情况不同，标准有效期也不同。我国规定国家标准实施5年要进行复审，即国家标准有效期一般为5年
标准的实施	标准的实施是指有组织、有计划、有措施地贯彻执行标准的活动，是标准制定部门、使用部门或企业将标准规定的内容贯彻到生产、流通、使用等领域中去执行使用的过程。其是标准化工作的任务之一，也是标准化工作的目的
标准复审	标准复审是指标准制定部门根据我国科学技术的发展和经济建设的需要，对使用一定时期后的标准的技术内容、指标水平进行重新审核，以确认标准有效性的活动
标准化	标准化是指在经济、技术、科学、管理等社会实践中，针对重复性事物与概念制定、发布、实施标准，达到统一，以获得最佳秩序与社会效益的活动
标准化技术委员会	标准化技术委员会是制定国家标准和行业标准的一种重要组织形式，是一定专业领域内从事全国性标准化工作的技术工作组织
标准化文件	标准化文件是指通过标准化活动制定的文件。标准化文件具有便于建立最佳秩序、促进技术发展等作用。标准化文件，分为国家标准化文件、行业标准化文件、地方标准化文件等
标准实施监督	标准实施监督是指国家行政机关对标准贯彻执行情况进行督促、检查、处理的活动。其是政府标准化行政主管部门和其他有关行政主管部门领导、管理标准化活动的重要手段，也是标准化工作任务之一。其目的是促进标准的贯彻，监督标准贯彻执行的效果，考核标准的先进性、合理性，以及通过标准实施的监督，随时发现标准中存在的问题，为进一步修订标准提供依据
标准体制	标准体制是指与实现某一特定的标准化目的有关的标准，根据其内在联系和一些要求所形成的科学的有机整体。其是有关标准分级、标准属性的总体，反映了标准之间相互连接、相互依存、相互制约的内在联系
采用国际标准	采用国际标准包括采用国外先进标准，是指把国际标准和国外先进标准的内容，通过分析研究，不同程度地纳入我国的各级标准中，并且贯彻实施以取得最佳效果的活动
等同采用国际标准	等同采用国际标准是采用国际标准的基本方法之一，是指我国标准在技术内容上与国际标准完全相同，编写上不作或稍作编辑性修改。可用图示符号“≡”表示，其缩写字母代号为idt或IDT
等效采用国际标准	等效采用国际标准是采用国际标准的基本方法之一。其是指我国标准在技术内容上基本与国际标准相同，仅有小的差异，在编写上则不完全相同于国际标准的方法。可以用图示符号“=”表示，其缩写字母代号为eqv或EQV
非等效采用国际标准	非等效采用国际标准是采用国际标准的基本方法之一，是指我国标准在技术内容的规定上，与国际标准有重大差异。可以用图示符号“≠”表示。其缩写字母代号为neq或NEQ
国际标准	国际标准是指国际标准化组织ISO、国际电工委员会IEC所制定的标准，以及国际标准化组织已列入《国际标准题内关键词索引》中的27个国际组织制定的标准与公认具有国际先进水平的其他国际组织制定的某些标准

续表

名称	解说
国家标准	国家标准是指对全国经济技术发展有重大意义，需要在全国范围内统一的技术要求所制定的标准。国家标准在全国范围内适用，其他各级标准不得与之相抵触。国家标准是四级标准体系中的主体
图形标志	图形标志是指用于表达特定信息的一种标志。其是由标志用图形符号、颜色、几何形状（或边框）等元素的固定组合所形成的标志。其与其他标志的主要区别是组成标志的主要元素是图形符号
指导性技术文件	指导性技术文件是指为仍处于技术发展过程中的标准化工作提供指南或信息，供科研、设计、生产、使用、管理等有关人员参考使用而制定的标准文件

1.2.2 标准化文件的类别

我国的标准化文件包括标准、标准化指导性技术文件，以及文件的某个部分等类别。

国际标准化文件通常包括标准、技术规范（TS）、可公开提供规范（PAS）、技术报告（TR）、指南（Guide），以及文件的某个部分等类别。

标准分为基础标准和通用标准。

基础标准——以相互理解为编制目的形成的具有广泛适用范围的标准。通常包括术语标准、符号标准、分类标准、试验标准等。

通用标准——包含某个或多个特定领域普遍适用的条款的标准。通用标准在其名称中常包含词语“通用”，例如通用规范、通用技术要求等。

标准包括国家标准、行业标准、地方标准、团体标准、企业标准。国家标准分为强制性标准、推荐性标准。行业标准、地方标准是推荐性标准，强制性标准是必须执行的标准。

根据不同的属性，可以将标准划分为不同的类别。

（1）按照标准化对象可以将标准划分为以下类别。

① 产品标准——规定产品需要满足的要求以保证其适用性的标准。

② 过程标准——规定过程需要满足的要求以保证其适用性的标准。

③ 服务标准——规定服务需要满足的要求以保证其适用性的标准。

（2）按照标准内容的功能可以将标准划分为以下类型。

① 术语标准——界定特定领域或学科中使用的概念的指称及其定义的标准。

② 符号标准——界定特定领域或学科中使用的符号的表现形式及其含义或名称的标准。

③ 分类标准——基于诸如来源、构成、性能或用途等相似特性对产品、过程或服务进行有规律的划分、排列或者确立分类体系的标准。

④ 试验标准——在适合指定目的的精密度范围内和给定环境下，全面描述试验活动以及得出结论的方式的标准。

⑤ 规范标准——为产品、过程或服务规定需要满足的要求并描述用于判定该要求是否得到满足的证实方法的标准。

⑥ 规程标准——为活动的过程规定明确的程序并且描述用于判定该程序是否得到履

行的追溯/证实方法的标准。

⑦ 指南标准——以适当的背景知识提供某主题的普遍性、原则性、方向性的指导，或者给出相关建议或信息的标准。

知识小贴士

ICS——国际标准分类号。

CCS——中国标准文献分类号。

1.2.3　条款的类型

条款是指在文件中表达在应用该文件时需要遵守、符合、理解或作出选择的表述。条款的类型如下。

(1) 要求——表达符合该文件需要满足的客观可证实的准则，并且不允许存在偏差的条款。

(2) 指示——表达需要履行的行动的条款。

(3) 推荐——表达建议或指导的条款。

(4) 允许——表达同意或许可（或有条件）去做某事的条款。

(5) 陈述——阐述事实或表达信息的条款。

(6) 条文——由条或段表述文件要素内容所用的文字和（或）文字符号。

1.2.4　国家标准的特点

国家标准是指经国家机构通过并且公开发布的标准，是必须在全国范围内统一的标准。对需要在全国范围内统一的技术要求，应当制定国家标准。

国家标准在全国范围内适用，其他各级标准不得与国家标准相抵触。

国家标准一经发布，与其重复的行业标准、地方标准即行废止。国家标准是标准体系中的主体，分为强制性国家标准、推荐性国家标准。

强制性国家标准是指为保障人身健康、生命财产安全、国家安全、生态环境安全，以及满足经济社会管理基本需要而规定的技术要求。强制性国家标准代号：GB（GB即“国标”的汉语拼音缩写）。

推荐性国家标准是指为满足基础通用、与强制性国家标准配套、对各有关行业起引领作用等需要的技术要求。国家标准化指导性技术文件是对国家标准的补充。

推荐性国家标准代号：GB/T（GB即“国标”的汉语拼音缩写，“T”是推荐的意思）。国家标准化指导性技术文件代号：GB/Z（GB即“国标”的汉语拼音缩写，“Z”是指导的意思）。

国家标准封面格式如图1-18所示。

知识小贴士

国家标准是必须遵守的，行业标准只是对单一的该种行业适用。企业标准只是在企业内部有效。

图 1-18　国家标准封面格式

1.2.5　行业标准的特点

行业标准是指没有推荐性国家标准，需要在全国某个行业范围内统一的技术要求。行业标准是对国家标准的补充，是在全国范围内的某一行业内统一的标准。

行业标准在相应国家标准实施后，应自行废止。

各个行业的行业标准代号有所不同，举例如下。

① 农业行业标准的标准代号：NY/T（NY 即"农业"的汉语拼音缩写，其他同理）。

② 林业行业标准的标准代号：LY/T。

③ 交通行业标准的标准代号：JT/T。

④ 文化行业标准的标准代号：WH/T。

⑤ 气象行业标准的标准代号：QX/T。

另外一些行业标准代号，见表 1-8。

表 1-8　一些行业标准代号

代号	含义	主管部门
CH	测绘	国家测绘局国土测绘司
CJ	城镇建设	建设部标准定额司(城镇建设)
DL	电力	中国电力企业联合会标准化中心
DZ	地质矿产	自然资源部国际合作与科技司(地质)
JB	机械	中国机械工业联合会
JC	建材	中国建筑材料工业协会质量部
JG	建筑工业	住房和城乡建设部(建筑工业)
LD	劳动和劳动安全	劳动和社会保障部劳动工资司(工资定额)
TD	土地管理	自然资源部(土地)

以前行业标准分为强制性标准、推荐性标准。表中给出的是强制性行业标准代号，推荐性行业标准的代号是在强制性行业标准代号后面加“/T”，例如农业行业的推荐性行业标准代号是 NY/T。

行业标准的统一格式，如图 1-19 所示。

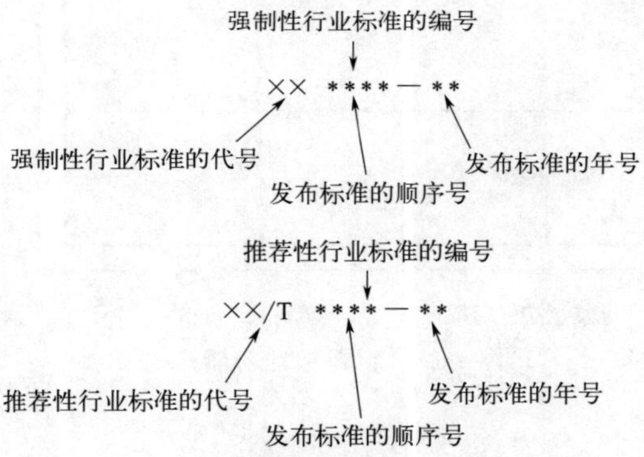

图 1-19　行业标准的统一格式

行业标准封面格式，如图 1-20 所示。

1.2.6　地方标准的特点

地方标准是指在国家的某个地区通过并公开发布实施的标准。如果没有国家标准、行业标准，而又需要满足地方自然条件、风俗习惯等特殊的技术要求，可以制定地方标准。

地方标准由省、自治区、直辖市人民政府标准化行政主管部门编制计划，组织草拟，统一审批、编号、发布，并且报国务院标准化行政主管部门与国务院有关行政主管部门备案。

地方标准在本行政区域内适用。

相应的国家标准或行业标准实施后，地方标准应自动废止。

地方标准代号为“DB”加上省、自治区、直辖市的行政区划代码，具体见表 1-9。

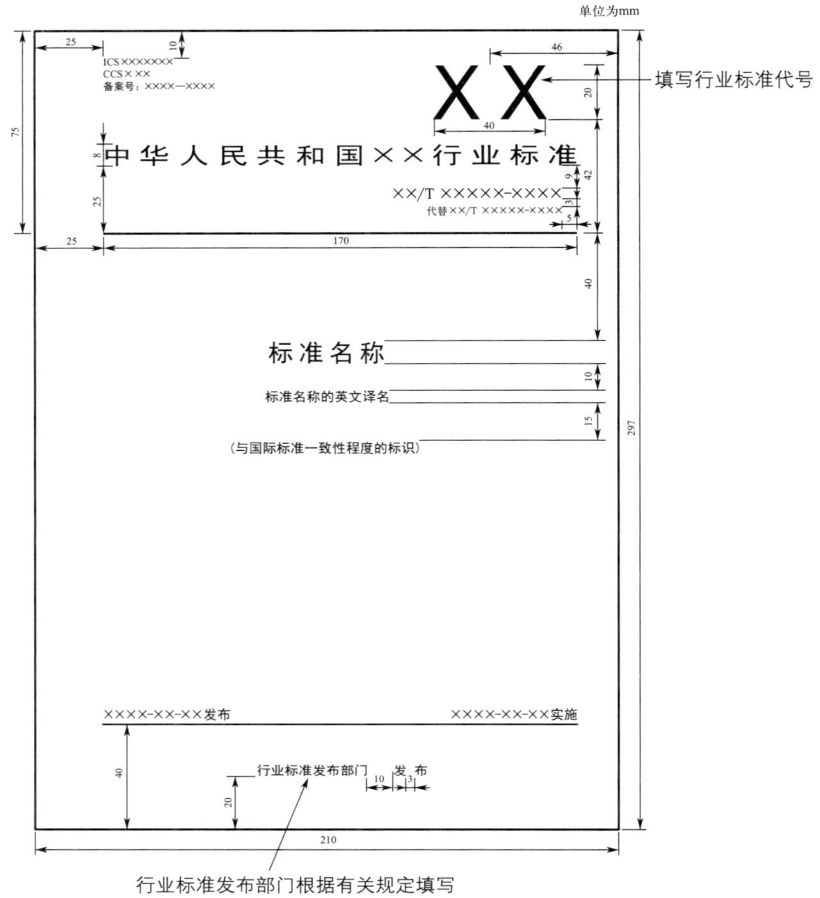

图 1-20 行业标准封面格式

表 1-9 地方标准代号

代号	含义	管理部门
DB+省级行政区划代码前两位	中华人民共和国强制性地方标准代号	省级质量技术监督局
DB+省级行政区划代码前两位/T	中华人民共和国推荐性地方标准代号	省级质量技术监督局

地方标准封面格式，如图 1-21 所示。

知识小贴士

国家标准由国务院标准化行政主管部门制定；行业标准由国务院有关行政主管部门制定；地方标准由省、自治区和直辖市的标准化行政主管部门制定；企业标准由企业制定。

1.2.7 团体标准的特点

团体标准是指由团体根据团体确立的标准制定程序自主制定发布、由社会自愿采用的标准。

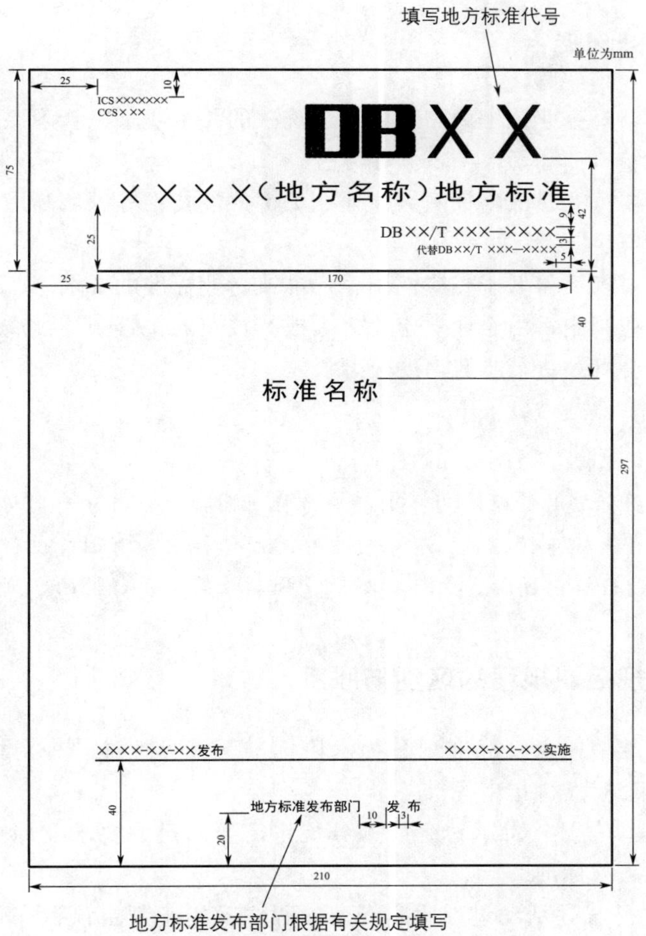

图 1-21 地方标准封面格式

社会团体可在没有国家标准、行业标准、地方标准的情况下制定团体标准。

团体标准可以快速响应创新与市场对标准的需求，填补现有标准的空白。

国家鼓励社会团体制定严于国家标准、行业标准的团体标准，以引领产业与企业的发展。

团体标准，依次由团体标准代号（T）、社会团体代号、团体标准顺序号、年代号等组成。团体标准编号中的社会团体代号应合法且唯一，不应与现有标准代号相重复，且不应与全国团体标准信息平台上已有的社会团体代号重复。

知识小贴士

标准征求意见稿——根据编写标准的有关要求和规定，对某一项标准首次起草的文稿，称为标准征求意见稿（也称为标准讨论稿）。

标准征求意见稿是标准编制组根据上级计划、任务书的要求，在充分调查研究与分析国内外有关技术资料的基础上编写而成的。根据制定标准的难易程度或其他因素，标准征求意见稿可分为征求意见一稿、二稿和三稿等。征求意见稿一般应发往使用、设计、制造、科研机构及有关大专院校。

1.2.8　企业标准的特点

企业标准是指针对企业范围内需要协调、统一的技术要求、管理要求、工作要求所制定的标准。

国家支持在重要行业、战略性新兴产业、关键共性技术等领域利用自主创新技术制定团体标准、企业标准。

企业产品标准要求不得低于相应的国家标准或行业标准的要求。

企业标准由企业制定，由企业法定代表人或其授权的主管领导批准、发布，并且在国家标准化管理委员会网站进行自我声明公开。

企业标准代号一般是"Q"开头。

知识小贴士

一般情况下选用标准时的顺序为：国标→行标→团标→企标。有国标、行标时，优先选用国标、行标，没有国标、行标时，可以自主制定团体标准。有国标、行标时，制定的团体标准必须高于国标、行标；团标、企标指标低于强制性国标、行标的，则为无效标准。

1.2.9　标准、规范、规程的区别与联系

根据标准内容的功能，将标准划分为术语标准、符号标准、分类标准、试验方法标准、规范标准、规程标准、指南标准等。

① 规范标准——描述产品、过程或服务规定需要满足的要求及用于判定该要求是否得到满足的证实方法的标准。

② 规程标准——描述活动过程明确规定的程序及用于判定该程序是否得到履行的追溯/证实方法的标准。

③ 指南标准——以适当的背景知识提供某主题的普遍性、原则性、方向性的指导，或者同时给出相关建议或信息的标准。

规范是在工农业生产和工程建设中，对设计、施工、制造、检验等技术事项所做的一系列规定。规范主要是因为无法精准定量而形成的标准。

规程是对作业、安装、鉴定、安全、管理等技术要求和实施程序所做的统一规定。规程还可定义为将工作程序贯穿于一定的标准、要求、规定。

在标准体系框架下，规范、规程都具有标准的特征，只是表现形式之间存在差异。只要符合标准的条件，均属于标准。标准、规范、规程都是标准的具体表现形式，习惯上统称为标准，只有针对具体对象时才加以区别。

① 当涉及产品、方法、符号、概念等基础标准时，一般采用"标准"。

② 当针对工程勘察、规划、设计、施工等通用的技术事项时，一般采用"规范"。

③ 当针对操作、工艺、管理等专用技术要求时，一般采用"规程"。

知识小贴士

简单地说，标准是对结果或产品的要求和规定；规范是对行为、条件的要求和规定；

规程是对过程的要求和规定。

1.2.10 新标准——“新规”住宅项目规范

现行国家标准《住宅项目规范》由住房和城乡建设部发布，标准编号为GB 55038—2025，自2025年5月1日起实施。该标准也是目前所说的“新规”。

《住宅项目规范》(GB 55038—2025)是国家标准，其为强制性工程建设规范，全部条文必须严格执行。

《住宅项目规范》(GB 55038—2025)还介绍了相关废止的标准与条文，具体如下。

现行工程建设标准中有关规定与该规范不一致的，以本规范的规定为准。现行国家标准《住宅建筑规范》(GB 50368—2005)和下列现行工程建设标准相关强制性条文同时废止。

一、《建筑采光设计标准》(GB 50033—2013)第4.0.1条。

二、《住宅设计规范》(GB 50096—2011)第5.1.1、5.3.3、5.4.4、5.5.2、5.5.3、5.6.2、5.6.3、5.8.1、6.1.1、6.1.2、6.1.3、6.2.1、6.2.2、6.2.3、6.2.4、6.2.5、6.3.1、6.3.2、6.3.5、6.4.1、6.4.7、6.5.2、6.6.1、6.6.3、6.7.1、6.9.1、6.9.6、6.10.1、6.10.4、7.1.1、7.1.3、7.2.1、7.3.2、8.1.1、8.1.2、8.1.3、8.1.4(1、3、4)、8.1.7、8.2.1、8.2.2、8.2.6、8.2.10、8.2.11、8.2.12、8.3.3、8.3.6、8.4.1、8.4.3、8.4.4、8.5.3、8.7.3、8.7.4、8.7.5、8.7.9条(款)。

三、《民用建筑隔声设计规范》(GB 50118—2010)第4.2.1、4.2.2、4.2.5条。

四、《住宅装饰装修工程施工规范》(GB 50327—2001)第3.1.3、3.1.7、3.2.2、4.1.1、4.3.4、4.3.6、4.3.7、10.1.6条。

五、《住宅信报箱工程技术规范》(GB 50631—2010)第1.0.3、3.0.1条。

六、《住宅建筑电气设计规范》(JGJ 242—2011)第4.3.2、8.4.3、10.1.1、10.1.2条。

七、《住宅室内装饰装修设计规范》(JGJ 367—2015)第3.0.4、3.0.7条。

八、《城市居住区热环境设计标准》(JGJ 286—2013)第4.1.1、4.2.1条。

为此，住宅项目在设计、施工、安装与验收时，需要注意上述标准中哪些条文是有效的，哪些是废止的。

第2章

“好房子”之建筑与装饰要求

2.1 “新规”[1] 关于住宅的要求

2.1.1 住宅要求的原则

为促进住宅建设高质量发展，保障居民的基本住房条件与居住环境，“新规”住宅项目建设应以安全、舒适、绿色、智慧为目标，并且应遵循图 2-1 所示四大原则。

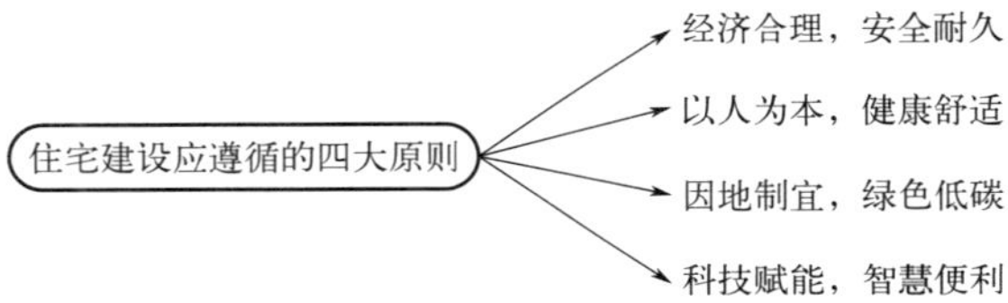

图 2-1　住宅建设应遵循的四大原则

2.1.2 住宅规模与布局的要求

住宅项目建设规模应根据所在地经济社会发展水平、市场需求、配套条件等，经调查研究、科学预测后合理确定。

住宅项目应包括一栋或多栋住宅建筑。住宅项目较大时，应以城镇道路划分为若干居住街坊，如图 2-2 所示。

住宅建筑应根据所在地区的气候、地质、地形地貌等自然条件，因地制宜、合理布局。

住宅项目应以满足居住需求为目的，合理布局住宅建筑、工程设施、管线、场地和配套设施，并且需要符合以下规定。

（1）住宅建筑应由一个或多个供家庭居住使用的独立空间组成，如图 2-3 所示。

（2）工程设施、管线应包括给水排水系统及设备、供电系统及设备、通信和有线广播

[1] 本书所提“新规”是指《住宅项目规范》（GB 55038—2025）。

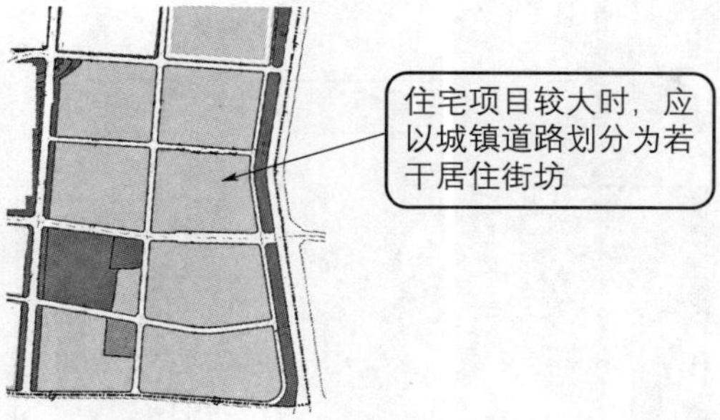

图 2-2 规模较大时住宅项目的布局

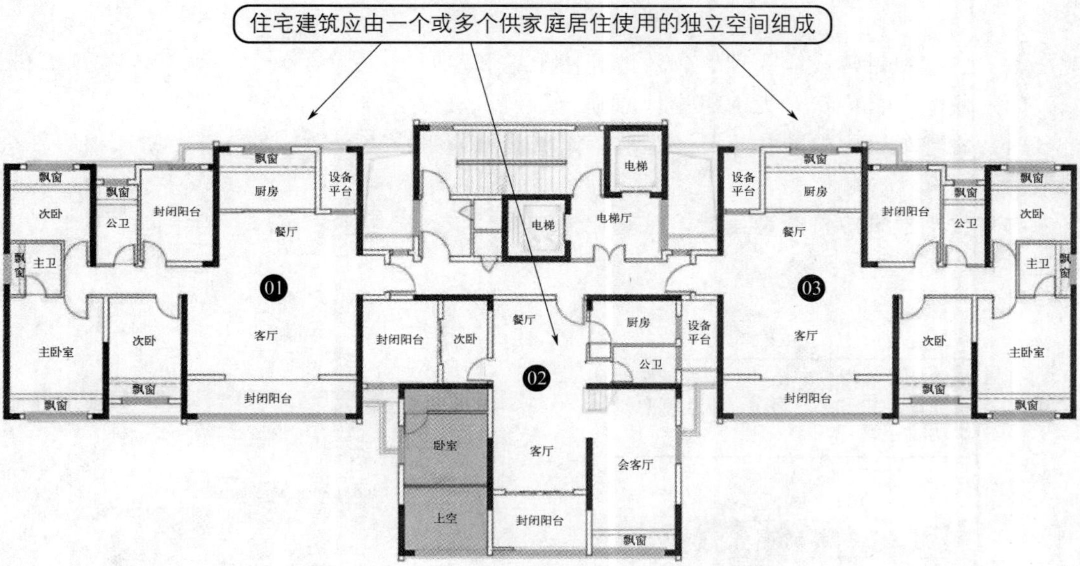

图 2-3 由多个独立空间组成的住宅建筑

电视等智能化系统及设备、消防设施设备等；采暖地区尚应有供暖系统及设备；有燃气供应的地区尚应有燃气系统及设备。

（3）场地应包括道路、绿地、非机动车停车场所等，如图 2-4 所示。

（4）配套设施应包括公共管理与公共服务设施、商业服务设施、市政公用设施、交通场站设施、社区服务设施、便民服务设施等。

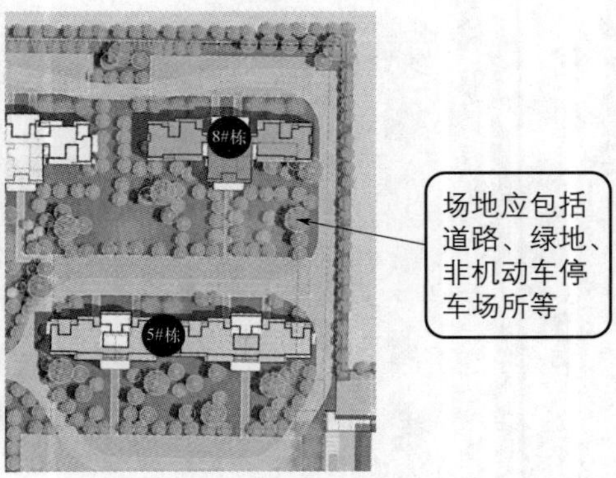

图 2-4 场地图示

2.1.3 住宅项目建设要求

“新规”对住宅项目的建设要求如下。

（1）住宅项目不应在有滑坡、泥石流、山

洪、地震断裂带等自然灾害威胁的地段选址建设，并且与危险化学品、易燃易爆品等危险源的距离应符合有关安全规定，如图 2-5 所示。

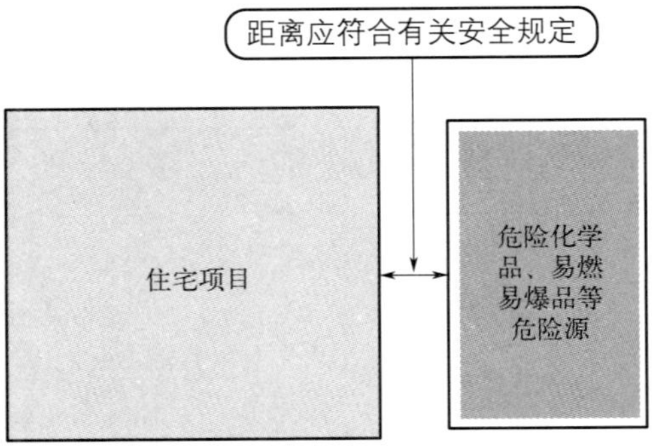

图 2-5 住宅项目选址规定

（2）住宅项目建设应合理、有效地利用土地和空间。

（3）住宅项目应符合无障碍设计原则。

（4）住宅项目中的园林小品、围墙等附属设施应采取防坍塌、防坠落、防风揭等安全措施。

（5）住宅建筑应按套型设计，每套住宅应有卧室、起居室、厨房、卫生间等基本功能空间，如图 2-6 所示。

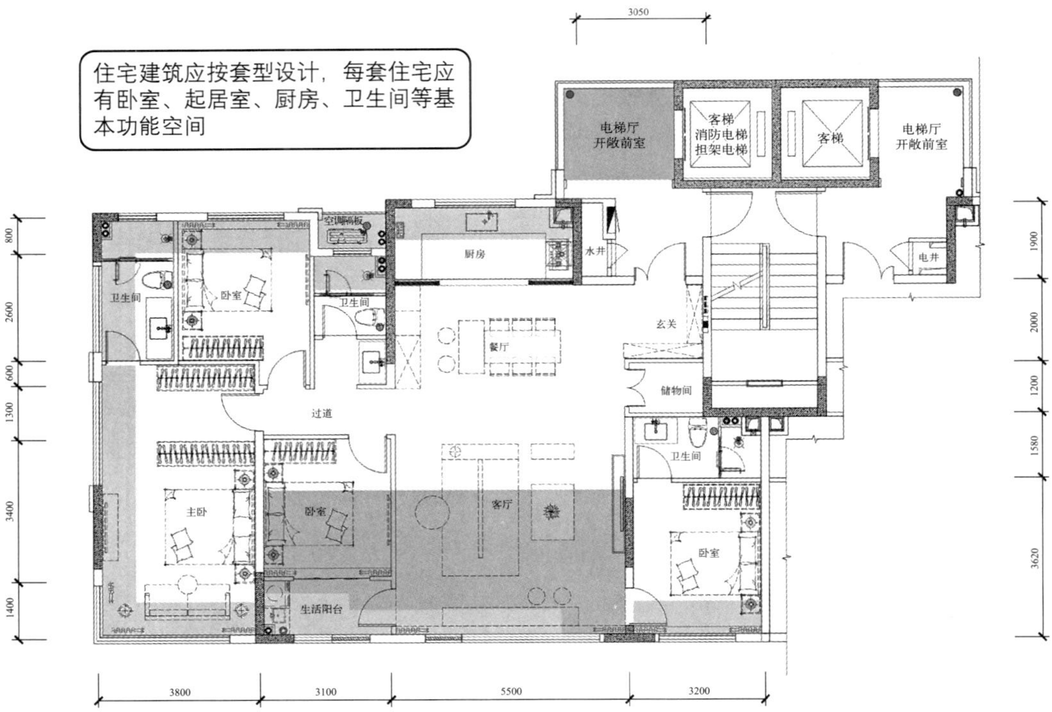

图 2-6 按套型设计的住宅建筑

（6）住宅建筑的设计使用年限应符合表 2-1 的规定，在规定设计使用年限内应满足安全性、适用性、耐久性要求。

表 2-1 住宅建筑的设计使用年限

类别		设计使用年限
建筑结构		不应低于 50 年
防水工程	屋面	不应低于 20 年
	室内	不应低于 25 年
	地下	不应低于建筑结构设计工作年限
外窗		不应低于 25 年
外墙外保温系统		不应低于 25 年

（7）住宅建筑应满足居住所需的通风、日照、采光、隔声、防水、防潮、保温、隔热等性能要求，如图 2-7 所示。

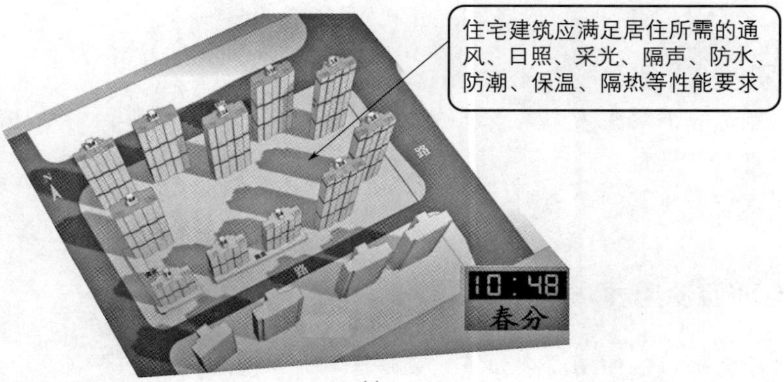

(a)

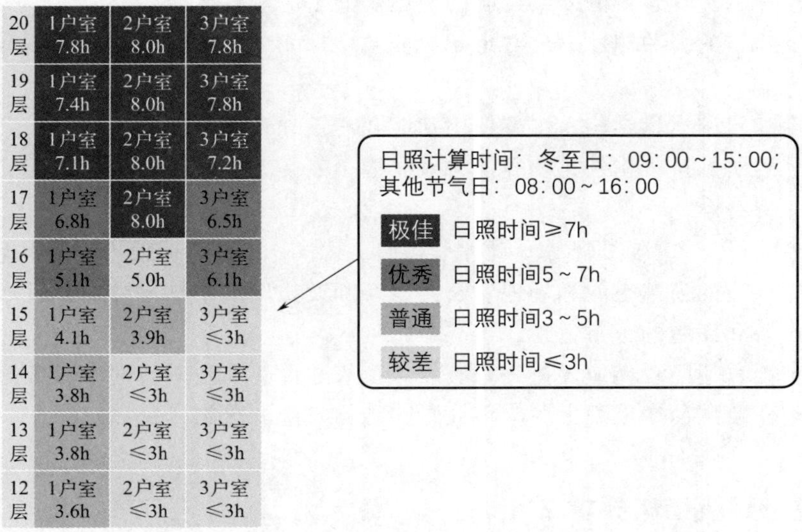

(b)

图 2-7 住宅建筑对通风、日照等要求

（8）住宅建筑及其设备应能够有效利用能源和水资源。

（9）住宅建筑外窗、外墙装饰、外墙外保温系统及其他附属设施等应安装牢固，不应脱落、坠落，如图 2-8 所示。

图 2-8 外窗安装要求

（10）住宅建筑应提供保障人员安全疏散的设施与条件。

（11）住宅建筑应采取防止火灾蔓延的措施，并应在火灾情况下保持结构的稳定性。

（12）住宅建筑应具备与建筑高度相适应的灭火救援条件。

（13）装配式住宅建筑的结构构件和部品部件应符合通用性要求。

2.1.4 住宅项目使用要求

“新规”对住宅项目的使用要求如下。

（1）住宅项目配套建设的公共设施的使用功能不应擅自改变。

（2）住宅建筑的公共门厅、公共走廊、公共楼梯间、屋面等公共部位不得擅自拆改或占用。

（3）住宅建筑的承重结构、主要使用功能和建筑外观不得擅自改动。

（4）住宅建筑的抗震构件、隔震沟、隔震缝、隔震减震装置及标识不得擅自变动、损坏或者拆除。

（5）住宅项目公共用途的给水、排水、供暖、燃气、供电、通信等设施不得擅自拆改。

（6）住宅项目的公共空间和场地、公共设备和设施应定期进行维护、检修和管理，并应保证公共设备和设施的正常运行。

（7）住宅项目消防设施应保持完好有效，疏散通道、消防车通道应保持畅通。

（8）住宅建筑楼面或屋面上不应堆放影响结构安全的重物。

2.1.5 住宅建筑结构要求

“新规”对住宅建筑结构的要求如下。

（1）住宅建筑结构的安全等级不应低于二级。

（2）住宅建筑的抗震设防类别不应低于标准设防类别。

(3) 住宅建筑结构应进行承载力极限状态、正常使用极限状态和耐久性设计，并应符合住宅建造过程的安全性要求以及结构设计工作年限内的可靠性要求。

(4) 新建住宅建筑的钢筋混凝土结构实心楼板厚度不应小于100mm，如图2-9所示。

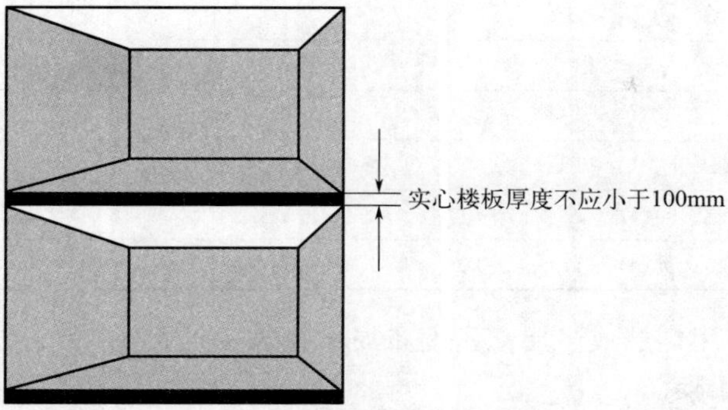

图2-9 实心楼板厚度要求

(5) 邻近住宅建筑的永久性边坡的设计工作年限不应低于受其影响的住宅建筑的结构设计工作年限。

(6) 在住宅建筑设计使用年限内，地基基础应满足承载力、稳定性、耐久性要求。地基基础变形不应影响住宅建筑结构安全和正常使用。

2.1.6 住宅空间环境要求

“新规”对住宅空间环境的要求如下。

(1) 住宅项目应为居民提供宜居的居住生活环境，其居住街坊的空间环境控制指标应符合的规定如表2-2所示。

表2-2 居住街坊的空间环境控制指标

建筑气候区划	住宅建筑平均层数类别	住宅用地容积率	建筑密度最大值/%	绿地率最小值/%	住宅建筑高度控制最大值/m
Ⅰ、Ⅶ	低层(1～3层)	1.0	35	30	18
	多层Ⅰ类(4～6层)	1.1～1.4	28	30	27
	多层Ⅱ类(7～9层)	1.5～1.7	25	30	36
	高层Ⅰ类(10～17层)	1.8～2.4	20	35	54
	高层Ⅱ类(18～26层)	2.4～2.8	20	35	80
Ⅱ、Ⅵ	低层(1～3层)	1.0、1.1	40	28	18
	多层Ⅰ类(4～6层)	1.2～1.5	30	30	27
	多层Ⅱ类(7～9层)	1.6～1.9	28	30	36
	高层Ⅰ类(10～17层)	2.0～2.6	20	35	54
	高层Ⅱ类(18～26层)	2.6～2.9	20	35	80

续表

建筑气候区划	住宅建筑平均层数类别	住宅用地容积率	建筑密度最大值/%	绿地率最小值/%	住宅建筑高度控制最大值/m
Ⅲ、Ⅳ、Ⅴ	低层(1～3层)	1.0～1.2	43	25	18
	多层Ⅰ类(4～6层)	1.3～1.6	32	30	27
	多层Ⅱ类(7～9层)	1.7～2.1	30	30	36
	高层Ⅰ类(10～17层)	2.2～2.8	22	35	54
	高层Ⅱ类(18～26层)	2.8～3.1	22	35	80

(2) 住宅建筑采用低层或多层高密度布局方式时，其居住街坊的空间环境控制指标应符合的规定如表2-3所示。

表2-3　低层或多层高密度布局居住街坊的空间环境控制指标

建筑气候区划	住宅建筑层数类别	住宅用地容积率	建筑密度最大值/%	绿地率最小值/%	住宅建筑高度控制最大值/m	人均住宅用地面积/(m^2/人)
Ⅰ、Ⅶ	低层(1～3层)	1.0、1.1	42	25	11	32～36
	多层Ⅰ类(4～6层)	1.4、1.5	32	28	20	24～26
Ⅱ、Ⅵ	低层(1～3层)	1.1、1.2	47	23	11	30～32
	多层Ⅰ类(4～6层)	1.5～1.7	38	28	20	21～24
Ⅲ、Ⅳ、Ⅴ	低层(1～3层)	1.2、1.3	50	20	11	27～30
	多层Ⅰ类(4～6层)	1.6～1.8	42	25	20	20～22

(3) 住宅建筑间距应根据日照标准进行控制，如表2-4所示。旧区改建项目内新建住宅建筑日照标准不应低于大寒日日照时数1h。

表2-4　住宅建筑间距日照标准

<table>
<tr><td>建筑气候区划</td><td colspan="2">Ⅰ、Ⅱ、Ⅲ、Ⅶ气候区</td><td colspan="2">Ⅳ气候区</td><td>Ⅴ、Ⅵ气候区</td></tr>
<tr><td>城区或镇区常住人口/万人</td><td>≥50</td><td><50</td><td>≥50</td><td><50</td><td>无限定</td></tr>
<tr><td>日照标准日</td><td colspan="3">大寒日</td><td colspan="2">冬至日</td></tr>
<tr><td>日照时数/h</td><td>≥2</td><td colspan="2">≥3</td><td colspan="2">≥1</td></tr>
<tr><td>有效日照时间带（当地真太阳时）</td><td colspan="3">8～16时</td><td colspan="2">9～15时</td></tr>
<tr><td>计算起点</td><td colspan="5">底层窗台面</td></tr>
</table>

注：底层窗台面是指距室内地坪0.9m高的外墙位置。

2.1.7　住宅场地要求

"新规"住宅场地要求如下。

(1) 住宅项目的场地应保障安全，并符合以下规定。

① 存在噪声污染、光污染的地段，应采取相应防护措施，并且应达到居住用地声环境、光环境质量要求。

② 存在土壤污染的地段应采取有效措施进行无害化处理，并应达到居住用地土壤环境质量要求。

③ 场地设计应满足应急疏散要求。

(2) 居住街坊内应设集中绿地，并且应符合以下规定。

① 新区建设项目人均集中绿地面积不应小于 $0.5m^2$，旧区改建项目人均集中绿地面积不应小于 $0.35m^2$，如图 2-10 所示。

图 2-10 新区建设项目人均集中绿地面积要求

② 集中绿地宽度不应小于 8m。

③ 集中绿地中，在标准建筑日照阴影线范围之外的绿地面积占比不应小于总面积的 1/3，并且应设老年人和儿童活动场地。

(3) 住宅项目应配建附属道路，并且应符合以下规定。

① 应与城镇道路系统连通，并应满足急救、消防、运输车辆的通行要求。

② 应与住宅项目场地步行出入口、住宅单元出入口、老年人和儿童活动场地无障碍连通，并且应与城镇道路的人行道连通形成无障碍步行系统。

③ 步行路面应符合防滑要求。

(4) 住宅项目场地的自然坡度大于 8%时，应采用台地式布局方式，并且应符合以下规定。

① 台地之间应设护坡或挡土墙等支挡结构。

② 高度大于 2m 的护坡或挡土墙的上缘与高台地上建筑物的水平净距不应小于 3m，其下缘与低台地上建筑物的水平净距不应小于 2m，如图 2-11 所示。

(5) 住宅项目场地竖向设计应有利于雨水径流的控制和雨水的资源化利用，并且应满足防洪排涝的要求。场地地面排水设计坡度不应小于 0.2%。

(6) 住宅建筑高度大于 10m 时，外墙面到道路边缘的最小距离，应符合的规定如表 2-5 所示。

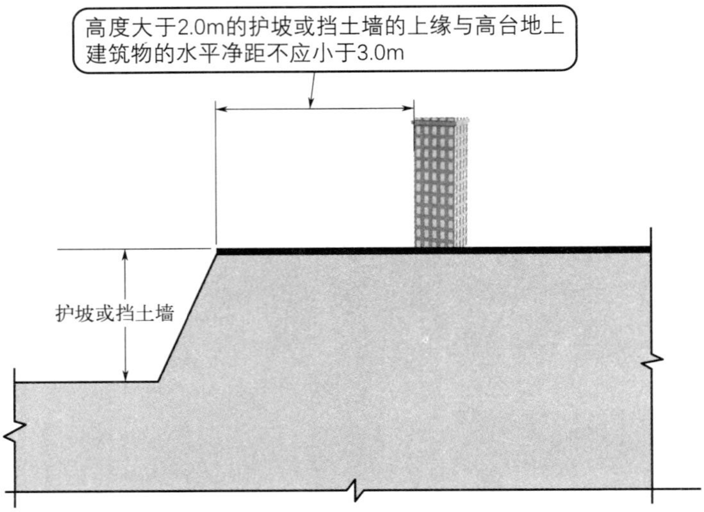

图 2-11 护坡或挡土墙与建筑物的水平净距要求

表 2-5 住宅建筑外墙面到道路边缘的最小距离

建筑与道路的关系	城镇道路/m	附属道路/m
建筑物面向道路无公共出入口	3.0	2.0
建筑物面向道路有公共出入口	5.0	2.5
建筑物山墙面向道路	2.0	1.5

注：(1) 城镇道路的边缘是指道路红线。
(2) 附属道路的边缘是指路面边线。

(7) 住宅项目室外公共区域夜间照明照度值和一般显色指数不应低于的限值规定，见表 2-6。

表 2-6 住宅项目室外公共区域夜间照明照度值和一般显色指数限值规定

场所		平均水平照度 $E_{h,av}$/lx	水平照度 $E_{h,min}$/lx	垂直照度 $E_{v,min}$/lx	半柱面照度 $E_{sc,min}$/lx	一般显色指数 R_a
道路	主要附属道路	15	3	5	3	60
	其他附属道路	10	2	3	2	60
	健身步道	20	5	10	5	60
活动场地		30	10	10	5	60

注：水平照度的参考平面为地面，垂直照度和半柱面照度的计算点或测量点高度为 1.5m。

2.1.8 住宅配套设施与设施措施要求

"新规"对住宅配套设施的规定如下。

(1) 住宅项目的配套设施应根据居住人口规模、设施服务半径综合确定，并根据所在居住区分级配置标准统筹配套、同步建设。

(2) 住宅项目应设生活垃圾收集点，并应符合如下规定。

① 应满足垃圾分类收集需求。

② 应设置便于识别的标志。

③ 厨余垃圾收集容器应具备封闭功能。

(3) 住宅项目应设快递箱（柜）或预留安装条件。

“新规”对住宅设施措施要求如下。

(1) 卧室、起居室、厨房不应布置在地下室。当布置在半地下室时，应合理布置，且应采取必要的通风、防潮、排水、安全防护等措施。

(2) 每套住宅应设放置洗衣机的位置，并应配置洗衣机的给水排水设施及其他使用条件。

2.1.9 套内空间卧室的使用面积要求

卧室是指供居住者睡眠、休息的空间。“新规”要求卧室的使用面积应符合的规定如下。

(1) 卧室使用面积不应小于 $5m^2$，如图 2-12 所示。

(2) 兼作起居室的卧室使用面积不应小于 $9m^2$。起居室（厅）是指供居住者进行会

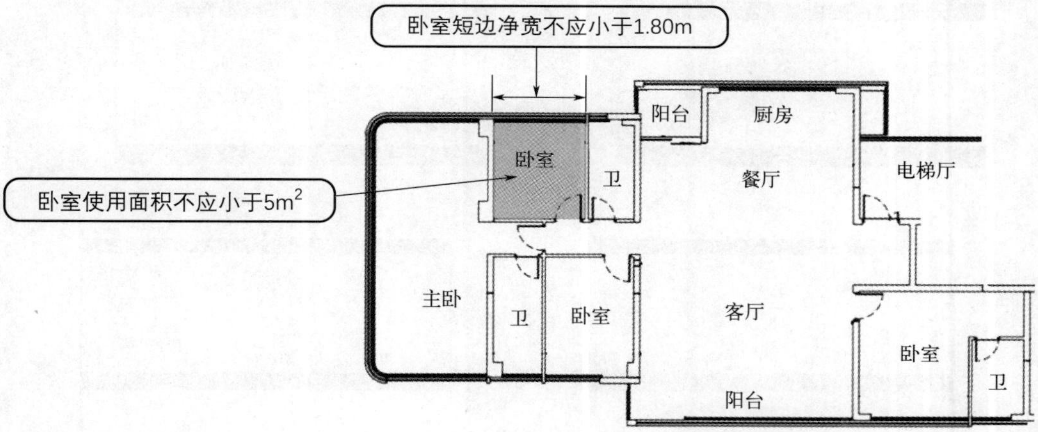

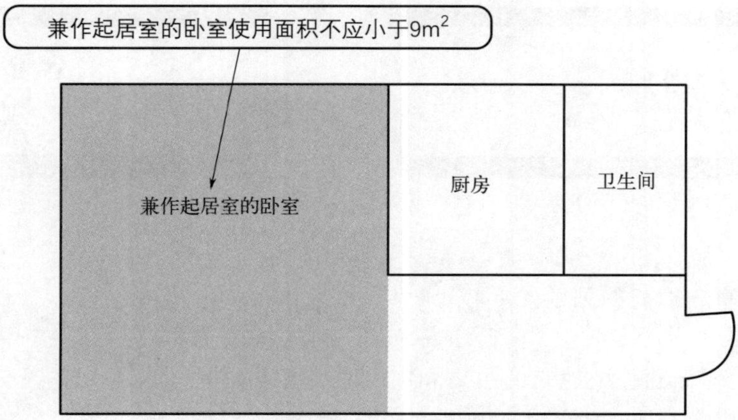

图 2-12 卧室使用面积要求

客、娱乐、团聚等活动的空间。

（3）卧室短边净宽不应小于1.8m。

2.1.10 住宅建筑的层高和室内净高要求

层高是指上下相邻两层楼面或楼面与地面间的垂直距离，也就是说层高包括楼板厚度。"新规"规定住宅室内净高是指楼面或地面到上部楼板底面或吊顶底面之间的垂直距离，如图2-13所示。

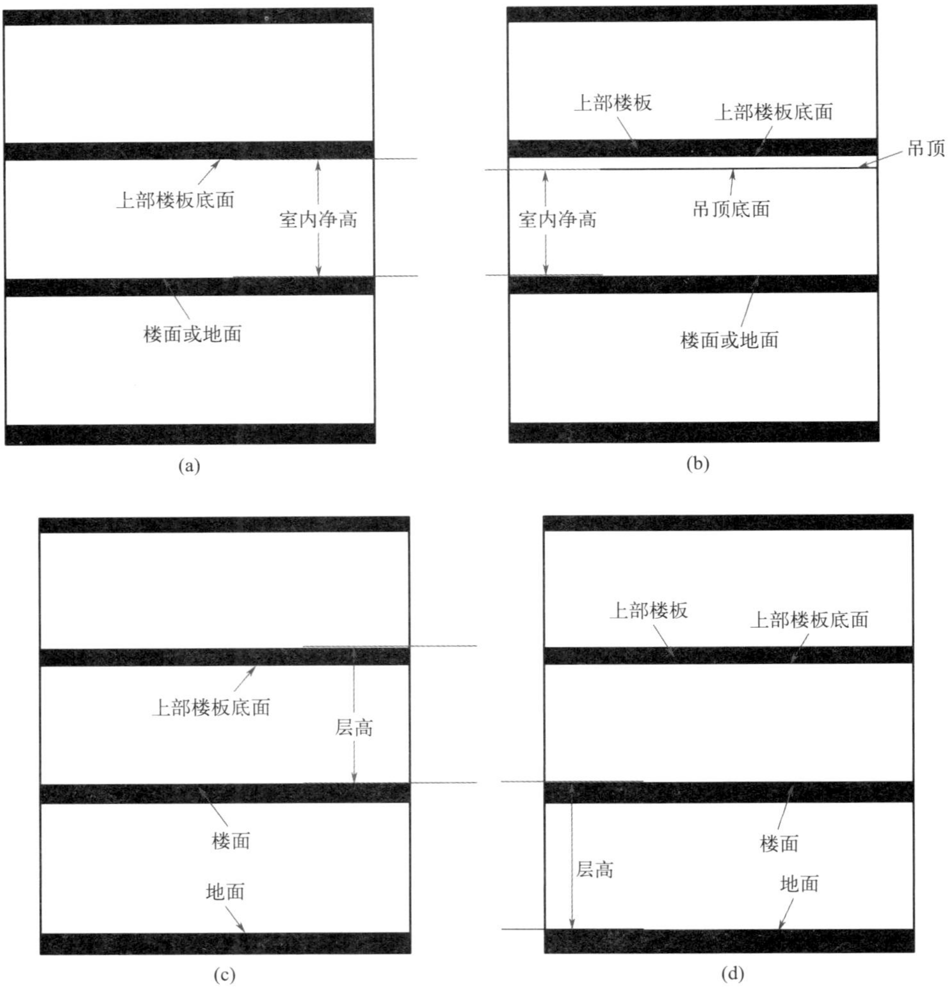

图2-13 层高与室内净高要求

层高与室内净高的关系如下。

净高＝层高－楼板厚度

"新规"对新建住宅建筑的层高和室内净高要求如下。

（1）住宅层高不应低于3.00m，如图2-14所示。

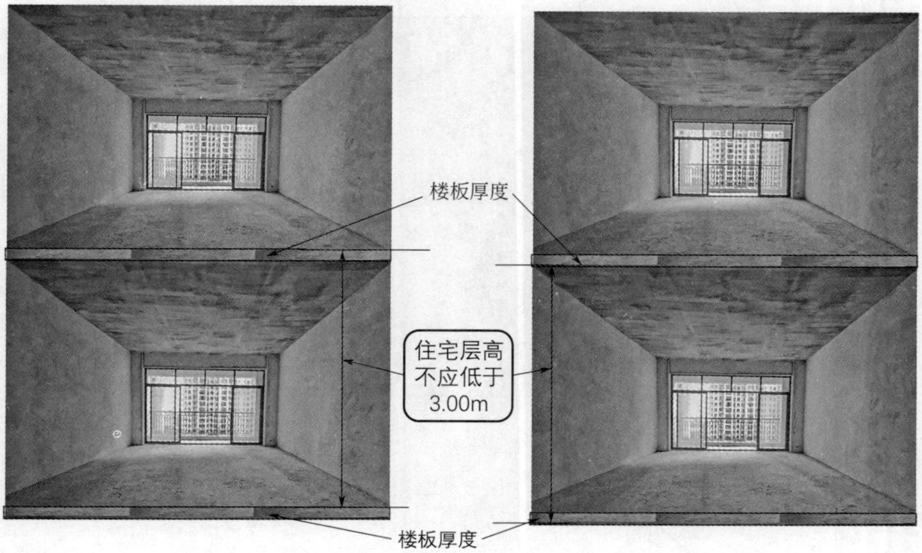

图 2-14 住宅层高要求

（2）卧室、起居室的室内净高不应低于 2.60m（图 2-15），局部净高不应低于 2.20m，并且局部净高低于 2.60m 的面积不应大于室内使用面积的 1/3，如图 2-16 所示。

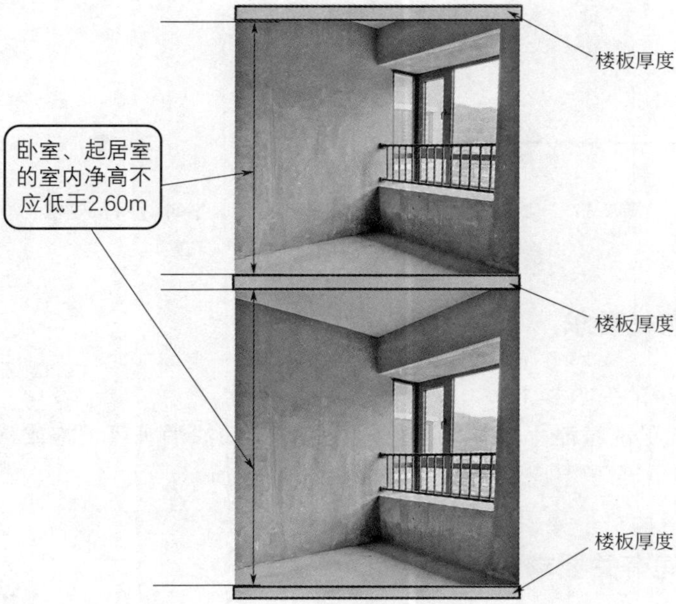

图 2-15 卧室、起居室的室内净高要求

（3）利用坡屋顶内空间作卧室、起居室时，室内净高不低于 2.20m 的使用面积不应小于该室内使用面积的 1/2，如图 2-17 所示。

（4）厨房、卫生间的室内净高不应低于 2.20m。

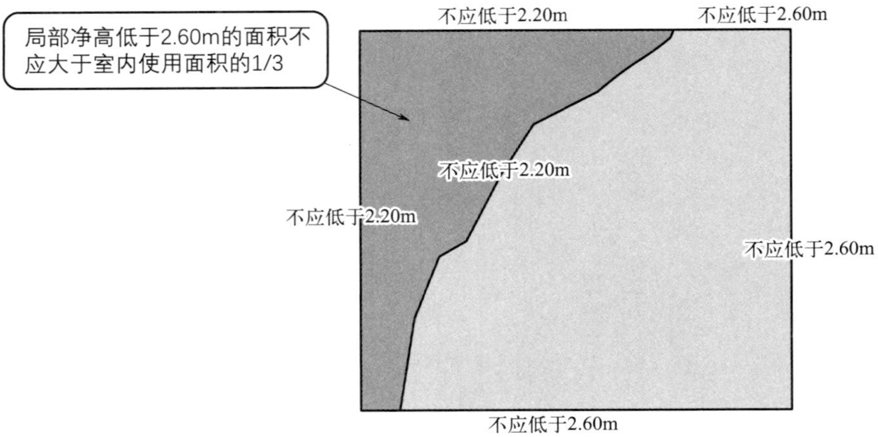

图 2-16　局部净高低于 2.60m 的面积要求

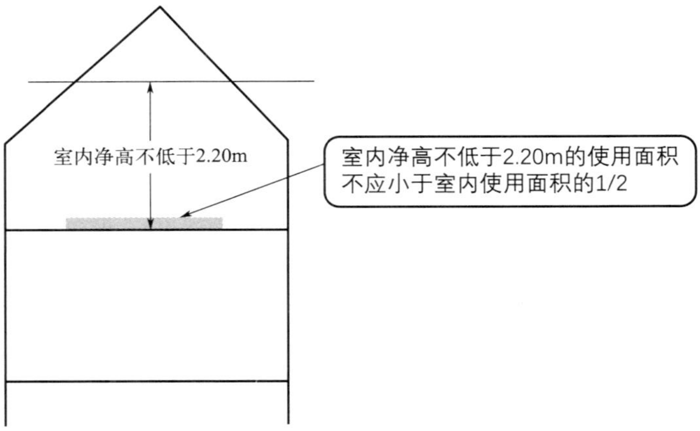

图 2-17　利用坡屋顶内空间作卧室、起居室时的面积要求

2.1.11　厨房有关要求

"新规"对厨房的要求如下。

（1）厨房应配置洗涤池、水龙头、案台、灶具、抽油烟机等设施或预留安装位置。

（2）厨房的使用面积不应小于 3.5m²，如图 2-18 所示。

2.1.12　卫生间有关要求

"新规"对卫生间的要求如下。

（1）卫生间地面应采用防滑铺装，地面静摩擦系数（COF）不应小于 0.6。

（2）卫生间与相邻空间地面的高差不应大于 0.015m，并且应以斜坡过渡。

（3）每套住宅的卫生间应至少配置便器、洗浴器、洗面器三件卫生器具或预留安装位置及条件。设有便器的卫生间的门不应直接开向厨房。便器、洗浴器、洗面器集中配置的

图 2-18 厨房的使用面积要求

卫生间的使用面积不应小于 2.5m²，如图 2-19 所示。

（4）卫生间不应直接布置在其他住户的卧室、起居室、厨房、餐厅的上层，如图 2-20 所示。

（5）卫生间的设置规定如下。

图 2-19　便器、洗浴器和洗面器集中配置的卫生间的使用面积要求

① 多层套型中，布置有起居室或卧室的楼层至少应设 1 间配有便器和洗面器或预留安装位置及条件的卫生间。

② 卫生间便器、洗浴器旁应设置扶手或预留安装条件，如图 2-21 所示。

③ 当卫生间门向内开启时，应预留向外开启或推拉开启的空间条件。

（6）卫生间防水、防潮应符合的规定如下。

① 卫生间地面应设防水层、地漏，并应有坡向地漏的排水坡，排水坡度不应小于 1%，如图 2-22 所示。

② 卫生间淋浴区墙面防水层高度不应小于 2m，并且不低于淋浴喷头高度，剩余墙面和顶棚应做防潮层或采取防潮措施。

③ 洗面器处墙面防水层高度不应小于 1.2m。

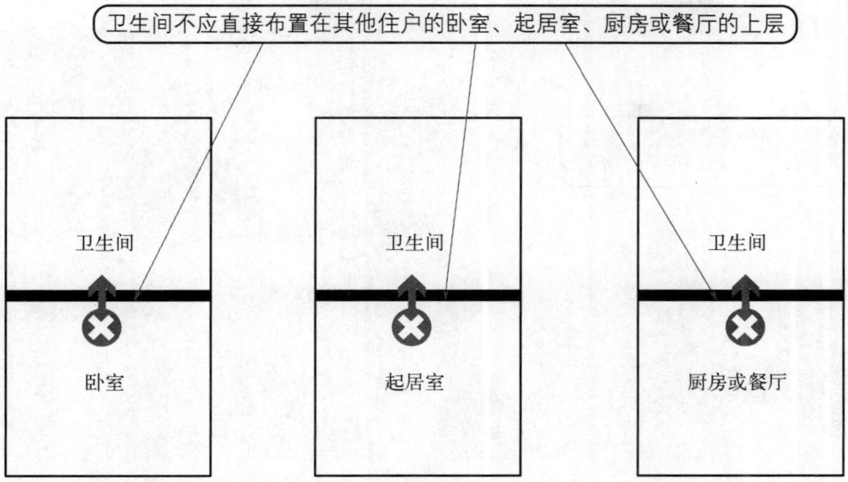

(a)

(b)

图 2-20 卫生间布置要求

④ 卫生间其他部位墙面（即有防水高度以外的墙面），地面防水的泛水翻起高度不应小于 0.25m。

2.1.13 过道有关要求

“新规”要求套内入口过道净宽不应小于 1.1m；通往卧室、起居室的过道净宽不应小于 1m；通往厨房、卫生间、储藏室的过道净宽不应小于 0.9m。

“新规”要求新建住宅建筑户门通行净宽不应小于 0.9m，既有住宅建筑改造户门通

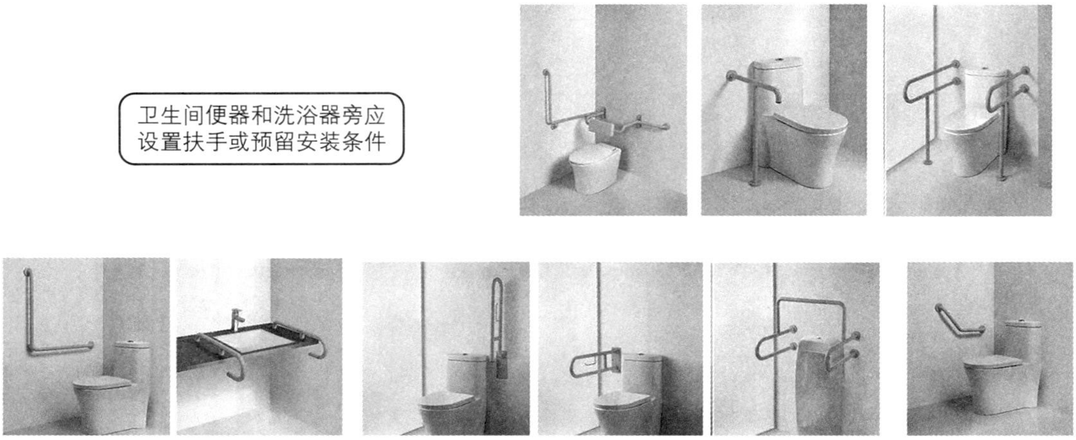

图 2-21　卫生间便器和洗浴器旁设扶手的要求

图 2-22　卫生间防水要求

行净宽不应小于 0.8m。卧室门的通行净宽不应小于 0.8m，厨房门和卫生间门的通行净宽不应小于 0.7m，并应预留无障碍改造的条件，如图 2-23 所示。

通行净宽是指门在正常使用时完全开启后，可供人员通行的实际宽度，该宽度不包括紧急疏散情形，主要着眼于满足搬运家具、大件电器等日常需求。通行净宽与门洞宽度不同，如图 2-24 所示。

2.1.14　门有关要求

“新规”要求户门的门槛高度和户门内外高差均不应大于 0.015m。门的开启类型如图 2-25 所示。

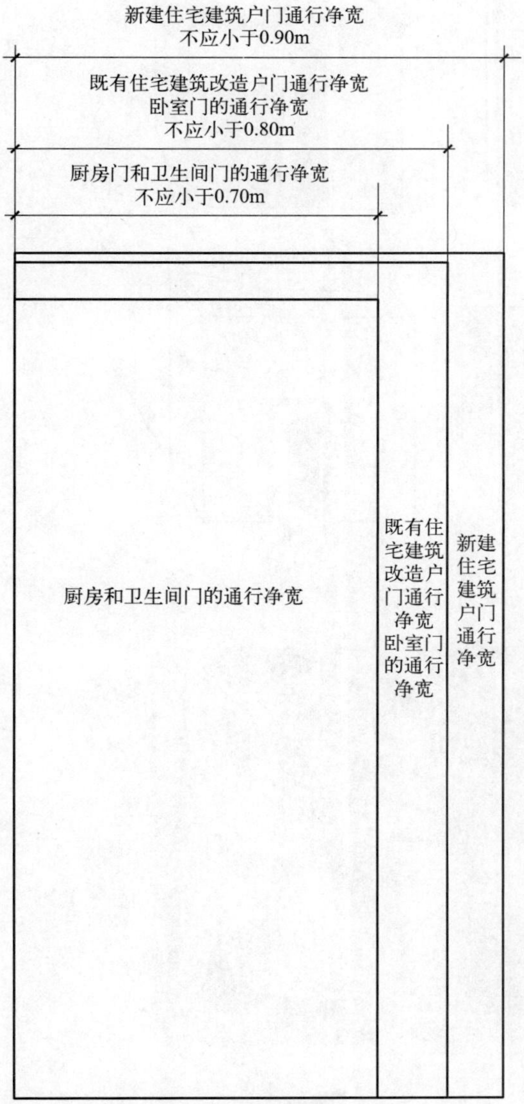

图 2-23 通行净宽的要求

图 2-24 通行净宽与门洞宽度不同

2.1.15 阳台有关要求

“新规”对阳台的有关规定如下。

(1) 封闭阳台与相邻空间地面的高差不应大于 0.015m，并且应以斜坡过渡。

(2) 阳台栏杆净高不应低于 1.2m，栏杆的竖向杆件间净距不应大于 0.11m，阳台栏杆应采取禁止攀登的构造，如图 2-26 所示。

(3) 阳台栏杆有放置物品或花盆的设施时，应采取防止物品或花盆坠落的措施。

(4) 开敞式阳台应采取有组织排水和防水措施。

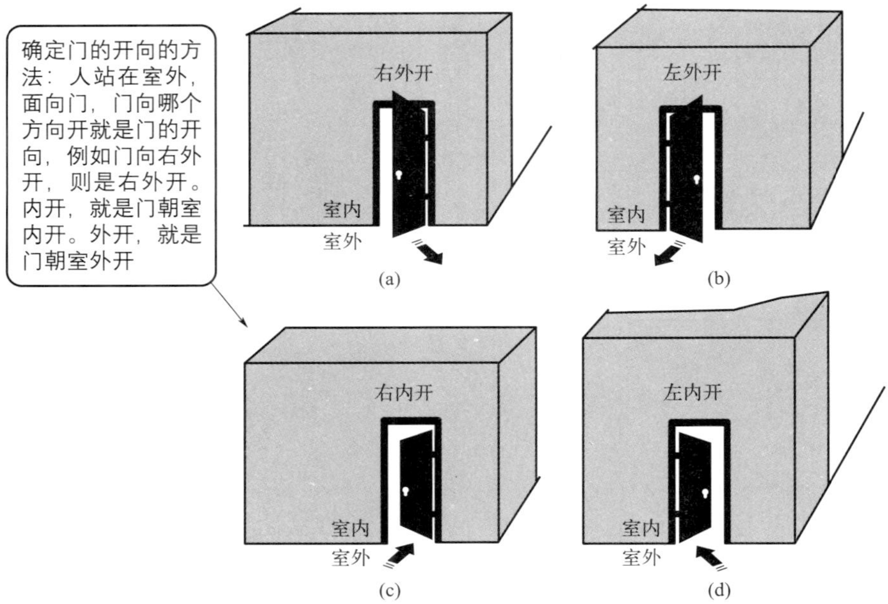

图 2-25　门的开启类型

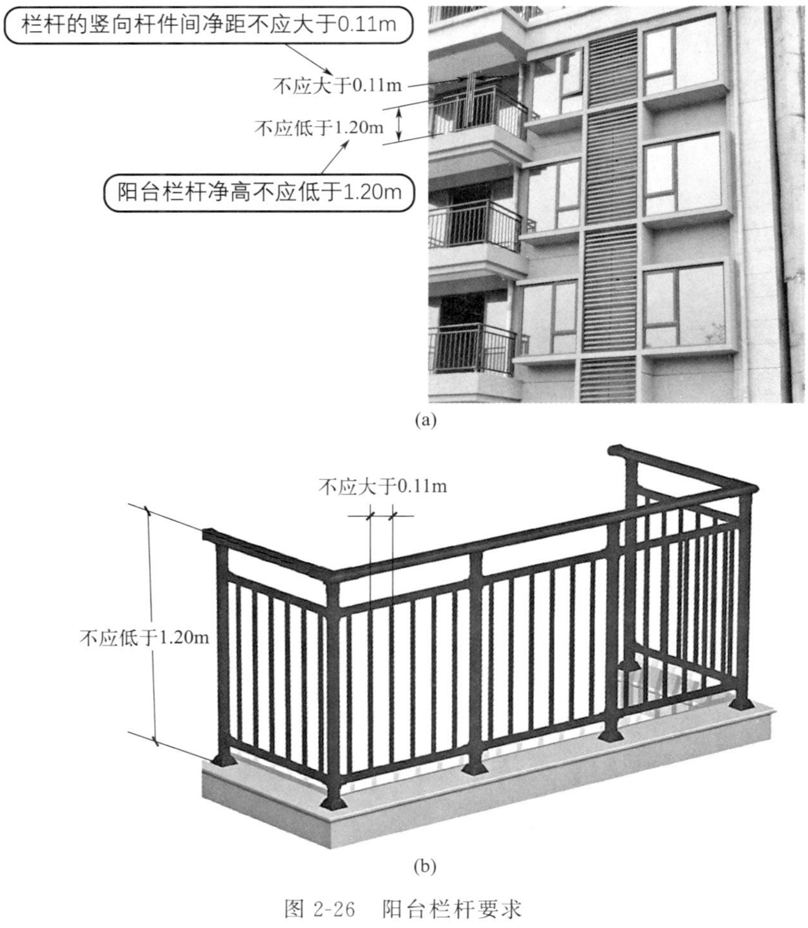

图 2-26　阳台栏杆要求

（5）放置洗衣机的阳台地面应采取有组织排水并设置防水层。

（6）各套住宅之间毗连的阳台应设分户隔墙。

2.1.16 窗台与窗户有关要求

“新规”对窗台、窗户的有关要求如下。

（1）临空外窗的窗台距室内地面的净高小于 0.9m 时，应配置防护设施。防护设施的高度应从室内地面或可蹬踏面起算，且不应小于 0.9m。凸窗窗台高度小于或等于 0.45m 时，其防护设施高度应从窗台面起算，且不应小于 0.9m。凸窗窗台高度大于 0.45m 时，其防护设施高度应从窗台面起算，且不应小于 0.6m；凸窗的防护设施应贴外窗设置，如图 2-27 所示。

（2）当住宅建筑凹口的净宽与净深之比小于 1∶3 且净宽小于 1.2m 时，卧室和起居室的外窗不应设置在凹口内。

图 2-27 临空外窗的窗台要求

2.1.17 公共楼梯的规定与要求

“新规”对公共楼梯的规定如下。

（1）最高入户层楼面距室外设计地面的高度不超过 15m 时，公共楼梯一边设有栏杆的，其梯段净宽不应小于 1m；公共楼梯两侧均为墙体时，其梯段净宽不应小于 1.1m。最高入户层楼面距室外设计地面的高度超过 15m 时，公共楼梯的梯段净宽不应小于 1.1m，如图 2-28、图 2-29 所示。

（2）公共楼梯踏步宽度不应小于 0.26m，踏步高度不应大于 0.175m，并且同一个楼梯梯段踏步的宽度、高度均应一致；每个梯段的首步、末步踏步，均应设明显标志，如图 2-30 所示。

（3）楼梯扶手高度不应小于 0.9m；当楼梯水平段栏杆长度大于 0.5m 时，其水平段扶手高度不应小于 1.2m；楼梯栏杆竖向杆件间净距不应大于 0.11m，如图 2-31 所示。

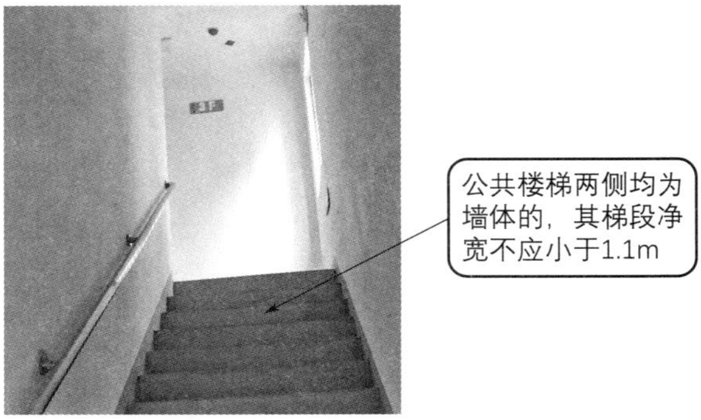

图 2-28　公共楼梯两侧均为墙体的梯段净宽要求

图 2-29　公共楼梯一边设有栏杆的梯段净宽要求

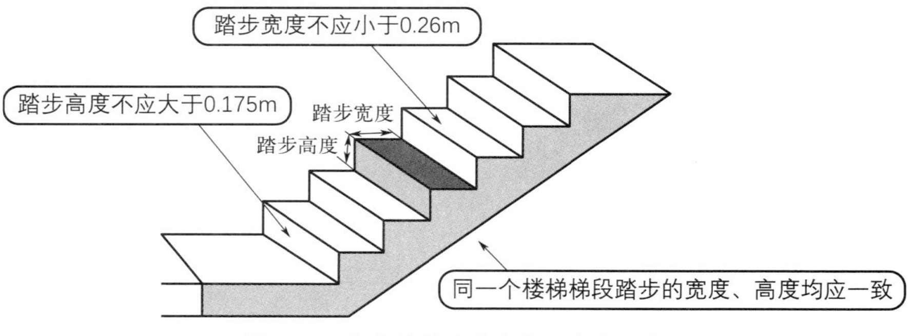

图 2-30　公共楼梯踏步宽度和高度要求

（4）楼梯井净宽大于 0.11m 时，必须采取防止人员坠落和儿童攀爬的措施。

知识小贴士

"新规"对公共走廊的规定如下。

（1）走廊净宽不应小于 1.2m，净高不应低于 2.2m。

（2）当设置封闭外廊时，应设可开启的窗扇。

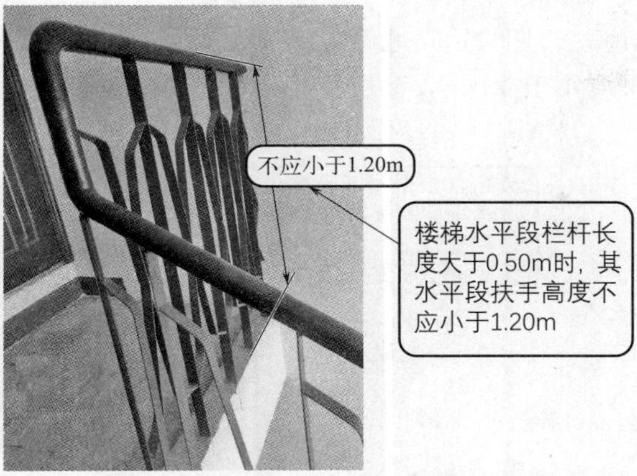

图 2-31 楼梯水平段扶手高度要求

2.1.18 电梯有关规定与要求

“新规”对电梯的有关规定与要求如下。

（1）电梯井道、电梯机房、水泵机房等产生噪声或振动的房间不应紧邻卧室布置，如图 2-32 所示。

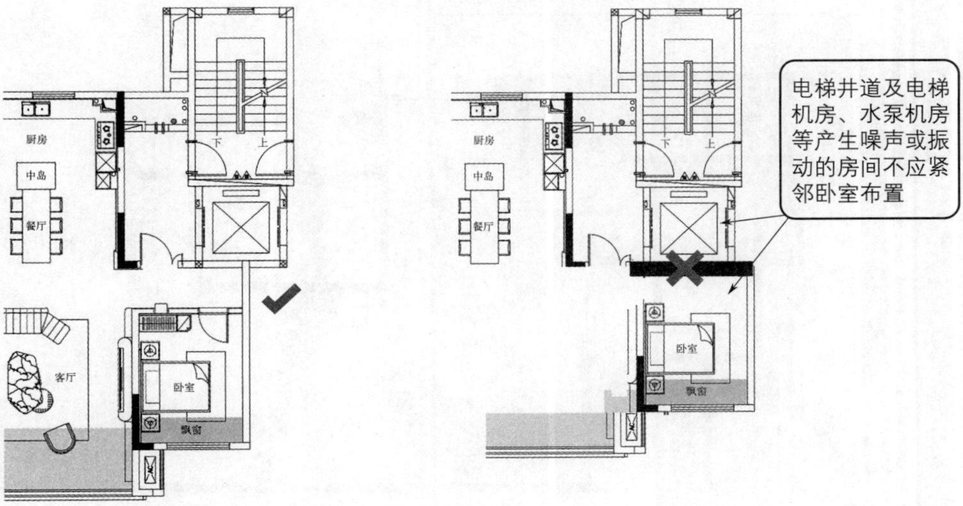

(a) (b)

图 2-32 电梯井道及电梯机房布置要求

（2）新建住宅建筑电梯设置应符合的规定如下。

① 最高入户层为四层及四层以上，或最高入户层楼面距室外设计地面高度超过 9m 的住宅建筑，每个住宅单元应至少设置 1 台电梯。

② 最高入户层为十二层及以上，或最高入户层楼面距室外设计地面高度超过 33m 的住宅建筑，每个住宅单元应至少设置 2 台电梯。

③ 设有电梯的住宅单元，应至少有 1 台电梯满足下列尺寸要求：轿厢门净宽不应小于 0.9m；采用宽轿厢时，轿厢长边尺寸不应小于 1.6m，短边尺寸不应小于 1.5m；采用深轿厢时，轿厢宽度不应小于 1.1m，深度不应小于 2.1m，如图 2-33 所示。

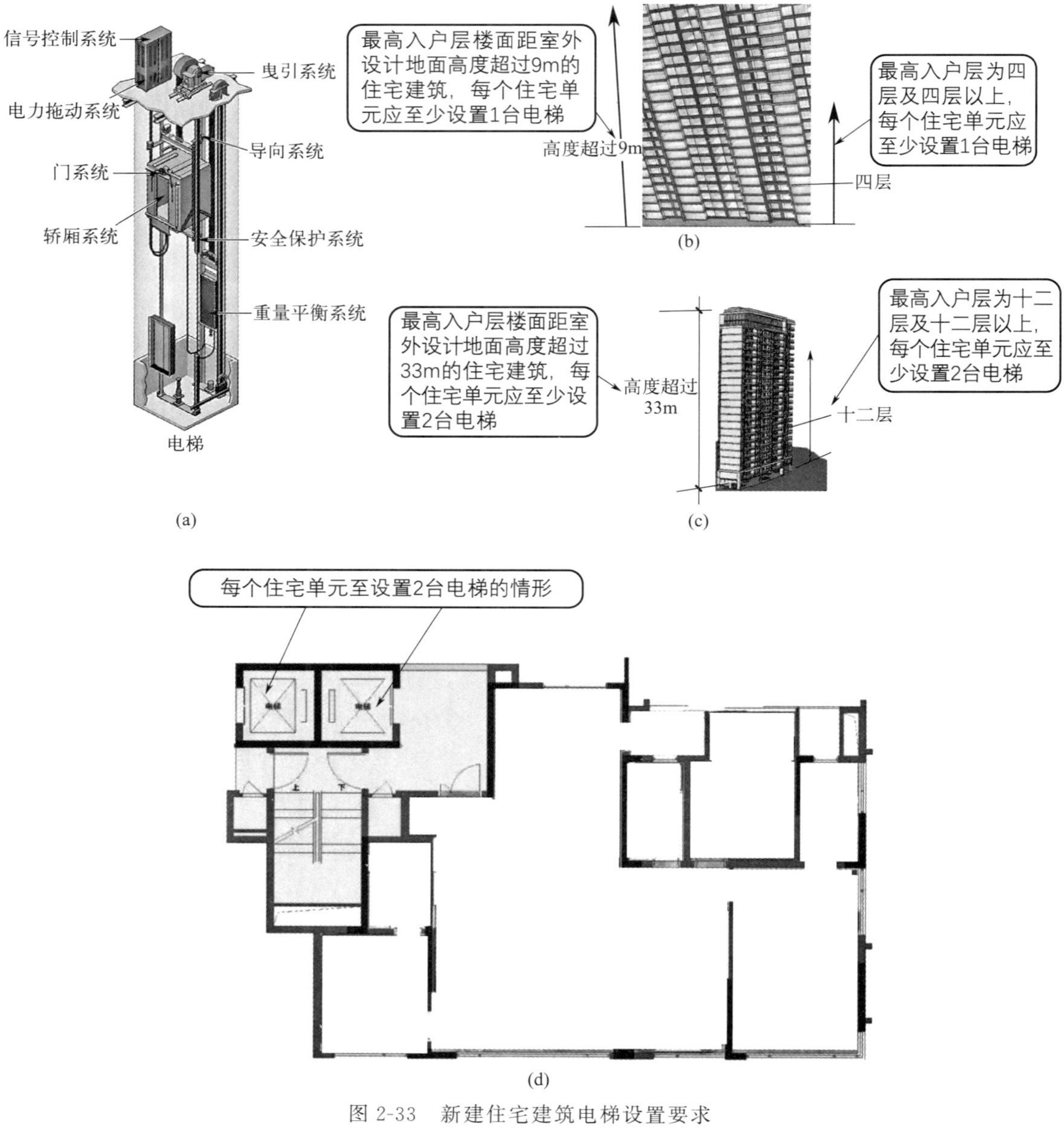

图 2-33 新建住宅建筑电梯设置要求

④ 电梯紧急呼叫按钮的中心距地面高度应为 0.85～1.1m，如图 2-34 所示。

（3）既有住宅建筑加装电梯，不应影响建筑结构安全性和正常使用功能。加装电梯的载重量不应小于 320kg，轿厢门净宽不应小于 0.8m，如图 2-35 所示。

（4）电梯井应独立设置，并且不应敷设与电梯无关的电缆、电线等。电梯井井壁上除开设电梯门洞、检修门洞和通气孔外，不应开设其他洞口。

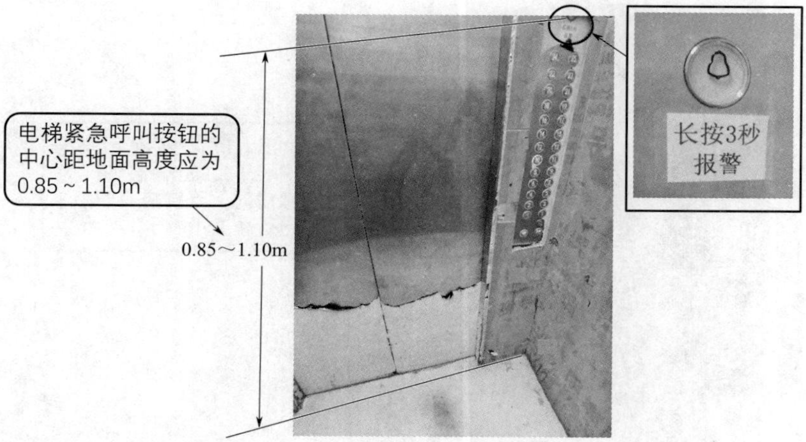

图 2-34 电梯紧急呼叫按钮的中心距地面高度要求

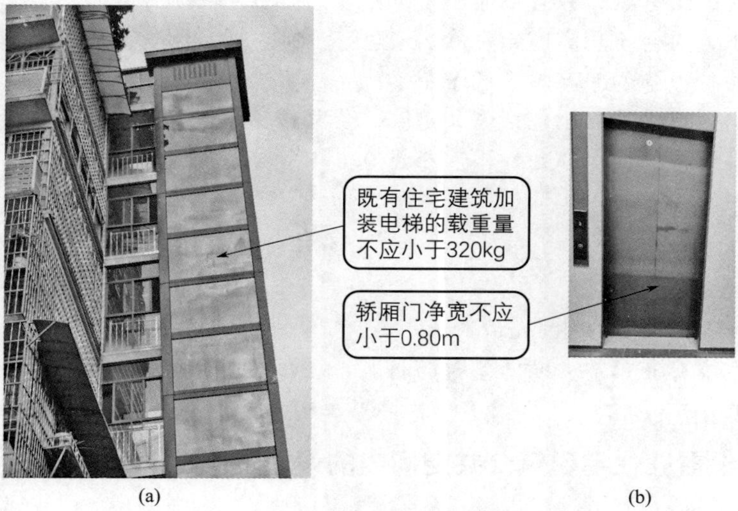

图 2-35 既有住宅建筑加装电梯要求

2.1.19 公共出入口有关规定与要求

“新规”对公共出入口的有关规定与要求如下。

（1）每个住宅单元至少应有 1 个无障碍公共出入口。

（2）公共出入口的外门通行净宽不应小于 1.1m。当外门为双扇门时，至少应有 1 扇门的通行净宽不小于 0.8m，如图 2-36 所示。

（3）除平坡出入口外，公共出入口平台的净深度（从门扇开启时的最远点到平台边缘的距离）不应小于 1.5m。

（4）公共出入口位于阳台、外廊、开敞楼梯平台的下部时，应采取防止坠物伤害的安全措施。公共出入口上方应设雨篷，雨篷的宽度不应小于门洞的宽度，雨篷的挑出长度应

图 2-36 公共出入口的外门通行净宽要求

超过门扇开启时的最远点，并且不应小于 1m。

（5）公共出入口台阶总高度超过 0.7m 且侧面临空时，台阶、平台的临空侧面应设防护设施，并且防护设施的净高不应低于 1.2m。

（6）公共出入口内外（也包括公共走廊、公共楼梯、电梯厅等处）的地面，应采用防滑铺装，地面静摩擦系数（COF）不应小于 0.6。

知识小贴士

"新规"要求外廊、室内回廊、内天井、室外楼梯及上人屋面等临空处应设防护栏杆，并应符合如下规定。

（1）栏杆净高不应低于 1.2m。

（2）栏杆应有防止攀登、物品坠落的措施，栏杆竖向杆件间的净距不应大于 0.11m。

2.1.20 应设置在住宅建筑公共空间内的设备设施

"新规"对应设置在住宅建筑公共空间内的设备设施要求如下。

（1）给水总立管、消防立管、雨水立管（不包括设置在开敞式阳台的雨水立管）、供暖（空调）供回水总立管、配电和弱电干线（管）等。

（2）公共管道阀门（必须设在套内的燃气引入管阀门除外）、电气设备、用于总体调节和检修的部件（套内排水立管检修口除外）。

（3）室内供暖管沟、电缆沟的检查孔。

2.1.21 空调有关规定与要求

"新规"对住宅建筑采用分体式空调时，室外机位置、安装应符合的规定与要求如下。

（1）应设置方便室外机安装和维护操作的可上人专用平台板或预留空间，专用平台板与主体建筑结构的连接应进行结构设计，并且设计使用年限与主体结构相同，如图 2-37 所示。

（2）室外机位置应保证通风通畅，不应设置在建筑天井等通风不良的位置，并且不应

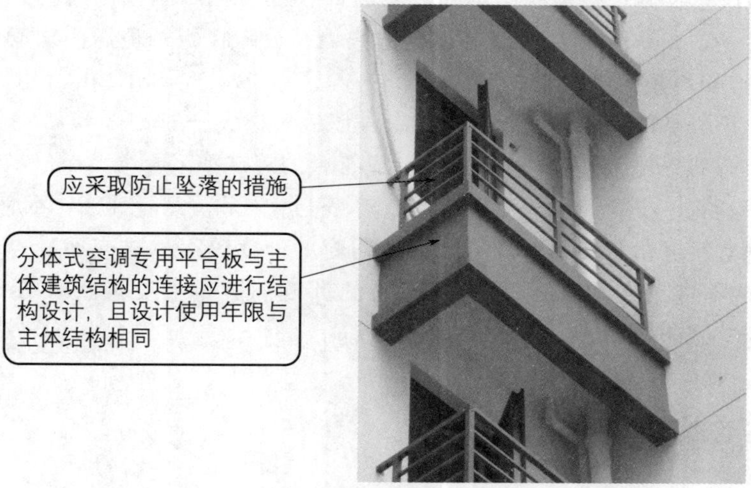

图 2-37　分体式空调专用平台板要求

对室外人员和相邻窗口造成不利影响。室外机位设置围护的格栅或墙体时，不应妨碍空调的有效散热。

（3）室外机应采用坐式安装方式，并且室外机底座应与专用平台板（架）连接牢固，并应采取防止坠落的措施。

知识小贴士

“新规”要求新建住宅建筑采用太阳能热水系统、光伏系统时，应统一规划、同步设计、同步施工，并且太阳能热水系统、光伏系统的设置应符合如下规定。

（1）应与建筑主体结构连接牢固。

（2）应采取防水、密封、排水的构造措施。

（3）不应破坏住宅建筑的防水层、附属设施。

2.1.22 住宅声环境要求

“新规”对住宅声环境的要求如下。

（1）住宅建筑内电梯、水泵、变压器等共用设施设备、空调室外机、新风机组传播至卧室、起居室内的建筑设备的结构噪声，不应大于表 2-7 规定的限值。

表 2-7　卧室、起居室内的建筑设备结构噪声限值

房间名称	倍频带等效声压级 $L_{eq,1/1}$/dB				低频等效声级 $L_{Aeq,T,L}$/dB
	31.5Hz	63Hz	125Hz	250Hz	
卧室	72	55	43	35	30
起居室	76	59	48	39	35

（2）与卧室相邻的卫生间内，排水立管不应贴邻与卧室共用的墙体，并应采取隔声包覆处理措施。上层卫生间排水时，在卧室内测得的排水噪声等效声级不应大于 33dB。

（3）住宅卧室、起居室与相邻房间之间墙、楼板的隔声性能应符合的规定如下。

① 卧室分户墙及分户楼板两侧房间之间的计权标准化声压级差与粉红噪声频谱修正量之和（$D_{nT,w}+C$）不应小于 50dB；其他分户墙及分户楼板两侧房间之间的计权标准化声压级差与粉红噪声频谱修正量之和（$D_{nT,w}+C$）不应小于 48dB。

② 卧室、起居室楼板的计权标准化撞击声压级不应大于 65dB。

（4）住宅外墙、外门窗空气声隔声性能应符合的规定如下。

① 住宅外墙的计权隔声量与交通噪声频谱修正量之和（R_w+C_{tr}）不应小于 45dB。

② 临街住宅建筑朝向交通干线侧卧室外门窗的计权隔声量与交通噪声频谱修正量之和（R_w+C_{tr}）不应小于 35dB；其他外门窗的计权隔声量与交通噪声频谱修正量之和（R_w+C_{tr}）不应小于 30dB。

2.1.23 住宅光环境要求

"新规"对住宅光环境的要求如下。

（1）每套住宅应至少有一个卧室或起居室能满足日照标准。

（2）每套住宅的卧室、起居室、厨房均应有直接采光。

（3）住宅建筑公共区域的照度和一般显色指数不应低于表 2-8 规定的标准值。

表 2-8 住宅建筑公共区域的照度和一般显色指数标准值

房间或场所		参考平面	照度标准值/lx	一般显色指数 R_a
电梯前厅		地面	75	60
走道、楼梯间		地面	100	60
车库	车位	地面	30	60
	车道	地面	50	60

2.1.24 住宅热环境要求

"新规"对住宅热环境的要求如下。

（1）供暖住宅建筑的屋面、外墙、地面、与室外空气直接接触的楼面等的内表面在室内温、湿度设计条件下不应出现表面结露情况。

（2）夏季自然通风情况下，夏热冬暖、夏热冬冷和寒冷 B 区住宅建筑的外墙、屋面的内表面温度不应高于室外空气最高温度。

（3）每套住宅的自然通风开口面积不应小于地面面积的 5%。卧室、起居室、厨房应能自然通风，并应符合如下规定。

① 卧室、起居室的直接自然通风开口面积不应小于该房间地面面积的 5%；房间外设置阳台时，阳台的自然通风开口面积不应小于房间和阳台地面面积总和的 5%。

② 厨房的自然通风开口面积不应小于该房间地面面积的 10%，并且不应小于 0.6m^2；当厨房外设置阳台时，阳台的自然通风开口面积不应小于厨房和阳台地面面积总和的 10%，并且不应小于 0.6m^2，如图 2-38 所示。

图 2-38 厨房外设置阳台要求

2.2 “好房子”的其他规定与要求

2.2.1 住宅建筑的其他标准与规范

“好房子”的建设，除了需要满足现行“新规”的要求，还需满足其他现行“规定”或者标准“有效条文”。

“好房子”的建设，常涉及的标准有：《建筑防水涂料安全技术规范》（GB 45671—2025）；《建筑防水卷材安全和通用技术规范》（GB 45320—2025）；《安装于办公、旅馆和住宅建筑的乘客电梯的配置和选择》（GB/T 42623—2023）；《建筑给水排水设计标准》（GB 50015—2019）；《园林绿化工程施工及验收规范》（DB11/T 212—2024）等。

鉴于涉及的标准、条文的内容较多，本书仅精选部分进行介绍和讲解，以供速查。

2.2.2 建筑采光要求

（1）建筑采光术语解释见表 2-9。

表 2-9 建筑采光术语解释

术语名称	解释
不舒适眩光	视野中由于光亮度的分布不适宜，或在空间或时间上存在着极端的亮度对比，以致引起不舒适的视觉条件。有的不舒适眩光特指由窗引起的不舒适眩光
采光均匀度	参考平面上的采光系数最低值与平均值之比

续表

术语名称	解释
采光利用系数	被照面接收到的光通量与天窗或集光器接收到来自天空的光通量之比
采光系数	在室内参考平面上的一点，由直接或间接地接收来自假定和已知天空亮度分布的天空漫射光而产生的照度与同一时刻该天空半球在室外无遮挡水平面上产生的天空漫射光照度之比
采光系数标准值	在规定的室外天然光设计照度下，满足视觉功能要求时的采光系数值
采光有效进深	侧面采光时，可满足采光要求的房间进深。有的用房间进深与参考平面到窗上沿高度的比值来表示
参考平面	测量或规定照度的平面
窗地面积比	窗洞口面积与地面面积之比。侧面采光时应为参考平面以上的窗洞口面积
导光管采光系统效率	导光管采光系统的漫射器输出光通量与集光器输入光通量之比
导光管采光系统	一种用来采集天然光，并且经管道传输到室内，进行天然光照明的采光系统，通常由集光器、导光管、漫射器等组成
光气候	由太阳直射光、天空漫射光和地面反射光形成的天然光状况
光气候系数	根据光气候特点，按年平均总照度值确定的分区系数
光热比	材料的可见光透射比与太阳能总透射比的比值
年平均总照度	根据全年规定时间统计的室外天然光总照度
室内天然光照度标准值	对应于规定的室外天然光设计照度值和相应的采光系数标准值的参考平面上的照度值
室内照度	在天空漫射光照射下，室内给定平面上某一点的照度
室外天然光临界照度	室内需要全部开启人工照明时的室外天然光照度
室外天然光设计照度	室内全部利用天然光时的室外天然光最低照度
室外照度	在天空漫射光照射下，室外无遮挡水平面上的照度
透光折减系数	透射漫射光照度与漫射光照度之比
照度	表面上一点的照度，是指入射在包含该点面元上的光通量除以该面元面积之商，即单位面积的光通量

(2) 采光系数、室内天然光照度是采光设计的评价指标。室内某一点的采光系数 C 的计算如图 2-39 所示。

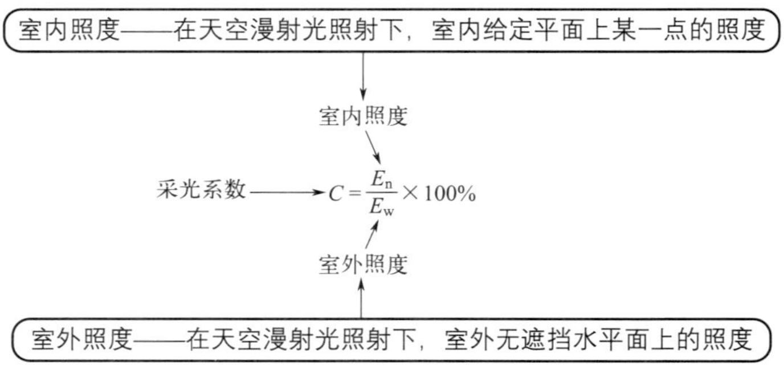

图 2-39 室内某一点的采光系数的计算

(3) 各采光等级参考平面上的采光标准值应符合表 2-10 所示的规定。

表 2-10 各采光等级参考平面上的采光标准值

采光等级	侧面采光		顶部采光	
	采光系数标准值/%	室内天然光照度标准值/lx	采光系数标准值/%	室内天然光照度标准值/lx
Ⅰ	5	750	5	750
Ⅱ	4	600	3	450
Ⅲ	3	450	2	300
Ⅳ	2	300	1	150
Ⅴ	1	150	0.5	75

注：(1) 民用建筑参考平面取距地面 0.75m，公共场所参考平面取地面。
(2) 表中所列采光系数标准值适用于我国Ⅲ类光气候区，采光系数标准值是根据室外设计照度值 15000lx 制定的。
(3) 采光标准的上限值不宜高于上一采光等级的级差，采光系数值不宜高于 7%。

(4) 住宅建筑的采光系数标准值不应低于表 2-11 的规定。

表 2-11 住宅建筑的采光系数标准值

采光等级	场所名称	侧面采光	
		采光系数标准值/%	室内天然光照度标准值/lx
Ⅳ	厨房	2.0	300
Ⅴ	卫生间、过道、餐厅、楼梯间	1.0	150

(5) 建筑玻璃的光热参数值的取值见表 2-12。

表 2-12 建筑玻璃的光热参数值

材料类型	材料名称	规格	颜色	可见光		太阳光		遮阳系数	光热比
				透射比	反射比	直接透射比	总透射比		
单层玻璃	普通白玻璃	6mm	无色	0.89	0.08	0.80	0.84	0.97	1.06
		12mm	无色	0.86	0.08	0.72	0.78	0.90	1.10
	超白玻璃	6mm	无色	0.91	0.08	0.89	0.90	1.04	1.01
		12mm	无色	0.91	0.08	0.87	0.89	1.02	1.03
	浅蓝玻璃	6mm	蓝色	0.75	0.07	0.56	0.67	0.77	1.12
	水晶灰玻璃	6mm	灰色	0.64	0.06	0.56	0.67	0.77	0.96
夹层玻璃	夹层玻璃	6C/1.52PVB/6C	无色	0.88	0.08	0.72	0.77	0.89	1.14
		3C+0.38PVB+3C	无色	0.89	0.08	0.79	0.84	0.96	1.07
		3F绿+0.38PVB+3C	浅绿	0.81	0.07	0.55	0.67	0.77	1.21
		6C+0.76PVB+6C	无色	0.86	0.08	0.67	0.76	0.87	1.14
		6F绿+0.38PVB+6C	浅绿	0.72	0.07	0.38	0.57	0.65	1.27

续表

材料类型	材料名称	规格	颜色	可见光		太阳光		遮阳系数	光热比
				透射比	反射比	直接透射比	总透射比		
Low-E中空玻璃	高透 Low-E	6Low-E+12A+6C	无色	0.76	0.11	0.47	0.54	0.62	1.41
		6C+12A+6Low-E	无色	0.67	0.13	0.46	0.61	0.70	1.10
	遮阳 Low-E	6Low-E+12A+6C	灰色	0.65	0.11	0.44	0.51	0.59	1.27
		6Low-E+12A+6C	浅蓝灰	0.57	0.18	0.36	0.43	0.49	1.34
	双银 Low-E	6Low-E+12A+6C	无色	0.66	0.11	0.34	0.40	0.46	1.65
		6Low-E+12A+6C	无色	0.68	0.11	0.37	0.41	0.47	1.66
		6Low-E+12A+6C	无色	0.62	0.11	0.34	0.38	0.44	1.62
镀膜玻璃	热反射镀膜玻璃	6mm	浅蓝	0.64	0.18	0.59	0.66	0.76	0.97
	硬镀膜低辐射玻璃	3mm	无色	0.82	0.11	0.69	0.72	0.83	1.14
		4mm	无色	0.82	0.10	0.68	0.71	0.82	1.15
		5mm	无色	0.82	0.11	0.68	0.71	0.82	1.16
		6mm	无色	0.82	0.10	0.66	0.70	0.81	1.16
		8mm	无色	0.81	0.10	0.62	0.67	0.77	1.21
		10mm	无色	0.80	0.10	0.59	0.65	0.75	1.23
		12mm	无色	0.80	0.10	0.57	0.64	0.73	1.26
		6mm	金色	0.41	0.34	0.44	0.55	0.63	0.75
		8mm	金色	0.39	0.34	0.42	0.53	0.61	0.73

注：(1) 遮阳系数=太阳能总透射比/0.87。

(2) 光热比=可见光透射比/太阳能总透射比。

(6) 透明（透光）材料的光热参数值的取值见表 2-13。

表 2-13 透明（透光）材料的光热参数值的取值

材料类型	材料名称	规格/mm	颜色	可见光		太阳光		遮阳系数	光热比
				透射比	反射比	透射比	总透射比		
聚碳酸酯	乳白 PC 板	3	乳白	0.16	0.81	0.16	0.20	0.23	0.80
	颗粒 PC 板	3	无色	0.86	0.09	0.76	0.80	0.92	1.07
	透明 PC 板	3	无色	0.89	0.09	0.82	0.84	0.97	1.05
		4	无色	0.89	0.09	0.81	0.84	0.96	1.07
亚克力	透明亚克力	3	无色	0.92	0.08	0.85	0.87	1.00	1.06
		4	无色	0.92	0.08	0.85	0.87	1.00	1.06
	磨砂亚克力	4	乳白	0.77	0.07	0.71	0.77	0.88	1.01
		5	乳白	0.57	0.12	0.53	0.62	0.71	0.92

(7) 常用反射膜材料的反射比（ρ）取值见表 2-14。

表 2-14 常用反射膜材料的反射比（ρ）取值

材料名称	反射比	漫反射比
聚合物反射膜	0.997	＜0.05
增强银反射膜	0.98	＜0.05
增强铝反射膜	0.95	＜0.05
阳极铝反射膜	0.84	0.64～0.84

（8）饰面材料的反射比取值见表 2-15。

表 2-15 饰面材料的反射比（ρ）取值

材料名称		ρ 值
石膏		0.91
大白粉刷		0.75
水泥砂浆抹面		0.32
白水泥		0.75
白色乳胶漆		0.84
调和漆	白色和米黄色	0.70
	中黄色	0.57
红砖		0.33
灰砖		0.23
瓷釉面砖	白色	0.80
	黄绿色	0.62
	粉色	0.65
	天蓝色	0.55
	黑色	0.08
大理石	白色	0.60
	乳色间绿色	0.39
	红色	0.32
	黑色	0.08
无釉陶土地砖	土黄色	0.53
	朱砂	0.19
马赛克地砖	白色	0.59
	浅蓝色	0.42
	浅咖啡色	0.31
	绿色	0.25
	深咖啡色	0.20
铝板	白色抛光	0.83～0.87
	白色镜面	0.89～0.93
	金色	0.45

续表

材料名称		ρ 值
浅色彩色涂料		0.75～0.82
不锈钢板		0.72
浅色木地板		0.58
深色木地板		0.10
棕色木地板		0.15
混凝土面		0.20
水磨石	白色	0.70
	白色间灰黑色	0.52
	白色间绿色	0.66
	黑灰色	0.10
塑料贴面板	浅黄色	0.36
	中黄色	0.30
	深棕色	0.12
塑料墙纸	黄白色	0.72
	蓝白色	0.61
	浅粉白色	0.65
沥青地面		0.10
铸铁、钢板地面		0.15
普通玻璃		0.08
镀膜玻璃	金色	0.23
	银色	0.30
	宝石蓝	0.17
	宝石绿	0.37
	茶色	0.21
彩色钢板	红色	0.25
	深咖啡色	0.20

（9）窗结构的挡光折减系数取值见表 2-16。

表 2-16　窗结构的挡光折减系数（τ_c）取值

窗种类		τ_c 值
单层窗	木窗	0.70
	钢窗	0.80
	铝窗	0.75
	塑料窗	0.70

续表

窗种类		τ_c 值
双层窗	木窗	0.55
	钢窗	0.65
	铝窗	0.60
	塑料窗	0.55

注：表中的塑料窗含塑钢窗、塑木窗、塑铝窗。

（10）窗玻璃的污染折减系数取值见表 2-17。

表 2-17 窗玻璃的污染折减系数（τ_w）取值

房间污染程度	玻璃安装角度		
	垂直	倾斜	水平
清洁	0.90	0.75	0.60
一般	0.75	0.60	0.45
污染严重	0.60	0.45	0.30

注：(1) τ_w 值是按 6 个月擦洗一次窗确定的。

(2) 在南方多雨地区，水平天窗的污染系数可按倾斜窗的 τ_w 值选取。

（11）室内构件的挡光折减系数取值见表 2-18。

表 2-18 室内构件的挡光折减系数（τ_j）取值

构件名称	结构材料	
	钢筋混凝土	钢
实体梁	0.75	0.75
屋架	0.80	0.90
吊车梁	0.85	0.85
网架	—	0.65

（12）井壁的挡光折减系数取值如图 2-40 所示。

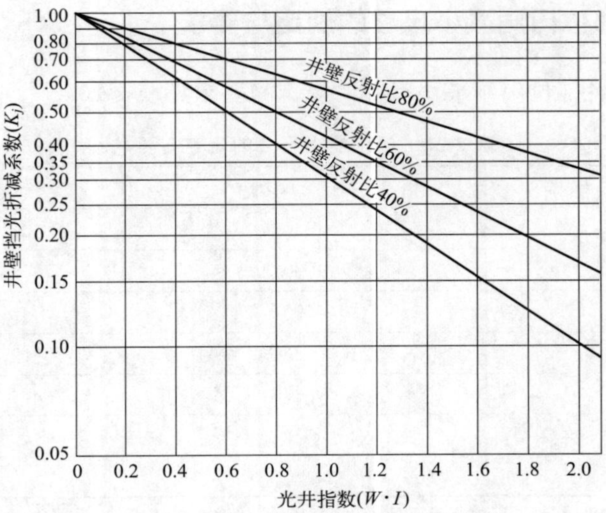

图 2-40 井壁的挡光折减系数取值

2.2.3 住宅套内空间其他规定与要求

"好房子"住宅套内空间的其他规定与要求见表2-19。

表2-19 住宅套内空间其他规定与要求

项目	要求
卧室的使用面积规定与要求	①双人卧室不应小于 $9m^2$； ②单人卧室不应小于 $5m^2$； ③兼起居的卧室不应小于 $12m^2$
起居室(厅)的使用面积规定要求	起居室(厅)的使用面积不应小于 $10m^2$
起居室(厅)内布置家具的墙面直线长度的规定	起居室(厅)内布置家具的墙面直线长度宜大于3m
无直接采光的餐厅、过厅等的使用面积规定	无直接采光的餐厅、过厅等的使用面积不宜大于 $10m^2$
厨房使用面积规定与要求	①由卧室、起居室(厅)、厨房和卫生间等组成的住宅套型的厨房使用面积，不应小于 $4m^2$。 ②由兼起居的卧室、厨房和卫生间等组成的住宅最小套型的厨房使用面积，不应小于 $3.5m^2$
卫生间使用面积规定与要求	卫生间可根据使用功能要求组合不同的设备。不同组合的空间使用面积应符合的规定如下： ①设便器、洗面器时不应小于 $1.8m^2$。 ②设便器、洗浴器时不应小于 $2m^2$。 ③设洗面器、洗浴器时不应小于 $2m^2$。 ④设洗面器、洗衣机时不应小于 $1.8m^2$。 ⑤单设便器时不应小于 $1.1m^2$

2.2.4 住宅各部位门洞最小尺寸的规定与要求

"好房子"住宅各部位门洞最小尺寸的规定与要求见表2-20。

表2-20 门洞最小尺寸的规定与要求

类别	洞口宽度/m	洞口高度/m
共用外门	1.20	2.00
户(套)门	1.00	2.00
起居室(厅)门	0.90	2.00
卧室门	0.90	2.00
厨房门	0.80	2.00
卫生间门	0.70	2.00
阳台门(单扇)	0.70	2.00

注：(1) 表中门洞口高度不包括门上亮子高度，宽度以平开门为准。

(2) 洞口两侧地面有高差时，以较高地面为基准高度。

2.3 建设“好房子”的经验谈

2.3.1 “好房子”的建设经验概述

“好房子”的建设，除了要考虑符合标准、规定等要求外，还应借鉴一些“好房子”的建设经验。这些“好房子”的建设经验，往往是许多业主、建设方、设计师等从实际建设、使用中总结出来的经验。

另外，住宅“好房子”的建设，不但包括毛坯房的建设，还涉及后续装修。为此，住宅“好房子”的建设还需要考虑装修的需求与特点。

下面列举了一些建设“好房子”的经验。

(1) 房子长宽比例的最佳值通常取决于设计美学、舒适度、功能性等因素。通常推荐的长宽比例为 16∶9，也就是房子的长度是宽度的 1.77 倍。这样的比例可以创造出视觉上的和谐与平衡，使房子看起来更加协调和美观。

(2) 房子客厅的长度通常为 4.5～6m，宽度为 3.5～5m，这样的尺寸可以满足家庭日常活动的需求。卧室的长宽比例建议为 (1∶1.2)～(1∶1.5)，以确保家具的合理摆放与视觉上的舒适度。

(3) 房子长宽比例的最佳值也可以根据黄金比例（约为 1∶1.618）来确定。

(4)“黄金户型”的“好房子”的特征为方正实用，空间利用最大化；承重墙布局合理，装修灵活；“明厨明卫”，保障健康；动线简洁，避免浪费；尺寸合理，动静分离；南北通透，没有不可利用的锐角房间等。

(5) 书桌久坐不累的秘密：桌面高度 75～78cm，搭配 45～50cm 的椅子，是最适宜人体使用的黄金比例。

(6) 榻榻米里的舒适感：榻榻米高度为 40～45cm 时最合适。

(7) 卫生间门不宜正对卧室床布局。

(8) 房子内的光线要足。

(9) 厨房与卫生间不正对大门。

(10) 阳台与大门或厨房不相对。

(11) 大门不宜正对电梯。

(12) 进入大门后首先应看到客厅。

(13) 厕所不在中宫位，中宫位即户型图划分为井字形后的中间位置。

(14) 门与门不相对。

(15) 楼梯下方不设置床铺。

(16) 卧室天花板设计以平整为佳，避免采用镂空款式。

(17) 客厅居中布局。

(18) 卧室宜少用三角形家具。

(19) 应远离悬崖边缘，避免建于河流出口，远离危险与恶劣环境，不宜紧邻天桥而建，不建在地基不稳的山坡上，不建在山谷盆地等。

(20) 卧室应采用无横梁设计。

(21) 卧室应柱角少或者没有。

(22) 天花板不宜过低。天花板过低，会影响情绪。

(23) 如果有走廊，则走廊一般要短，不要过长。

(24) 如果有走廊，屋里的走廊最好不要形成"回"字形。

(25) 卧室通风要好。

(26) 具有沉浸式生活场景。

2.3.2 LDKG 一体化

LDK 一体化是客厅（livingroom）、餐厅（diningroom）、厨房（kitchen）一体化的意思，也就是客、餐、厨在同一个大空间里，即客餐厨一体化，如图 2-41 所示。

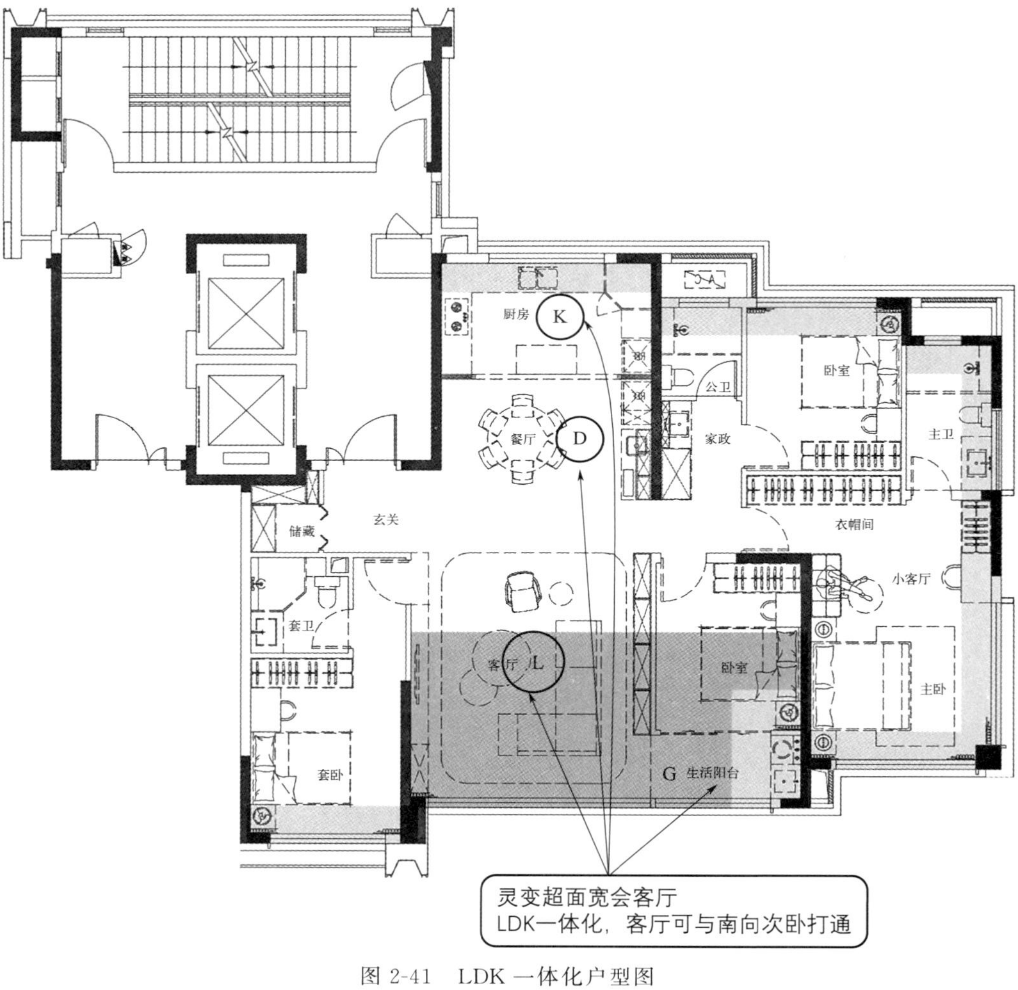

图 2-41 LDK 一体化户型图

LDKG 一体化是 LDK（客、餐、厨）一体化的升级，即为将客厅（livingroom）、餐厅（diningroom）、厨房（kitchen）、阳台（garden balcony）四大公区融为一体，并且四大公区保持一条直线，使得该空间成为户型的“C 位”，如图 2-42 所示。

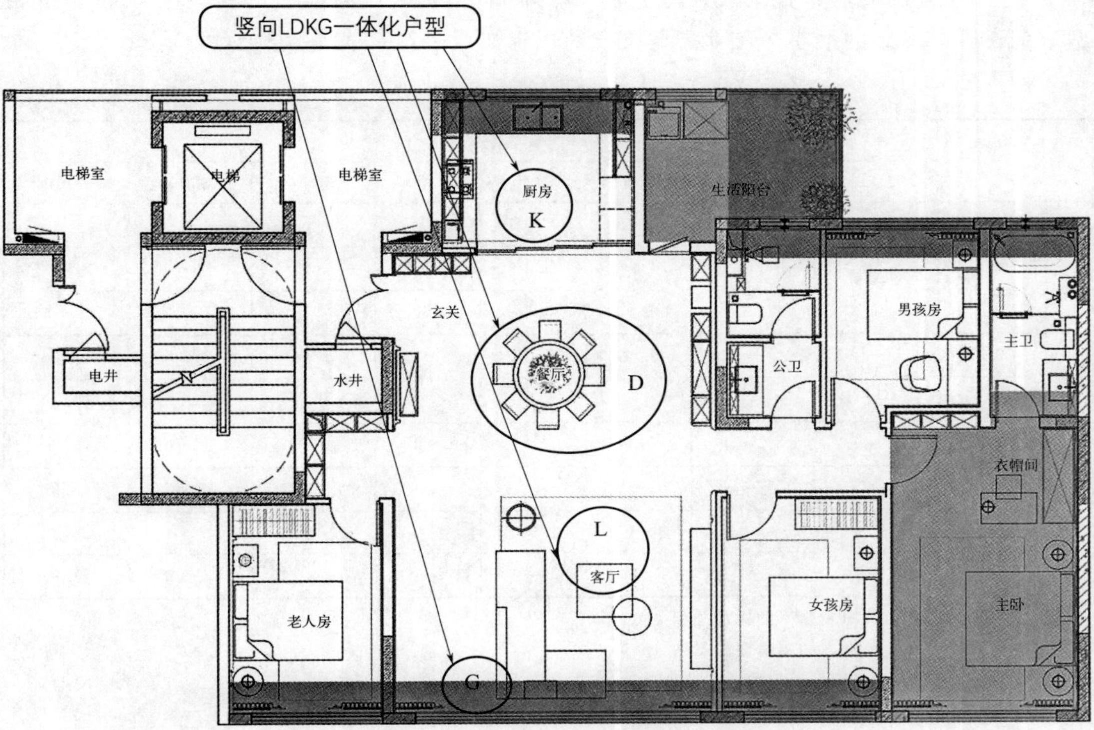

图 2-42 LDKG 一体化户型图

LDKG 一体化可以提高空间利用率，优化生活动线，使得下厨、用餐、客厅活动全面融合，满足社交、聚会等需求。

2.3.3 住宅整体厨房

住宅整体厨房是指将厨房家具、厨房设备和设施进行整体布置设计而建成的供使用者进行炊事、餐饮等活动的功能空间。

住宅整体厨房根据使用功能的不同分为操作厨房（K 型）、餐室厨房（DK 型）、客厅餐室厨房（LDK 型），如图 2-43 所示。住宅整体厨房根据使用者的不同，分为普通厨房、无障碍厨房。

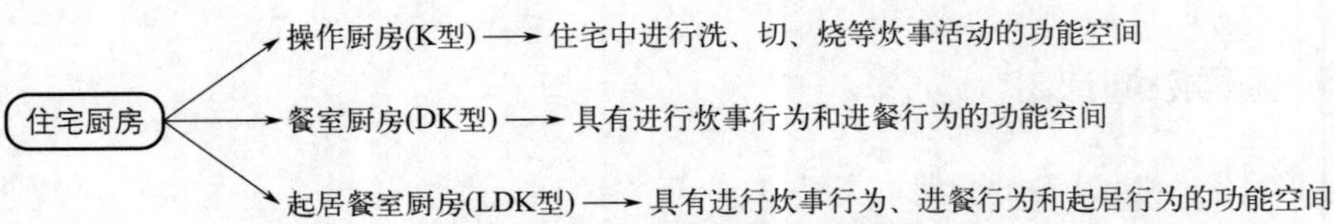

图 2-43 住宅整体厨房按使用功能分类

2.3.4 厨房净面积尺寸

"好房子"的厨房布置型式分为Ⅰ形（单排形）、Ⅱ形（双排形）、L形、U形、壁柜型，其长度、宽度的最小净尺寸需要符合的规定如表2-21、表2-22所示。

表2-21 厨房净面积尺寸表 单位：m^2

宽度净尺寸/mm	长度净尺寸/mm							
	2100	2400	2700	3000	3300	3600	3900	4200
1500	—	3.60*	4.05	4.50	—	—	—	—
1800	3.78*	4.32	4.86	5.40	5.94	6.48	—	—
2100	—	5.04	5.67	6.30	6.93	7.56	—	—
2400	—	—	6.48	7.20	7.92	8.64	9.36	10.08
2700	—	—	—	8.10	8.91	9.72	10.53	11.34
3000	—	—	—	—	9.90	10.80	11.70	12.60
3300	—	—	—	—	—	11.88	12.87	13.86
3600	—	—	—	—	—	—	14.04	15.12
3900	—	—	—	—	—	—	—	16.38

注：(1) 净尺寸指厨房装修后的净尺寸。
(2) 推荐使用黑线范围内的厨房面积系列。
(3) "—"表示不应采用的厨房面积。
(4) * 只适用于小面积套型的厨房面积。

表2-22 厨房长度、宽度最小净尺寸

布置形式	长度最小净尺寸/mm	宽度最小净尺寸/mm
Ⅰ形(单排形)	2700/2700	1500/2100
Ⅱ形(双排形)	2700/2700	2100/2700
L形	2100/2700	1500/2100
U形	2700/2700	1800/2400
壁柜型	2100/—	700/—

注：(1) "/"下的尺寸为无障碍厨房的尺寸。
(2) 壁柜型厨房中灶具为电气灶。
(3) 厨房布置形式中推荐采用Ⅰ形（单排形）和L形布置。
(4) 按炊事操作流程排列，厨房操作台净长不应小于2100mm。
(5) 布置双排形厨房家具的厨房中，两排厨房家具之间的净距不应小于900mm。

2.3.5 厨房协调尺寸

厨房家具和厨房设备的尺寸（模数）应互相协调，其整体组合应与厨房建筑空间尺寸（模数）相协调。厨房协调尺寸如图2-44所示。

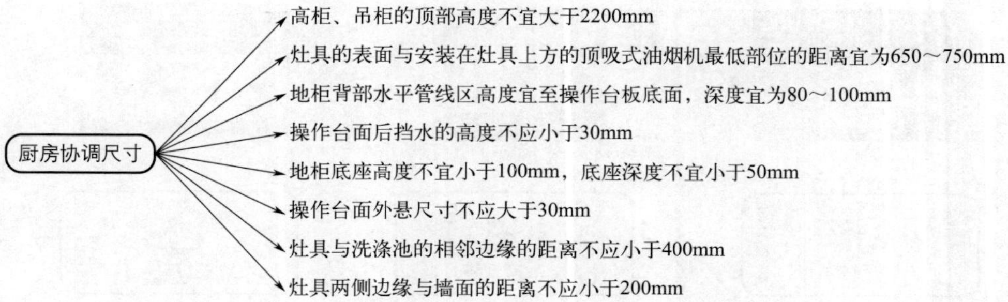

图 2-44 厨房协调尺寸

2.3.6 厨房“黄金”设计与施工

厨房合理动线布局如图 2-45 所示。

储菜区(冰箱) ⟶ 洗菜区(水槽) ⟶ 备菜区 ⟶ 炒菜区(灶台) ⟶ 装盘区

图 2-45 厨房合理动线布局

厨房“黄金”设计与施工要求如下。

(1) 如果有条件首选做 U 形厨房，若空间足够，可增加一个吧台；其次选择做 L 形厨房。

(2) 如果只能够使用 I 形厨房，则建议功能分布按动线一字排开，以方便操作，不容易造成混乱。

(3) 岛台型厨房，适合开放式厨房或者油烟较少的西厨。

(4) 厨房操作台的黄金高度：台面高度＝身高÷2＋(5～10)cm。

2.3.7 厨房类型与照明布局

“好房子”的厨房类型与照明布局如图 2-46 所示。

2.3.8 从餐厅装修推导住宅餐厅面积的设定

餐厅的面积可以通过“餐桌所占面积＋过道尺寸＋预留尺寸”来设定。另外，如果确定了住宅餐厅的面积，则应再考虑是否可以满足相应餐桌所占的面积要求。

餐桌离墙的最小距离大约为 80cm，该距离包括把椅子拉出来所需要的空间，以及能使就餐者方便活动的最小距离。

餐桌所占面积图示如图 2-47 所示。

2.3.9 餐厅“黄金”设计与施工

餐厅“黄金”设计与施工要求如下。

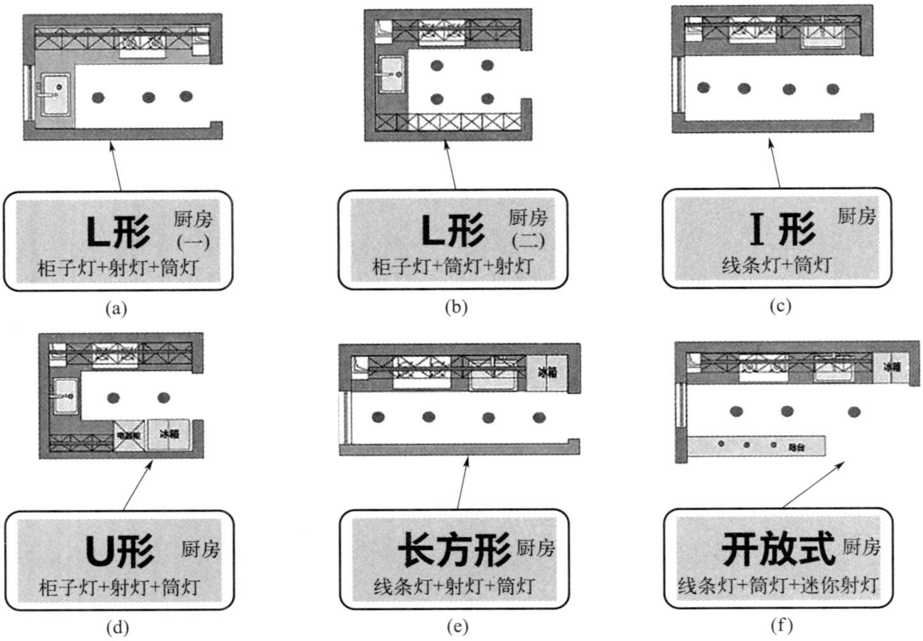

图 2-46　厨房类型与照明布局

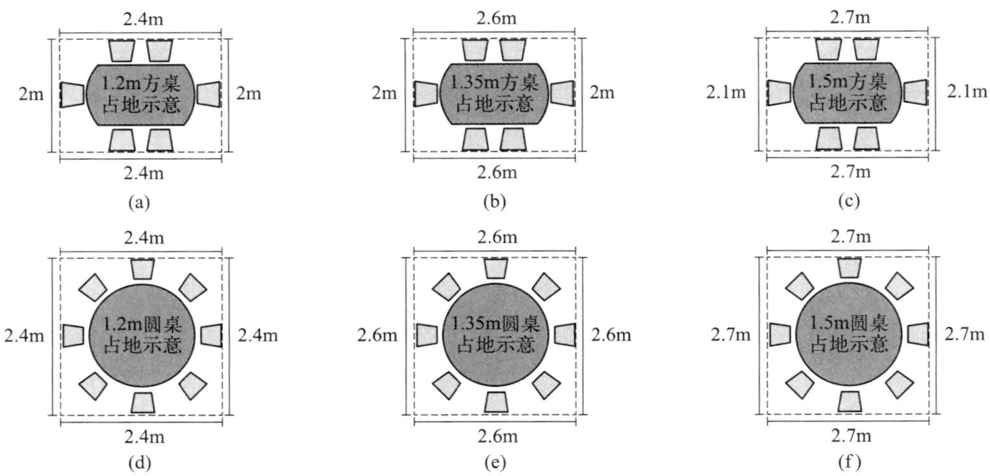

图 2-47　餐桌所占面积图示

（1）如果餐厅设计可供六个人使用的餐桌，则圆形餐桌直径大约为 1200mm，长方形的长、宽或椭圆餐桌的长轴、短轴大约为 1400mm 和 700mm。

（2）如果餐厅设计选择长方形餐桌，则常见的餐桌有 1400mm、1600mm 等尺寸，这些尺寸适合 4～6 人用餐的家庭。

（3）如果餐厅设计选择正方形餐桌，则常见的餐桌为边长在 700～1000mm 之间，这些尺寸只适合空间比较小的餐厅。

（4）如果餐厅设计选择圆形餐桌，则应考虑圆桌直径大小与就座人数。

① 三人位的圆桌直径为 600mm。

② 四人位的圆桌直径为 800mm。

③ 五人位的圆桌直径为 900mm。

④ 六人位的圆桌直径为 1100mm。

⑤ 七人位的圆桌直径为 1100～1250mm。

⑥ 八人位的圆桌直径为 1300mm。

(5) 餐厅吊灯设计应考虑打造氛围感。餐厅吊灯与餐桌的距离大约为 65cm，不能过高。餐厅灯的长或宽，一般不能超出餐桌的长或宽。

(6) 餐椅高度可以根据“餐椅使用者身高×0.25－1”这一公式来考虑。餐桌高度可以根据“餐椅使用者身高×0.25－1＋餐椅使用者身高×0.183”这一公式来考虑（公式中的餐椅使用者身高及减“1”均取 cm 为单位）。

(7) 餐边柜深度一般为 40～42cm，如果嵌入电器，可根据电器尺寸来调整。隔板高度大约为 60cm，台面高度大约为 95cm。

(8) 餐桌的高度一般为 75～80cm，灯罩下沿距桌面一般为 65～80cm。

2.3.10 双套房设计

双套房通常指的是在一个住宅单元内设计有两个独立的卧室或生活空间，且每个空间都有自己的一套生活设施。具体是指该户型的两个卧室均为套房设计，并且配备独立卫浴，起居功能齐全，同时兼顾家庭成员之间的隐私与便利。

双套房布局既保证了居住者的隐私，又提高了空间的利用率。

双套房设计的尺寸可参考表 2-23 中的内容。

表 2-23 双套房设计的尺寸参考

空间名称	尺寸参考
主卧套房	①面积：主卧套房的面积常为 15～18m^2，可以放置一张舒适的大床，并且留出足够的空间打造步入式衣帽间或放置五斗柜。 ②功能区：主卧套房通常包含卧室、独立卫生间、衣帽间，部分设计还可以包含休闲区或办公区
次卧套房	①面积：次卧套房的面积一般为 10～12m^2，可以容纳一张床和基本的收纳设施。 ②功能区：次卧套房包含卧室和独立卫生间，部分设计还包含书桌或工作区
卫生间	①面积：卫生间的面积常为 3～4m^2，可以实现干湿分离。 ②设施：卫生间内应包含淋浴、马桶、洗手池等基本设施
整体布局	①面宽：双套房设计的面宽通常较长，目的是确保每个房间均有足够的采光和通风条件。 ②动静分区：合理的动静分区设计可以避免不同生活阶段的家庭成员相互干扰，以提高居住舒适度

2.3.11 卧室“黄金”尺寸与卧室面积的设计

卧室“黄金”尺寸如表 2-24 所示。

表 2-24　卧室"黄金"尺寸

项目	解说	卧室"黄金"尺寸（卧室面积的设计）/m^2
主卧黄金尺寸设计区间	15m^2 的主卧尺寸，则既能够保证 1.8m 宽的舒适睡眠区，又可以预留 0.6m 活动缓冲带	12～15
	14m^2 的主卧尺寸，既能够容纳双人 1.5m 大床和 1.2m 双人沙发组合，又能够为智能衣柜、梳妆台预留充足空间	12～15
儿童房成长型设计区间	3～6 岁儿童房建议 8～10m^2，可以配备可调节高度的家具	7～10
	7～12 岁儿童房建议 7～9m^2，可以重点考虑学习区与游戏区动线分离	
次卧尺寸、老人房尺寸、功能复合型卧室	6.8m^2 的 L 型卧室布局，可以通过布置折叠床和壁柜组合，使储物量提升 40%	6～8
	老年人居住卧室建议预留 0.8～1.2m 无障碍通道，并且特别注意卫生间与卧室的尺寸配比	6～8

"好房子"多功能次卧"3＋2"空间布局公式：30%睡眠区＋20%储物区＋20%学习区＋20%会客区＋10%过渡区。然后，根据各空间布局确定卧室面积。

2.3.12　卧室中家具的选择

（1）卧室中床尺寸的选择应这样考虑：卧室面积确定了，也就意味着卧室床的尺寸确定了。因为，卧室中床的尺寸一般按卧室面积进行选择，具体如下。

① 面积在 10m^2 以下的卧室选择 1.2m 及以下的床。

② 面积在 10～20m^2 的卧室选择 1.5m 的床。

③ 面积在 20m^2 以上的卧室选择 1.8m 以上的床。

（2）卧室中床类型的选择考虑如下。

单人床最小选择宽 90cm 的尺寸，建议选择 120cm 宽的单人床；双人床最小选择宽 150cm 的尺寸，建议选择 180cm 宽的双人床。

另外，床边过道需要预留 45～50cm 宽的空间。如果旁边是衣柜，则建议预留 90cm 宽的空间。

（3）卧室中床头柜大小的选择考虑如下。

床头柜的大小应根据床的大小来确定。1.5m 的床，建议放宽 50cm 左右的床头柜；1.8m 的床，可以选宽 60cm 以上的床头柜。

如果卧室较小，则可以考虑取消床头柜或者只放一个。

知识小贴士

（1）床头一般宜靠墙摆放，顺应地磁方向容易入眠。

（2）床一般不要布置在横梁或者大型吊灯下方，以免造成压迫感。

（3）床一般不要对着厕所或者厨房摆放。

床四周需要留出一些活动的空间，床尾位置建议留出宽 70cm 以上的距离，床两侧建议留出 50～60cm 的距离，以方便行走。

（4）卧室中衣柜大小的选择考虑如下。

一般衣柜深度在 60cm 左右（不含柜门）。小户型一般考虑深度为 50cm 左右的衣柜，结合上柜体拉出的宽度及站人宽度，衣柜外侧应留出 60～90cm 的活动空间。

（5）卧室中梳妆台大小的选择考虑如下。

梳妆台的尺寸一般为高 71～76cm，长 76cm，深 45cm，梳妆凳的高度一般为 40～44cm。

2.3.13 卫生间“黄金”设计与施工

“好房子”的卫生间淋浴间的尺寸最小为 90cm×90cm；如果需要帮孩子洗澡，则应为 90cm×120cm；较为舒适的尺寸应为 120cm×150cm，高度为 2m。

浴室柜台面高度为 80～85cm，洗漱时不用弯腰。镜柜底部距离台面 15～20cm，方便拿取护肤品。镜柜深度为 15～20cm，以方便存取物品。

2.3.14 卫生间整体的设计及尺寸

“好房子”卫生间中坐便器的设计及安装如图 2-48 所示，卫生间整体的设计尺寸如表 2-25 所示。

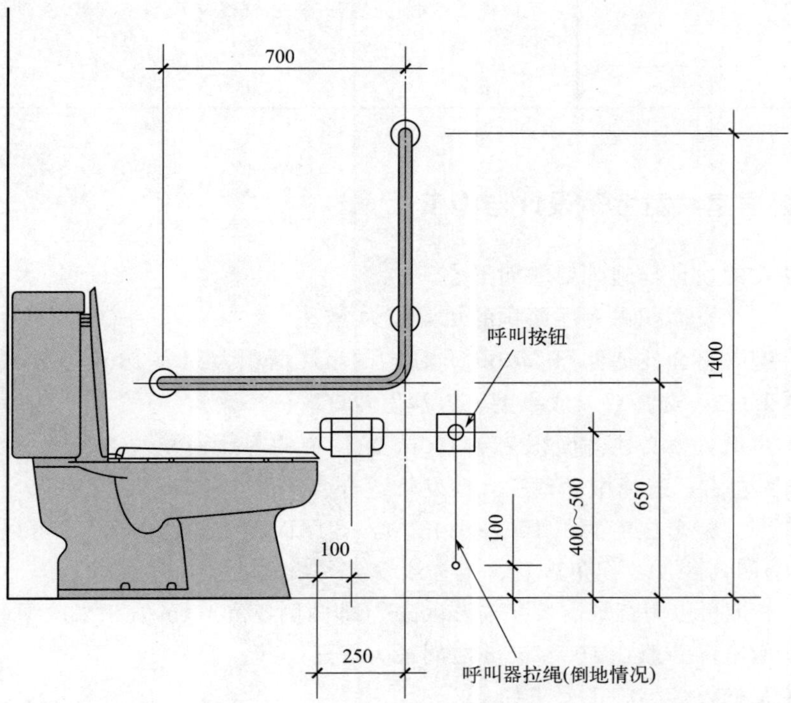

图 2-48 坐便器侧墙安全抓杆示意

表 2-25 卫生间整体设计及尺寸

长度/mm	宽度/mm	备注
1200	900	为便溺单元，设有便器
1400	900	
1400	1200	为便溺、盥洗单元，设有便器、洗面器
1600	1400	
1600	1200	为洗浴单元，设有浴盆
1800	1800	为洗浴单元，设有淋浴器、浴盆
2000	1600	
2000	1600	为盥洗、洗浴单元，设有洗面器、浴盆
2100	1600	
2400	1600	
2400	1100	为便溺、盥洗、洗浴单元，设有便器、洗面器、淋浴器、浴盆
2000	1400	
1800	1600	
2400	1600	
3200	1600	
2800	2400	
3800	2000	为便溺、盥洗、洗浴、洗衣单元，设有便器、洗面器、淋浴器、浴盆、洗衣机位
2400	1600	无障碍卫生间。为便溺、盥洗、洗浴单元，设有便器、洗面器、淋浴器(或)浴盆
2400	1800	
2600	1600	
2600	1800	

2.3.15 起居室"黄金"设计与施工

起居室沙发的设计与施工要求如下。

(1) 起居室沙发面积占客厅面积的 1/4 较为合适。

(2) 小户型（整套住宅面积<75m^2）住宅的客厅面积大约为 16m^2，沙发尺寸最好不超过 150cm×95cm，选择双人或小型三人沙发较好。

(3) 中小户型（整套住宅面积 75～100m^2）住宅的客厅面积约 25m^2，沙发长度控制为 175～196cm 左右，选择中大型三人沙发较适合。

(4) 大户型（整套住宅面积 100～130m^2），客厅面积至少为 25m^2，可以选择长度为 232～252cm 的四人沙发、拐角沙发、组合沙发。

(5) 沙发长度可以为背景墙长度减去 90cm（即两侧各留 45cm 宽用来放绿植或装饰柜）。

(6) 沙发的座深一般在 50～75cm 之间最为舒适。

起居室茶几的设计与施工要求如下。

(1) 大客厅可以考虑茶几与沙发的比例为 1∶2。

(2) 小客厅可以考虑选择轻巧的托盘茶几，颜值高、省空间。

(3) 家中杂物较多，可以考虑增加茶几的储物功能。

(4) 茶几摆放需要预留足够的通过距离。

(5) 沙发与茶几间的正确距离为30～35cm。

起居室电视机的设计与施工要求如下。

(1) 电视柜长度一般要比电视长2/3，高度在40～60cm，深度大约为55cm。

(2) 悬空电视柜的下方悬空高度应考虑预留放置扫地机器人的空间，或者直接做满墙书柜和电视柜。

(3) 摆放电视机的柜面高度应该为40～120cm。

(4) 如果客厅安装吊灯，最低点离地不低于2.2m，该距离大于电视张开的5°角，这样不会产生眩光。

(5) 小户型（起居室面积<30m²）一般选择长度为1.8m的电视柜。

(6) 中等户型（起居室面积30～50m²）一般选择长度为2m的电视柜。

(7) 大客厅（起居室面积>50m²）一般选择长度为2.4m的电视柜。

(8) 电视柜的长度最好是电视背景墙长度的2/3。

(9) 悬空电视柜顶部到悬挂电视中心的距离应控制在1m左右。

(10) 悬空柜的台面离地面的距离应在60cm内，地台柜的高度为30cm左右。

(11) 常规电视柜的深度为40～60cm最为实用。

(12) 电视安装黄金高度：安装后的电视中心高度＝人坐姿高度＋视线偏移量。（理想的电视观看高度应为电视屏幕中心与人坐姿时的平视高度大致齐平或略低。对成年人而言，坐姿时的平视高度为90～110cm，视线偏移量常为平视高度下移5～15cm。）

客厅灯的设计与施工要求如下。

(1) 客厅吸顶灯公式：直径＝客厅短边×1/4（即5m宽的客厅，选择直径为1.25m的大灯）。

(2) 客厅吊灯公式：直径＝(长＋宽)÷12（即6m×5m的客厅，选择直径为90cm的吊灯）。

客厅布局禁忌如下。

(1) 客厅面积过小，易产生卫生死角。

(2) 客厅无照明的嵌入式酒柜，易导致空间压抑。

(3) 客厅放置高于2.4m的落地式书柜，易影响层高视觉。

(4) 客厅要保持明亮，壁面颜色也不宜过暗。

(5) 客厅地板要平整，避免高低不平。

(6) 如果客厅有横梁，则应以装潢进行遮掩，避免给人造成压迫感。

(7) 客厅装饰宜用圆形造型。

(8) 客厅适宜悬挂一些寓意吉祥的画作，不宜乱挂猛兽图画。

(9) 客厅中不宜塞满古董、杂物及过多的装饰品，这样容易使客厅显得拥挤。

(10) 客厅宜选宽阔叶片的植物，如绿萝、发财树等。避免选择仙人掌等尖刺的植物。

2.3.16　不同类型门的通行净宽与门洞尺寸

不同类型门的通行净宽计算方法如下。

（1）单扇木门：门净宽＝门洞设计土建宽度－150mm。

（2）双扇木门：门净宽＝门洞设计土建宽度－200mm。

（3）单扇防火门：门净宽＝门洞设计土建宽度－150mm。

（4）双扇防火门：门净宽＝门洞设计土建宽度－200mm。

常见门洞尺寸如下。

（1）标准入户门洞：宽度950mm×高度2050mm×厚度90mm或宽度950mm×高度2050mm×厚度220mm。门洞的厚度指的是门洞墙体的厚度。其中，尺寸为950mm×2050mm×90mm的门洞常用于轻质隔墙或薄墙体（例如石膏板墙、木结构墙），这几类墙体厚度较薄，门框安装空间较小；950mm×2050mm×220mm尺寸的门洞常用于承重墙或厚墙体（例如混凝土墙、砖墙），这几类墙体厚度较大，门框安装空间更充足。

（2）卧室门洞：宽度860mm×高度2050mm。

（3）厨房门洞：宽度800mm×高度2050mm。厨房门洞的厚度常有两种尺寸：90mm和72mm，但是，具体尺寸需根据厨房的面积来确定。

（4）卫生间门洞：宽度700mm×高度2050mm。卫生间门洞的厚度建议控制在100～180mm范围内，具体需结合墙体材料与门体规格进行调整。实心砖墙的门洞厚度可适当减至100～180mm；轻质墙体的门洞厚度需加至150～180mm，以确保墙体的承重稳定性。

2.3.17　吊顶的"黄金"尺寸

"好房子"吊顶的黄金尺寸具体见表2-26。

表2-26　吊顶的黄金尺寸

项目	解说
双眼皮吊顶	下吊高度错层3cm，每层都用双层石膏板
窗帘盒宽度	①单轨道窗帘盒宽度不小于15cm； ②双轨道窗帘盒宽度为25cm； ③窗帘盒侧挡板要用2层石膏板中间夹欧松板，不惧磕碰； ④电动窗帘的插座要预留在侧墙距天花板40cm以上的位置； ⑤窗帘轨道电机长度接近40cm，双轨道要预留2个插座，或者1个10孔插座
衣柜处吊顶尺寸	①衣柜上方吊顶，可以让衣柜与天花板无缝隙，全屋也可以形成闭合的双眼皮吊顶； ②衣柜吊顶不能和衣柜齐平，因为安装衣柜会有误差； ③吊顶要宽出衣柜2cm，可以和双眼皮吊顶形成层次感
悬浮吊顶的尺寸	①悬浮吊顶不要做边吊，要做大平顶，用灯带勾勒线条； ②悬浮顶的下吊高度越小越不压层高，但是应综合考虑天花板的不平、内嵌射灯的安装、吊顶施工工艺等因素，最少可以下吊8cm； ③平顶离墙距离不能超过15cm（以10cm为宜），否则效果会变差； ④平顶上面内缩5cm，使平顶悬浮，可以用做灯槽放灯带

2.3.18 农村自建“好房子”的“黄金”尺寸

农村自建“好房子”按照表2-27中的“黄金”尺寸建设，可以确保房屋的舒适性、实用性、美观性。

表2-27 农村自建“好房子”的“黄金”尺寸

项目	解说
层高	①单层房屋:屋顶到地面的高度建议为3.8m左右。 ②两层房屋:首层层高建议在3.4～3.6m间,二楼层高在3.1～3.3m间。 ③挑空客厅:层高不低于6～7m,以显得大气有质感。 ④层高要适中,层高太低,住着压抑;层高太高,又显得空旷。 但是,层高应视房子的用途而定。若建二层小楼,首层可以稍高一些,3.2m左右即可;二层可以稍低一些,3m左右即可。这样设计,首层空间更宽敞,二层居住更舒服。
厨房	①厨房开间:建议不小于1.8m,进深至少2.4m,以便放置灶台、水槽、切菜区,形成流畅的“三角工作区”。 ②U型厨房布局的操作台面至少3m长,以便切菜、炒菜、放盘子等。 ③一般而言,厨房的面积为8～12m^{2}比较合适
储藏室	储藏室面积建议为8～12m^2
窗户	①窗户高度不低于2m,宽度根据房间设计风格、采光需求灵活确定。 ②一般而言,窗户的宽度、高度根据房间的大小、朝向来确定。 ③卧室窗户的参考尺寸为1.5m宽、1.8m高。 ④客厅的窗户应设计得大一些,参考尺寸为2m宽、2m高,甚至可以更大。 ⑤窗户大小根据“窗地比”计算: 客厅窗户面积＝客厅面积÷5(20m^{2}客厅选4m^{2}窗户); 卧室窗户面积＝卧室面积÷7(15m^{2}卧室选2.1m^{2}窗户)。 ⑥窗宽尺寸要美观,窗户宽度为“房间宽度×0.5＋0.4m”或为开间的0.6。 ⑦窗高尺寸要合理,窗户高度为“层高－1.4m”; ⑧窗台下沿距地标准高度为0.9m,要增加采光的为0.6m,落地窗的为0.3m
大门	①入院大门:建议高度3.4m左右,宽度3.2m左右,以适合轿车进出。如果不需停车的入院大门,则高度可减至2.9m左右,宽度2.6m左右。 ②庭院大门尺寸一般高于入户门,但是不超过一层楼高,以确保视觉上的和谐统一
儿童房	①儿童房面积建议为8～10m^2,预留20%弹性空间。 ②床与墙面距离≥0.6m(防夹手),储物柜高度≤1.2m(方便儿童自主取物)
公共区域	①门厅面积建议为3～5m^2,玄关柜深度≥60cm(收纳鞋柜＋换鞋凳)。 ②走廊宽度:主通道≥1.2m(通行2人无障碍);次通道≥0.8m
开间与进深	①开间是指房子东西墙间的宽度。 ②进深是指房子南北墙间的距离。 ③开间、进深尺寸应根据宅基地的大小、形状来定。一般而言,开间稍微大点,房间显得宽敞;进深太深了,房子里面光线不好,通风也差。 ④开间与进深的比例:理想比例为6∶4,即开间长度大约为进深的1.5倍。这样可以保证良好的采光、通风,又能够避免空间显得狭长或宽扁。 ⑤开间建议不小于3.6m,进深在4.5～6m间。这样可以保证足够的活动空间,又能避免家具摆放过于拥挤
客厅	①一般而言,客厅的面积占整个房子面积的1/3～1/2比较合适。长度应最好为4m以上,宽度应为3m以上。 ②一般而言,客厅面积应为30～50m^2。 ③一般而言,客厅开间≥4m,沙发电视柜摆放不受限制。 ④一般而言,客厅进深≥5m,人多的时候摆大桌更适用

续表

项目	解说
老人房	①建议老人房面积≥12m²，这样可以设置 1.4m 宽的无障碍通道、0.8m 高的智能马桶及铺设防滑地砖（摩擦系数≥0.6）。 ②老人房增加扶手可使老人跌倒率降低
女儿墙	女儿墙高度设置在 1～1.2m 间，旨在阻止儿童攀爬墙体，同时加强墙体的安全防护性能
坡屋顶坡度	坡屋顶坡度一般为 25°～30°之间
入户门	①入户门高度一般为 2.1～2.9m，宽度根据开间尺寸确定。开间 5m 时，大门宽度可为 2.5m；开间 4m 时，大门宽度为 1.766m。 ②常见的入户门规格有 1.26m（子母门）、1.76m（双开门）、2.56m（四开门），具体尺寸应结合门厅的实际大小进行合理选择
室内楼梯	①楼梯踏步深度是指脚踏上去的台面的宽度，常与人的脚长相近。楼梯踏步深度即为楼梯踏面宽度。踏步深度一般为 0.28m（国家标准最小值为 0.22m，理想舒适范围通常为 0.25～0.30m）。楼梯踏步高度通常为 0.15～0.18m（实际中，踏步深度与踏步高度需保持合理比例，常用公式为"2 倍踏步高度＋踏步深度＝0.60～0.65m"）。 ②楼梯开间至少为 2.6m，进深不少于 5.8m。 ③楼梯平台净宽不小于 1.1m
室外台阶	室外台阶高度一般为 10～15cm，采用一步或三步设计
天沟	天沟两侧应各预留出 40cm 宽，天沟深度为 20cm，排水更顺畅
卫生间	①卫生间面积：建议不小于 3m²，以确保有足够的空间进行洗漱、如厕、淋浴等活动。 ②干湿分离卫生间面积至少应为 4m²。 ③四件套卫生间面积建议应为 5～7m²。 ④六件套卫生间面积建议应为 8～10m²
卧室	①双人卧室：开间至少为 3.3m，进深不小于 3.6m。 ②卧室窗户宽度与房间进深比为（1∶4）～（1∶6），这样既能够保证良好的采光、通风，又能够维持室内的私密性。 ③主卧面积至少为 18m²，确保能够放下一张 2m 的大床，且两边还能保留宽敞的过道。 ④次卧面积一般为 12～15m²
阳台	①阳台栏杆高度不低于 1.2m。 ②一般而言，阳台的面积占整个房子的 1/10～1/8 比较合适。 ③一般而言，阳台的宽度在 1.5m 以上时，才能保证阳台同时具备活动的空间。阳台的长度根据房子的实际情况来定。 ④阳台挑梁：无柱子时做挑梁，1.5m 深度，安全又稳固
院墙	①院墙高度：建议为 2～2.5m 间，并且预留 50cm 的可调节空间。 ②院墙高度不能超过院门高度。 ③院墙造型应选择直线型，避免采用三角或弧形设计
宅基地尺寸	①宅基地的大小根据家庭人口、生活习惯、经济条件等合理规划。 ②一般而言，宅基地的面积在 100～200m² 间比较适中

2.3.19 色彩搭配的黄金法则

"好房子"色彩搭配的黄金法则如表 2-28 所示。

表 2-28 “好房子”色彩搭配的黄金法则

项目	解说
“1＋1”配色法	①硬装用基本色，软装用跳色。 ②基本色是百搭的颜色。现代简约风格用黑、白、灰；中式风、奶油风等风格，用黑、白、灰配大地色等。 ③用抱枕、窗帘、挂画、落地灯等软装进行跳色，跳色面积不要超过 20％。 ④以后可以更换软装颜色，达到常用常新的效果
“3×3”要素搭配法	同一空间，同一种颜色，在 3 种以上的载体上出现，也就是 3 种载体、3 次重复、3 重变化的法则
视平线上的软装搭配	①人眼高度即视平线高度，用软装做视平线装饰。 ②视平线的装饰主要有绿植、窗帘、柜子、挂画、落地灯、壁灯、立式空调等

2.3.20 色彩心理学的应用

“好房子”色彩心理学的应用如下。

(1) 暖色系（2700～3000K）：适合小空间。

(2) 冷色系（4000～5000K）：适合大客厅。

(3) 冷色调（蓝/绿）：适合工作区。

(4) 暖色调（米/棕）：适合休息区。

第3章

“好房子”之给水排水、通风与空调要求

3.1 住宅给水排水要求

3.1.1 “新规”关于住宅给水排水的要求

“新规”关于住宅给水排水的要求如下。

（1）住宅应设给水排水系统。

（2）住宅套内分户用水点的给水压力不应小于0.1MPa，如图3-1所示。

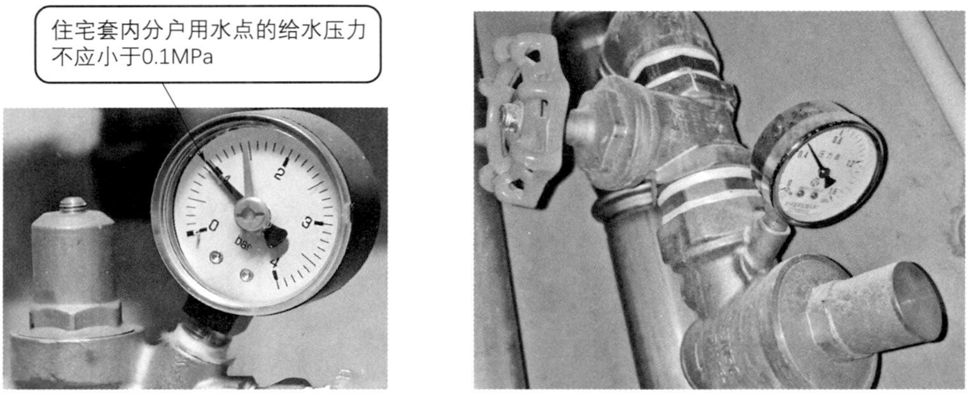

图3-1 住宅套内分户用水点的给水压力要求

（3）住宅建筑用水应分类、分户计量，水表设置位置应便于管理、安装、使用、检修，如图3-2所示。

（4）住宅应设生活热水系统或预留安装户式热水器的位置、管道。

（5）厨房、卫生间的排水立管应分别设置，如图3-3所示。

（6）排水管道不应穿越卧室，如图3-4所示。

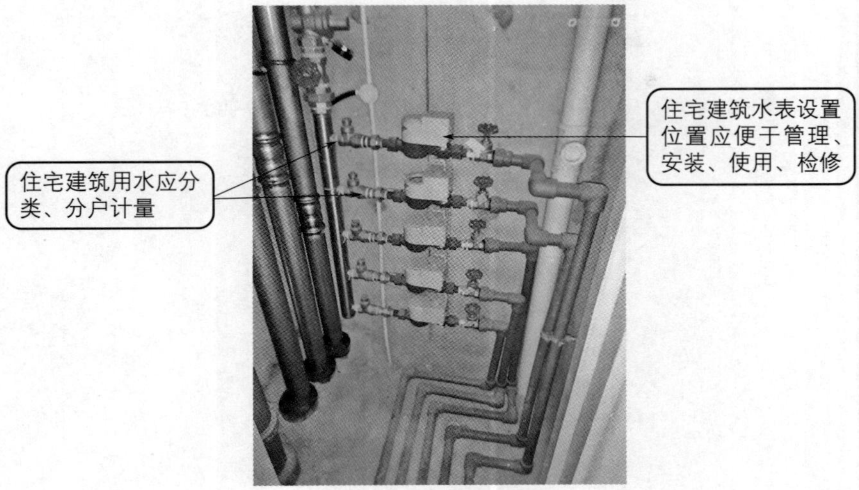

图 3-2 住宅建筑用水要求

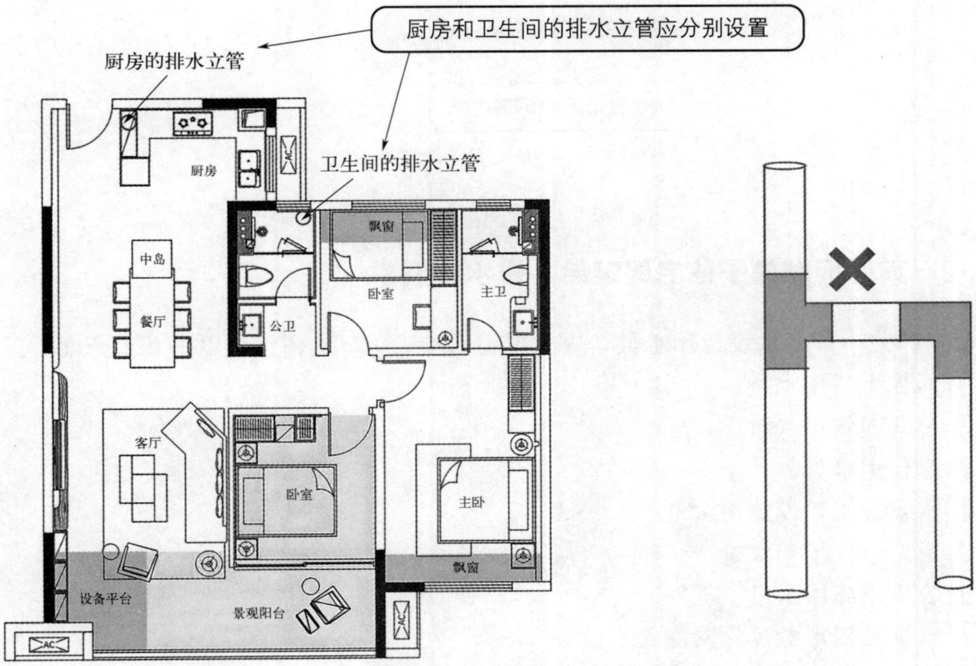

图 3-3 厨房和卫生间的排水立管要求

(7) 设置淋浴器或洗衣机的部位应设地漏或排水设施，其水封深度不应小于 50mm。构造内无存水弯的卫生器具及无水封的地漏与生活排水管道连接时，在排水口以下应设存水弯，其水封深度不得小于 50mm。

(8) 生活污水、废水不得排入雨水排水系统。

(9) 住宅室内地面标高低于排水管接入的室外排水检查井井盖标高时，其卫生器具和地漏的排水应采用压力排水系统，并应采取防止倒灌的措施。

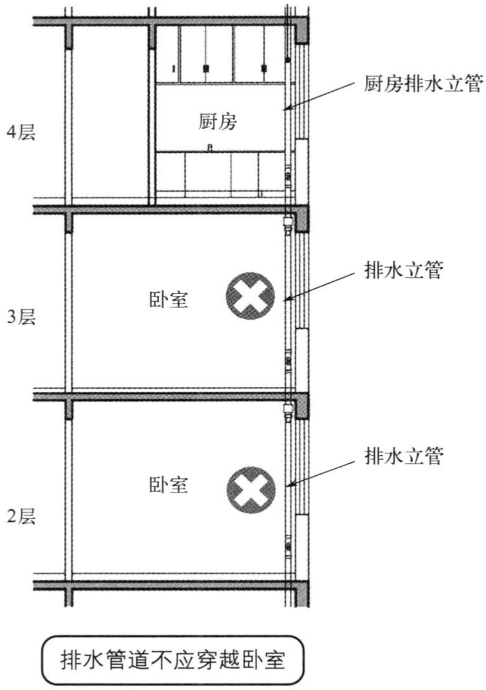

图 3-4　排水管道设置要求

3.1.2　其他标准关于住宅建筑给水排水的要求

（1）居住小区给水设计用水量，应根据用水量确定，具体包括以下几个方面。

① 居住生活用水量。

② 公共建筑用水量。

③ 绿化用水量。

④ 水景、娱乐设施用水量。

⑤ 道路、广场用水量。

⑥ 公用设施用水量。

⑦ 未预见用水量及管网漏失水量。

⑧ 消防用水量。

说明：消防用水量仅用于校核管网计算，不属于正常用水量。

（2）住宅的最高日生活用水定额及小时变化系数。居住小区绿化浇洒用水定额可根据浇洒面积按 1～3L/(m^2·d) 计算。居住小区道路、广场的浇洒用水定额可根据浇洒面积按 2～3L/(m^2·d) 计算。居住小区管网漏失水量和未预见水量之和可按最高日用水量的10％～15％计算。

住宅的最高日生活用水定额及小时变化系数，根据住宅类别、设置原则、卫生器具完善程度和区域等因素确定，具体见表 3-1。

表 3-1 住宅最高日生活用水定额及小时变化系数

住宅类别		卫生器具设置原则	用水定额/L/(人·d)	小时变化系数 K_h
普通住宅	Ⅰ	有大便器、洗涤盆	85～150	3.0～2.5
	Ⅱ	有大便器、洗脸盆、洗涤盆、洗衣盆、热水器和沐浴设备	130～300	2.8～2.3
	Ⅲ	有大便器、洗脸盆、洗涤盆、洗衣机、集中热水供给(或家用热水机组)和沐浴设备	180～320	2.5～2.0
别墅		有大便器、洗脸盆、洗涤盆、洗衣机、洒水栓、家用热水机组和沐浴设备	200～350	2.3～1.8

注：(1) 本地主管部门对住宅生活用水定额有详细要求时，应根据本地要求执行。

(2) 别墅用水定额中含庭院绿化用水和汽车洗车用水。

(3) 卫生器具的给水额定流量、当量、连接管公称直径和最低工作压力的要求见表 3-2。

表 3-2 卫生器具的给水额定流量、当量、连接管公称直径和最低工作压力

给水配件名称	额定流量/(L/s)	当量	连接管公称直径/mm	最低工作压力/MPa
洗涤盆、拖布盆、盥洗槽				
单阀水嘴	0.15～0.20	0.75～1.00	15	
单阀水嘴	0.30～0.40	1.50～2.00	20	0.050
混合水嘴	0.15～0.20(0.14)	0.75～1.00(0.70)	15	
洗脸盆				
单阀水嘴	0.15	0.75	15	0.050
混合水嘴	0.15(0.10)	0.75(0.50)	15	
洗手盆				
感应水嘴	0.10	0.50	15	
混合水嘴	0.15(0.10)	0.75(0.50)	15	0.050
浴盆				
单阀水嘴	0.20	1.00	15	0.050
混合水嘴(含带淋浴转换器)	0.24(0.20)	1.20(1.00)	15	0.050～0.070
淋浴器				
混合阀	0.15(0.10)	0.75(0.50)	15	0.050～0.100
大便器				
冲洗水箱浮球阀	0.10	0.50	15	0.020
延时自闭式冲洗阀	1.20	6.00	25	0.100～0.150
小便器				
手动或自动自闭式冲洗阀	0.10	0.50	15	0.050
自动冲洗水箱进水阀	0.10	0.50	15	0.020
小便槽穿孔冲洗管(每 m 长)	0.05	0.25	15～20	0.015
净身盆冲洗水嘴	0.10(0.07)	0.50(0.35)	15	0.050
饮水器喷嘴	0.05	0.25	15	0.050
洒水栓	0.40	2.00	20	0.050～0.100
	0.70	3.50	25	0.050～0.100

续表

给水配件名称	额定流量/(L/s)	当量	连接管公称直径/mm	最低工作压力/MPa
室内地面冲洗水嘴	0.20	1.00	15	0.050
家用洗衣机水嘴	0.20	1.00	15	0.050

注：(1) 表中括号内的数值是在有热水供给时，单独计算冷水或热水时使用。

(2) 当浴盆上附设淋浴器时，或混合水嘴有淋浴器转换开关时，其额定流量与当量只计水嘴，不计淋浴器，但是水压应根据淋浴器计算。

(3) 家用燃气热水器所需水压根据产品要求、热水供给系统最不利配水点所需工作压力确定。

(4) 绿地的自动喷灌应根据产品要求设计。

(4) 卫生器具的安装高度要求见表3-3。

表 3-3 卫生器具的安装高度

卫生器具名称	卫生器具边沿离地高度/mm	
	居住和公共建筑	幼儿园
架空式污水盆(池)(至上边沿)	800	800
落地式污水盆(池)(至上边沿)	500	500
洗涤盆(池)(至上边沿)	800	800
洗手盆(至上边沿)	800	500
洗脸盆(至上边沿)	800	500
盥洗槽(至上边沿)	800	500
浴盆(至上边沿)	480	—
按摩浴盆(至上边沿)	450	—
淋浴盆(至上边沿)	100	—
蹲、坐式大便器(从台阶面至低水箱底)	1800	1800
蹲式大便器(至低水箱底)	900	900
坐式大便器(至低水箱底)		
外露排出管式	510	—
虹吸喷射式	470	370
冲落式	510	—
旋涡连体式	250	—
坐式大便器(至上边沿)		
外露排出管式	400	
虹吸喷射式	380	—
冲落式	380	—
旋涡连体式	360	—
大便槽(从台阶面至冲洗水箱底)	不低于 2023	—
立式小便器(至受水部分上边沿)	100	—
挂式小便器(至受水部分上边沿)	600	450

续表

卫生器具名称	卫生器具边沿离地高度/mm	
	居住和公共建筑	幼儿园
小便槽(至台阶面)	200	150
化验盆(至上边沿)	800	—
净身器(至上边沿)	360	—
饮水器(至上边沿)	1000	—

(5) 给水管道应设置阀门的部位如下。

① 在市政给水管道引入管段上应设置阀门。

② 居住小区室外环状管网的节点处，应根据分隔要求设置阀门。环状管段过长时，宜设置分段阀门。

③ 从居住小区给水干管上接出的支管起端或接户管起端应设置阀门。

④ 入户管、水表前和各分支立管应设置阀门。

⑤ 室内给水管道向住户、公共卫生间等接出的配水管起端应设置阀门。配水支管上配水点在3个及以上时应设置阀门。

⑥ 水池、水箱、加压泵房、加热器、减压阀、管道倒流防止器等应按安装要求配置阀门。

(6) 给水管道阀门、排气装置、过滤器的选择与设置见表3-4。

表3-4 给水管道阀门、排气装置、过滤器的选择与设置

项目	解说
给水管道上使用的阀门选型原则	①需调整流量、水压时，宜采用调整阀、截止阀。 ②要求水流阻力小的部位(如水泵吸水管上)宜采用闸板阀。 ③安装空间小的场合，宜采用蝶阀、球阀。 ④水流需双向流动的管段上，不得使用截止阀。 ⑤口径较大的水泵，出水管上宜采用多功能阀
给水管道的下列管段上应设置止回阀	①引入管上应设置止回阀。 ②密闭的水加热器或用水设备的进水管上应设置止回阀。 ③水泵出水管上应设置止回阀。 ④合用一条管道的水箱、水塔、高地水池的进出水管的出水管段上应设置止回阀
止回阀的阀型选择	①阀前水压小的部位，宜选用旋启式止回阀、球式止回阀、梭式止回阀。 ②关闭后密闭性能要求严格的部位，宜选用有关闭弹簧的止回阀。 ③要求减弱关闭水锤的部位，宜选用速闭消声止回阀或有阻尼装置的缓闭止回阀。 ④止回阀的阀瓣或阀芯，应能在重力或弹簧力作用下自行关闭
减压阀的配置要求	①百分比式减压阀的减压比不宜大于3∶1；可调式减压阀的阀前与阀后的最大压差不应大于0.4MPa，要求环境平静的场合不应大于0.3MPa。 ②阀后配水件处的最大压力应在减压阀失效情况下进行校核，其压力不应大于配水件产品标准要求的水压试验压力

续表

项目	解说
减压阀的设置要求	①减压阀的公称直径应与管道管径相一致。 ②减压阀前应设阀门和过滤器。 ③需拆卸阀体才能检修的减压阀后，应设管道伸缩器。检修时若阀后水会倒流，阀后应设阀门。 ④减压阀节点处的前后应装设压力表。 ⑤百分比式减压阀宜垂直安装，可调式减压阀宜水平安装。 ⑥设置减压阀的部位，应便于管道过滤器的排污与减压阀的检修，地面宜有排水设施
泄压阀的设置要求	①给水管网存在短时超压工况，且短时超压会引起使用不安全问题时，应设置泄压阀。 ②泄压阀用于管网泄压，阀前应设置阀门。 ③泄压阀的泄水口应连接管道，泄压水宜排入非生活用水水池。直接排放时，应有消能措施
安全阀的设置要求	安全阀阀前不得设置阀门，泄压口应连接管道将泄压水(汽)引到安全地点排放
给水管道应设置排气装置的部位	①间歇性使用的给水管网，其管网末端和最高点应设置自动排气阀。 ②给水管网有明显起伏且积聚空气的管段，应在该段的峰点设自动排气阀或手动阀门排气。 ③气压给水装置，当采用自动补气式气压水罐时，其配水管网的最高点应设自动排气阀
给水管道应设置管道过滤器的部位	①减压阀、自动水位控制阀、温度调整阀等阀件前应设置管道过滤器。 ②水加热器的进水管、换热装置的循环冷却水进水管上宜设置管道过滤器。 ③水泵吸水管上宜设置管道过滤器。 ④进水总表前应设置管道过滤器。 ⑤住宅进户水表前应设置管道过滤器

（7）生活给水管道的水流速度要求见表 3-5。

表 3-5　生活给水管道的水流速度

公称直径/mm	15～20	25～40	50～70	≥80
水流速度/m/s	≤1.0	≤1.2	≤1.5	≤1.8

（8）水泵机组外轮廓面与墙和相邻机组间的间距要求。设置水泵的房间应设排水设施，并且通风要良好，不得结冻。水泵机组的布置应符合的要求见表 3-6。

表 3-6　水泵机组外轮廓面与墙和相邻机组间的间距

电动机额定功率/kW	水泵机组外轮廓面与墙面之间的最小间距/m	相邻水泵机组外轮廓面之间的最小间距/m
≤22	0.8	0.4
>25～55	1.0	0.8
≥55，≤160	1.2	1.2

注：（1）水泵侧面有管道时，外轮廓面计算至管道外壁面。
（2）水泵机组是指水泵与电动机的联合体，或已安装在金属座架上的多台水泵组合体。

（9）管道布置和敷设要求。住宅卫生间的卫生器具排水管不宜穿越楼板进入他户。建筑塑料排水管穿越楼板、防火墙、管道井井壁时，应根据建筑物性质、管径、设置条件，以及穿越部位的防火等级等要求设置阻火装置。排水立管仅设置伸顶通气管时，最低排水横支管与立管连接处距排水立管管底的垂直距离要求见表3-7。

表3-7 最低排水横支管与立管连接处距排水立管管底的垂直距离

立管连接卫生器具的层数	垂直距离/m
≤4	0.45
5～6	0.75
7～12	1.2
13～19	3.0
≥20	6.0

注：(1) 当与排出管连接的立管底部放大一号管径或横干管比与之连接的立管大一号管径时，可将表中的垂直距离缩小一挡。

(2) 排水支管连接在排出管或排水横管上时，连接点距立管底部下游水平距离不宜小于3.0m，且不得小于1.5m。

(3) 横支管接入横干管竖直转向管段时，连接点距转向处以下不得小于0.6m。

(10) 卫生器具排水的流量、当量和排水管的管径要求见表3-8。

表3-8 卫生器具排水的流量、当量和排水管的管径

卫生器具名称	排水流量/(L/s)	当量	排水管管径/mm
洗涤盆、污水盆(池)	0.33	1.00	50
餐厅、厨房洗菜盆(池)			
单格洗涤盆(池)	0.67	2.00	50
双格洗涤盆(池)	1.00	3.00	50
盥洗槽(每个水嘴)	0.33	1.00	50～75
洗手盆	0.10	0.30	32～50
洗脸盆	0.25	0.75	32～50
浴盆	1.00	3.00	50
淋浴器	0.15	0.45	50
大便器			
高水箱	1.50	4.50	100
低水箱	1.50	4.50	100
冲落式	1.50	4.50	100
虹吸式、喷射虹吸式	2.00	6.00	100
自闭式冲洗阀	1.50	4.50	100
医用倒便器	1.50	4.50	100
小便器			
自闭式冲洗阀	0.10	0.30	40～50
感应式冲洗阀	0.10	0.30	40～50
大便槽			
≤4个蹲位	2.50	7.50	100
>4个蹲位	3.00	9.00	150
小便槽(每m长)			
自动冲洗水箱	0.17	0.50	—
化验盆(无塞)	0.20	0.60	40～50

续表

卫生器具名称	排水流量/(L/s)	当量	排水管管径/mm
净身器	0.10	0.30	40～50
饮水器	0.05	0.15	25～50
家用洗衣机	0.50	1.50	50

注：家用洗衣机排水软管，直径为30mm，有上排水的家用洗衣机排水软管内径为19mm。

3.1.3 住宅给水排水的经验谈

"好房子"给水排水的经验谈如下。

(1)"好房子"给水经验谈如下。

① 户内阀门安装在厨房水槽柜内，离成品地面大约250mm，离墙大约150mm，阀门位置在进水端，出水端大约留200mm。

② 冷水管、热水管应做到左热右冷，上热下冷，内牙弯头在同一垂直、水平面，高低差≤3mm。

③ 淋浴混合阀内牙弯头中心位置离成品地面900～1000mm。

④ 热水器冷热水口与三角阀垂直误差不能超过20mm，冷热水口中心间隔距离120mm，与热水器连接口之间距离200～300mm。

⑤ 浴室柜和厨房水槽冷热水内牙弯头中心位置离成品地面大约450mm，冷热水内牙弯头中心位置间隔大约为250mm。

⑥ 坐便器内牙弯头中心离成品地面大约为150mm，给水在坐便器右侧离马桶中心位置大约为250mm；智能马桶插座距离马桶中心位置大约为250mm，高度离成品地面大约为350mm。

⑦ 花洒冷热水管高度：距离地面一般为1200mm，冷水管与热水管间距一般为150mm。

(2) 排水经验谈如下。

① 地漏边缘距离墙面100mm左右，以确保排水顺畅。

② 地漏排水管中心位置离原墙面一般为75mm，并且靠墙角或靠墙边。

③ 地漏周围200mm内不允许布置水管。

④ 排水管口应高出基础地面100mm。

⑤ 浴室柜墙排：水管中心位置离成品地面350～400mm，45°弯头出墙≥50mm；排水管必须在冷热水管之间，并低于冷热水内牙弯头50mm。

⑥ 浴室柜墙排水管高度：冷热进水管距离地面一般为550mm左右，墙排下水管距离地面一般为450mm左右。

⑦ 坐便器排水管中心位置离墙面330mm或430mm。

⑧ 前置过滤器水管高度：距离地面一般为500mm，以方便安装和维护。

⑨ 水槽宽度：建议一般为40～45cm。

⑩ 水槽深度：深度要大于18cm，并且建议选择大单槽。

⑪ 水龙头的高度离台面不宜过高，保持在25～30cm最合适。

3.2 住宅供暖、通风与空调要求

3.2.1 “新规”关于住宅供暖、通风与空调的要求

“新规”对住宅供暖、通风与空调的要求如下。

（1）严寒、寒冷地区的住宅建筑应设供暖设施；夏热冬冷地区的住宅建筑应设供暖、空调设施或预留安装位置；夏热冬暖地区的住宅建筑应设空调设施或预留安装位置。

（2）住宅建筑采用集中供暖系统时，卧室、起居室、卫生间的冬季室内供暖计算温度不应低于 18℃，厨房的冬季室内供暖计算温度不应低于 15℃。

（3）住宅建筑采用集中供暖系统时，应采用热水作为热媒，并且应采取可靠的水质保证措施。

（4）住宅建筑设有供暖系统时，应具有室内温度调节功能。

（5）供暖系统不应有冻结危险，并应采取热膨胀补偿措施。

（6）无外窗的暗卫生间，应设防止回流的机械通风设施，如图 3-5 所示。

图 3-5　无外窗的暗卫生间的通风要求

（7）厨房设置排烟道时，应采取防止支管回流和竖井泄漏的措施。

（8）室内空调设备的冷凝水应有组织地排放。应设冷凝水排放立管并在主要房间设置接口。冷凝水管不应出现倒坡，如图 3-6 所示。

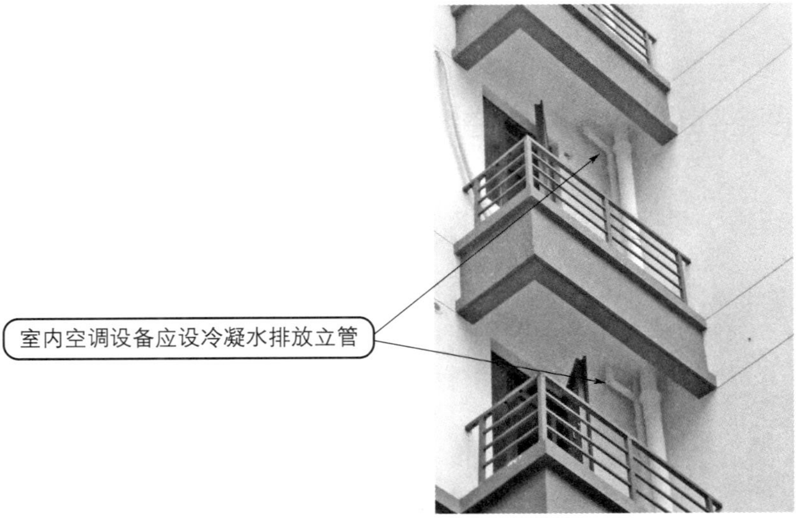

图 3-6 室内空调设备的冷凝水排放要求

3.2.2 住宅供暖、通风与空调的经验谈

"好房子"供暖、通风与空调的经验谈如下。

（1）中央空调风口安装形式应根据实际情况选择，如图 3-7 所示。

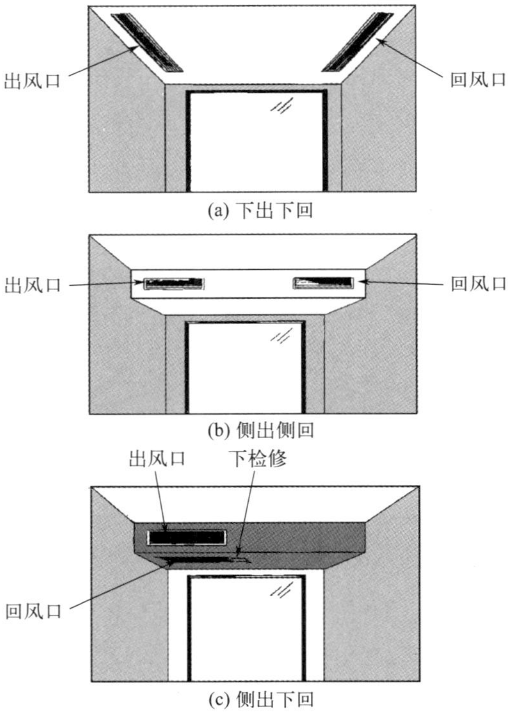

图 3-7 "好房子"的中央空调风口安装形式

（2）中央空调风口的类型，如图 3-8 所示。

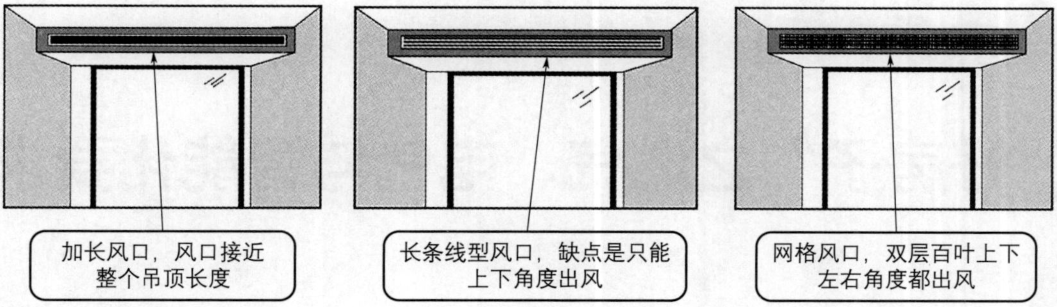

(a) (b) (c)

图 3-8　中央空调风口的类型

第4章

“好房子”之燃气、电气与智能化要求

4.1 住宅燃气要求

4.1.1 “新规”关于住宅燃气的要求

“新规”关于住宅燃气的要求如下。

（1）住宅建筑燃气管道及设施应符合下列规定。

① 燃气供气能力应满足所设燃具在正常工况下同时工作的要求。

② 燃气管道及设施的设置应满足安全要求，并应根据住宅结构合理布置。

③ 燃气管道及设施不应设置在卧室，以及电梯井、通风道、排气道、暖气沟的竖井或沟槽内，如图 4-1 所示。

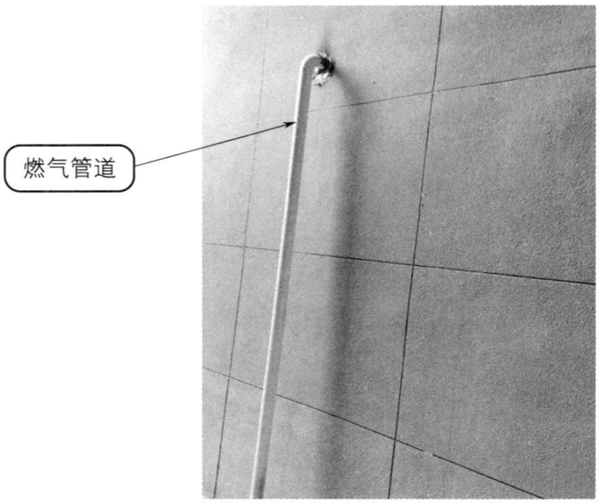

图 4-1　燃气管道图示

（2）住宅建筑采用管道供气方式时，应按每套住宅分别计量。燃气表的设置应便于使用、检修、保养，并应满足安全要求。

（3）设置燃具的房间应符合以下规定。

① 房间室内净高不应低于 2.2m，且不应与卧室、兼作起居室的卧室等直接连通。

② 房间自然通风或强制通风，应满足燃气燃烧所需的空气量。

③ 与燃具贴邻的墙体、地面、台面等应为不燃材料，安装燃气热水器或燃气采暖热水炉的墙面或地面应能承受其荷载。

（4）使用燃气的住宅应设燃具的排烟及排气装置，并应符合如下规定。

① 应能将燃气燃烧产生的烟气全部排到室外。

② 排烟及排气装置应有防倒烟措施，如图 4-2 所示。多台燃具的共用烟道应有防串烟措施。

图 4-2 排烟及排气装置的防倒烟措施

③ 排烟及排气管不应穿过卧室。

④ 排烟口应设在烟气容易扩散的室外开放空间，且烟气不应回流至住宅建筑内或串入相邻建筑物内。

⑤ 不应有因破损、连接不紧密等导致的漏烟现象。

⑥ 燃气灶不应与燃气热水器、燃气采暖热水炉共用排烟及排气装置。

4.1.2 住宅燃气的经验谈

“好房子”的燃气经验谈如下。

（1）燃气表安装在通风良好的位置，橱柜门需预留通风孔（直径≥2.5cm）或使用百叶门。

（2）禁止将燃气设施包封在密闭空间或潮湿区域（例如浴室）。

（3）部分地区禁止使用开放式厨房：厨房必须设实体门与卧室、起居室隔开，否则燃气公司可能拒绝供气。

（4）电源插座、开关与燃气管道的水平净距≥15cm。燃气表正上方禁止安装插座。

（5）燃气灶与墙面净距≥10cm，与木质家具净距≥20cm，与电插座净距≥30cm。

（6）嵌入式灶具需在橱柜门板开通风孔（面积≥80cm^2）。

（7）燃气设备安装连接管推荐使用不锈钢波纹管，长度≤2m，禁止穿墙或设置中间接头。

（8）燃气设备的连接管如果使用胶管，需定期更换（每 2 年），穿过灶台时预留孔径应≥3.5cm。

（9）不得开展危害室内燃气设施安全的装饰、装修活动。

（10）严禁将热水器、锅炉、灶具安装在密闭的地下室、半地下室、起居室、卫生间或通风不良的房间内。

（11）严禁在有燃气管道设施的房间放置其他火源（如液化气钢瓶、煤炉等）及存放易燃、易爆物品。

（12）灶具与墙面的净距不应小于 10cm。

（13）灶具的灶面边缘和烤箱的侧壁与木质门、窗、家具之间的水平净距不得小于 20cm，与高位安装的燃气表的水平净距不得小于 30cm。

（14）灶具的灶面边缘和烤箱侧壁与金属燃气管道之间的水平净距不应小于 30cm，与不锈钢波纹软管（含其他覆塑的金属管）和铝塑复合管之间的水平净距不应小于 50cm。

（15）台式燃气灶的灶台高度宜为 70cm，嵌入式燃气灶的灶台高度宜为 80cm。

（16）嵌入式灶台下面的橱柜应开设通气孔，通气孔的尺寸应根据灶具的热负荷确定，宜按每千瓦热负荷取 $10cm^2$ 计算（$10cm^2/kW$），且不得小于 $80cm^2$。

（17）当 2 台或 2 台以上的灶具并列安装时，灶与灶之间的水平净距不应小于 50cm。

（18）灶具前的供气支管末端应设专用手动快速式切断阀，切断阀处的供气支管应采用管卡将其固定在墙上。切断阀及灶具连接用软管的位置应低于灶具灶面 3cm 以上。

（19）热水器与相邻灶具的水平净距不得小于 30cm。

（20）燃气热水器的进出水口高 150cm 左右，并且左热右冷。中心间距一般为 15cm，具体根据品牌再确认。

4.2 住宅电气与智能化要求

4.2.1 "新规"关于住宅电气的要求

"新规"关于住宅电气的要求如下。

（1）住宅建筑应设供配电系统，并应按用电负荷等级供电。住宅建筑主要用电负荷等级的规定见表 4-1。

表 4-1 住宅建筑主要用电负荷等级

住宅建筑高度（H）/m	主要用电负荷名称	用电负荷等级
$H>54$	航空障碍照明、智能化系统机房、安全防范系统、电梯、排水泵、生活给水泵、值班照明	一级
	走道及楼梯照明	二级
$27<H\leqslant54$	智能化系统机房、安全防范系统、电梯、排水泵、生活给水泵、走道及楼梯照明、值班照明	二级
—	除上述一级负荷和二级负荷以外的用电负荷	三级

（2）每套住宅应设电能表。电能表的安装位置应便于管理、安装、使用和检修。

(3) 每套住宅应设家居配电箱，并应符合以下规定。

① 家居配电箱应设能同时断开相线和中性线且具有隔离功能的电源进线开关电器；电源配电回路应设短路和过负荷保护电器；电源插座回路均应加设剩余电流动作值不大于30mA 的剩余电流动作保护电器。

② 保护电器单排布置的家居配电箱底边距离地面高度不应小于 1.80m，保护电器双排布置的家居配电箱底边距离地面高度不应小于 1.60m，家居配电箱的安装位置应便于使用、维修和维护。

③ 家居配电箱的进出电源线应选用铜材质导体，电源进线的横截面面积不应小于 $10mm^2$。

(4) 住宅照明回路、空调电源插座回路、电热水器等 2kW 及以上的用电设备回路、厨房内的电源插座回路、其他功能用房的电源插座回路应分别设置。

(5) 住宅的电源插座均应采用安全型插座，卫生间设置的电源插座尚应采取防止水溅的措施。每套住宅电源插座的设置要求和数量应符合的规定见表 4-2。布置洗衣机、冰箱、排油烟机、排风机、电/燃气热水器、空调器处，尚应增设 1 个专用单相三孔电源插座。

表 4-2 每套住宅电源插座的设置要求和数量

名称	设置要求	数量/(个/间)
起居室、兼起居室的卧室	单相两孔、三孔电源插座	≥3
卧室	单相两孔、三孔电源插座	≥2
厨房	单相两孔、三孔电源插座	≥3
卫生间	单相两孔、三孔电源插座	≥1

(6) 年预计雷击次数大于 0.25 次的住宅建筑应按不低于第二类防雷建筑物的要求采取相应的防雷措施。其他可能发生地闪地区的住宅建筑应按不低于第三类防雷建筑物的要求采取相应的防雷措施。

(7) 进出住宅建筑的金属管道应与住宅建筑的接地装置做等电位联结。装有固定浴盆或淋浴器的卫生间应设等电位联结作为附加防护。

(8) 住宅建筑的电缆井、管道井应在每层楼板处严密封堵。

4.2.2 “新规”关于住宅智能化的要求

“新规”关于住宅智能化的要求如下。

(1) 住宅建筑应设通信系统。在公用电信网络已实现光纤传输的地区，住宅建筑的通信设施应采用光纤到户方式，如图 4-3 所示。

(2) 公共移动通信信号应能覆盖住宅建筑的公共空间和电梯轿厢。

(3) 住宅建筑应设有线电视系统。有线电视设施应采用光缆或同轴电缆以独立专线方式敷设。

(4) 新建住宅项目的智能化系统设备用房、室外地下智能化系统管线应与住宅项目同步建设。

图 4-3 住宅建筑应设的通信系统

(5) 每套住宅应设家居配线箱，并应符合如下规定。

① 家居配线箱的进线管不应少于 2 根，有源家居配线箱应设供电电源。

② 起居室或兼作起居室的卧室应设通信系统信息端口和有线电视系统信息端口。

③ 家居配线箱的出线管应敷设到通信系统信息端口和有线电视系统信息端口。

(6) 住宅建筑疏散通道上、出入口处的门禁应具备紧急情况下就地从内部手动解除的功能。

4.2.3 住宅电气与智能化的经验谈

"好房子"电气与智能化的经验谈如下。

(1) 餐厅根据桌形匹配灯形，圆桌建议搭配圆灯，长桌建议搭配长条灯。圆桌圆形灯直径建议为餐桌直径的 1/3。长桌长条灯长度比桌子至少短 30cm，即按两边各短 15cm 估算即可。

(2) 侧吸式油烟机离台面的高度一般为 35～45cm。

(3) 厨房台面插座距离地面的高度一般为 1300mm。

(4) 电动窗帘、挂机空调插座距离顶面的高度一般为 50mm。

(5) 普通插座距离地面的高度一般为 350mm。

(6) 厨房冰箱插座最好放在冰箱的两侧，高的一般为 125cm 左右，低的一般为 45cm 左右。

(7) 厨房抽油烟机插座一般离地面的高度为 200cm 左右。如果设置在油烟机围板里，则距离地面的高度大概为 220cm。

(8) 厨房地柜内插座高度一般为 500mm 左右。

(9) 如果吊柜内需要放置小电器，内置插座的高度一般为 1800mm。

(10) 厨房煤气灶带电灶头的插座放在柜子里，离地面一般为 50cm 左右。

(11) 厨房热水器插座距地面的高度一般为 220cm 左右，低的为 170cm 左右，插座不要安装在排烟道上。

(12) 厨房需要用插座的电器较多，应选用五孔带地线的插座。厨房所有台面上的电器用的插座离地高度一般为 130cm 左右。

（13）电热水器的进出水口距地面的高度为 160cm 左右，中心间距要根据品牌确定。半包热水器，就是把热水器一半放在吊顶里，一半露在外边，水口根据房高整体往上延伸。

（14）顶吸式油烟机距台面高度一般为 60～65cm。

（15）滚筒洗衣机水口距离地面一般为 70～80cm。

（16）开槽：电气与智能化地面开槽深度≤40mm，墙面线管低于墙面的高度≥5mm。

（17）开槽：电气与智能化开槽弹线应横平竖直，厚度为 60mm 的墙体禁止横向开槽。

（18）开槽：墙面、地面的强电、弱电开槽间隔距离不应低于 300mm。

（19）开关：普通开关距离地面的高度一般为 1300mm。

（20）开关插座：床头柜开关插座距离地面的高度一般为 600mm 左右。

（21）客厅电视墙插座距离地面的高度一般为 50cm 左右。

（22）客厅挂式液晶电视信号接口与电源插座距地面的高度为 120cm 左右。

（23）客厅沙发的旁边预留多功能插座，为方便手机充电，距离地面的高度一般为 40cm 左右。

（24）客厅双控开关距地高度一般为 850mm。

（25）客厅吸顶灯的直径或长度是客厅短边长度的 1/4 时比较合适。

（26）客厅圆形吊灯可以采用“（房间长度＋房间宽度）/12”来估算直径。

（27）全自动洗衣机的高度一般为 85～95cm，其中 85cm 是常见标准高度。

（28）射灯间距一般为 1～1.4m，射灯离墙距离一般为 20cm 以上，最好是 30cm。

（29）卫生间安装电热水器插座的高度距地面一般为 180～200cm。

（30）卫生间镜前灯距离地面的高度一般为 185cm。插座与开关距地面的高度一般为 130cm 左右。

（31）卫生间马桶插座距离地面的高度为 30～50cm。

（32）卧室床头的双控开关应设置在床头柜上，高度与插座持平，一般为 80cm 左右。

（33）卧室床头双控一般在床头柜上方，并与插座持平，离地高度一般为 850mm。

（34）卧室电脑桌和其他桌的插座距离地面的高度一般为 35cm。

（35）电视柜下方的卧室电视插座离地高度一般为 35cm，电视中央的离地高度一般为 100cm。

（36）卧室电视柜下面插座的离地高度一般为 300mm，壁挂电视插座的离地高度一般为 1100mm。

（37）卧室空调挂机插座的离地高度一般为 190cm。

（38）卧室的电脑桌和其他桌子上方的插座一般距离桌面高度为 300mm。

（39）洗衣机电源距离地面的高度一般为 550mm。

（40）住宅家装断路器的选择如下。

① 照明回路：常选择 10～16A 的小型断路器。

② 插座回路：建议选择 16～25A 的漏电保护断路器。

③ 总开关：通常选择 40～63A 的断路器。

④ 空调回路：建议选择 16～25A 的小型断路器。

（41）住宅家装断路器极数的选择如下。

① 1P：控制火线，适用于照明和普通插座。

② 2P：同时控制火线和零线，适用于总开关、空调等地方。

（42）住宅家装电线的选择如下。

① 照明回路：常使用 1.5mm^2 的电线，适用于功率 2200W 以内的灯具。

② 插座回路：推荐使用 2.5mm^2 的电线，适用于功率 3500W 以内的电器。

③ 大功率电器：空调、热水器、冰箱等，建议使用 4mm^2 的电线。

④ 客厅和卧室的主线路：建议使用 6mm^2 或 10mm^2 的电线。

第5章

“好房子”之公建化外立面与公区要求

5.1 公建化外立面与公区综述

5.1.1 住宅项目公建化外立面与公区的应用

住宅公建化外立面是指在不改变住宅功能的前提下，采用公共建筑（如剧院、商场等）的外立面设计手法，通常以玻璃幕墙、铝板、石材等材料为主，打造轮廓平整、现代感强的建筑外观。其可以优化建筑性能并且满足年轻群体的审美需求，如图 5-1 所示。

市场上常见的建筑外立面材质包括仿石涂料、石材、铝板、保温装饰一体面板、玻璃等。其中，铝板、玻璃、石材这三种材质在住宅立面、住宅公区公建化方面的应用尤为广泛。仿石涂料也是外墙立面设计中常用的材料之一。

窗墙比是衡量建筑外立面是否趋近于公建化的一个重要指标。一般而言，窗墙比越高，越趋近于公建化。

住宅立面设计的流行趋势：全铝板与大玻璃的组合应用、统一封窗、阳台统一封闭、弧线外立面设计等。其中，弧线外立面设计可以为建筑物带来一种独特而富有魅力的外观，可以为建筑增加艺术性、视觉吸引力，如图 5-2 所示。

(a) (b)

图 5-1

(c)

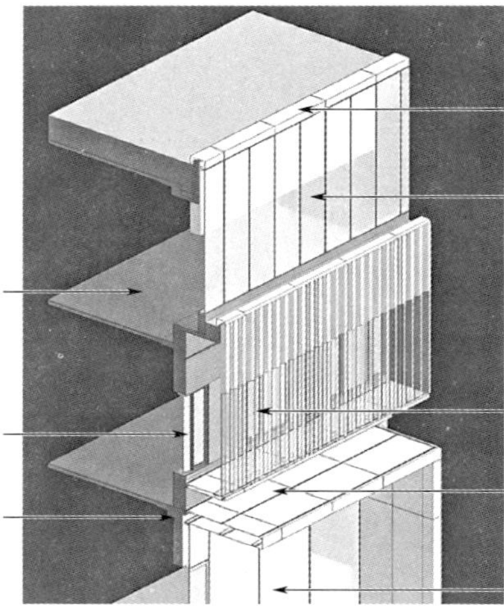

(d)

图 5-1　住宅项目公建化外立面

图 5-2　弧线外立面设计

5.1.2　幕墙术语解说

幕墙术语解说见表 5-1。

表 5-1　幕墙术语解说

名称	解说
建筑幕墙	建筑幕墙是指由面板与支承结构体系组成，具有足够的承载能力、变形能力和适应主体结构位移能力，不分担主体结构所受作用的建筑外围护结构或装饰性结构
构件式幕墙	构件式幕墙是指在现场依次安装立柱、横梁、面板的框支承建筑幕墙
单元式幕墙	单元式幕墙是指由面板与支承框架在工厂制成的不小于一个楼层高度的幕墙结构基本单位，直接安装在主体结构上组合而成的框支承建筑
封闭式幕墙	封闭式幕墙是指幕墙板块之间的接缝采取密封措施，具有气密、水密性能的建筑幕墙
开放式幕墙	开放式幕墙是指幕墙板块之间的接缝不采取密封措施，不具有气密、水密性能的建筑幕墙

续表

名称	解说
铝塑复合板	铝塑复合板是指以普通塑料或经阻燃处理的塑料为芯材、两面黏结铝板，并且在铝板表面覆以装饰性、保护性的涂层或薄膜的三层复合板材
铝无机芯复合板	铝无机芯复合板是指以氢氧化镁、氢氧化铝或其混合物为芯材，两面黏结铝板的复合板材
铝蜂窝板	铝蜂窝板是指以铝蜂窝为芯材，两面黏结铝板的复合板材，通常表面具有装饰面层
铝锥芯复合板	铝锥芯复合板是指以铝锥芯为芯材，两面黏结铝板的复合板材
组合幕墙	组合幕墙是指由不同材料的面板（如玻璃、金属、石材等）组成的建筑幕墙

5.1.3 幕墙构造设计要求

幕墙构造设计要求如下。

（1）幕墙内侧与主体结构外缘之间，应预留足够的安装调整空间，并且不宜占用墙面保温和抹灰所需的构造厚度。

（2）主体结构的变形缝两侧，应设置独立的幕墙支承结构。与主体结构变形缝相对应的幕墙构造缝，应能适应主体结构的变形要求。

（3）幕墙构造缝宜采用柔性连接设计或滑动连接设计，并采取易于修复的构造措施。

（4）面板分格设计及接缝设计，应能够在产生平面内最大位移时，板块间不发生挤压碰撞，并且保持密封性。

（5）注胶封闭式幕墙板缝的密封胶，应根据幕墙面板的材质、接缝的设计要求选用。石材板胶缝宽度不宜小于 6mm；金属板胶缝宽度不宜小于 12mm，密封胶厚度不应小于 3.5mm，密封胶与面板的最小黏结厚度不应小于 6mm。

（6）有雨篷、压顶或其他凸出部分时，应完善其结合部位的防水、排水、防污的构造设计。

（7）屋面压顶的排水坡度不应小于 5%。

（8）屋面压顶、横向线条等部位宜设置滴水措施。

（9）开放式幕墙应在面板背后的空间设置防水构造或在主体结构上设置防水层，并设置可靠的导排水系统。其支承构件应采取可靠的防腐措施。

（10）除不锈钢外，幕墙中不同种类金属材料的直接接触部位，应设置绝缘垫片或采取其他有效的防腐蚀措施。

5.1.4 幕墙预埋件、后锚固连接件安装施工要求

幕墙施工应编制专项施工方案。如果超过一定规模，专项施工方案必须经过专家论证。

幕墙预埋件、后锚固连接件安装施工前，应进行幕墙分格轴线的测量。幕墙分格轴线的测量需要与主体结构测量相配合，及时调整、分配、消化测量偏差，并且定期对幕墙的安装定位基准进行校核。高层建筑幕墙的测量，应在风力不大于 4 级时进行。

（1）幕墙与主体结构连接的预埋件施工需要符合以下规定。

① 预埋件安装前，需要根据幕墙的设计分格尺寸用测量仪器定位。

② 预埋件埋设时，需要采取措施防止混凝土浇筑和振捣时埋件发生移位，保持埋件位置准确。

③ 预埋件的位置偏差需要满足设计要求。当设计无要求时，则预埋件的标高允许偏差为±10mm，水平允许偏差为±20mm，表面进出允许偏差为±10mm。

④ 有防雷接地要求的预埋件，锚筋必须与主体结构的接地钢筋有效连接，并且其搭接长度需要符合现行国家标准《建筑物防雷设计规范》（GB 50057—2010）的有关规定。

⑤ 安装连接件前，需要清理预埋件。

槽式埋件与板式埋件的应用图示如图 5-3 所示。

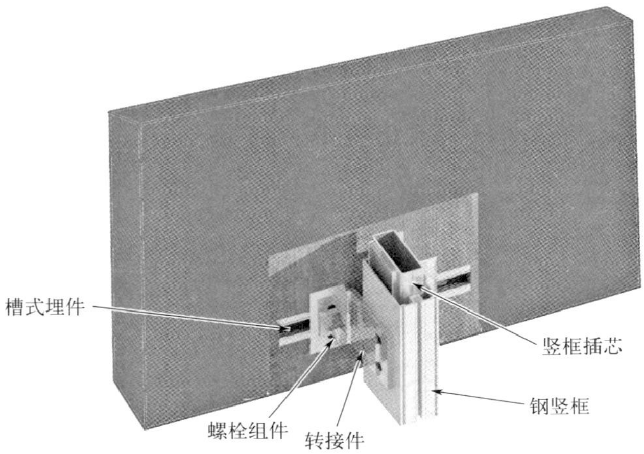

(a)

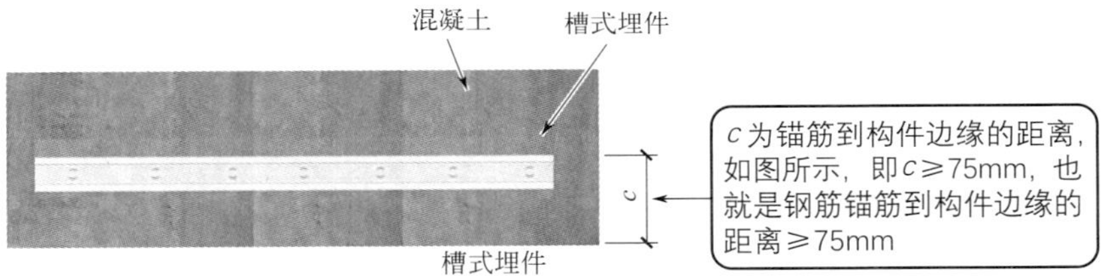

(b)

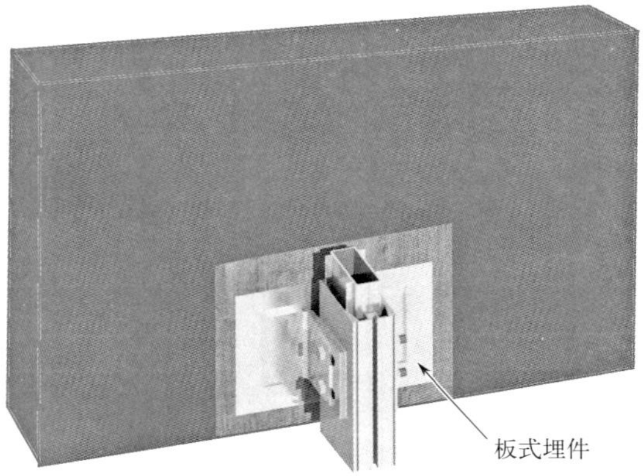

(c)

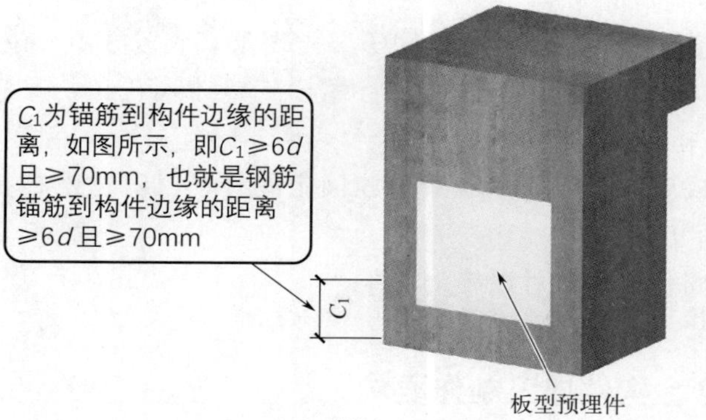

(d)

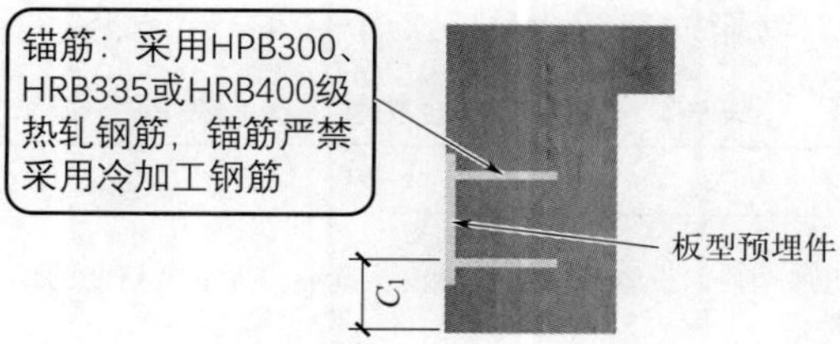

(e)

图 5-3 槽型埋件与板型埋件的应用图示

（2）后置埋件的施工安装要求如下。

① 采用后置埋件时，锚栓孔的位置应符合设计要求。锚栓孔的直径、孔深、形状应符合锚栓产品要求和设计要求的规定，且不得损伤主体结构的钢筋。

② 后置埋件的施工安装图示如图 5-4 所示。扩底机械锚栓的安装孔必须清理干净。

图 5-4 幕墙后置埋件的施工安装要求

（3）化学锚栓的安装需要符合以下规定。

① 化学锚栓的表面需要干燥、洁净、无油污，宜采用毛刷清理、压缩空气吹扫等方

法将锚栓孔孔壁的粉尘清除干净。

② 锚固胶容器应无破损、无药剂凝固等异常现象，放置方向、位置应符合相关要求。

③ 螺杆安装时，宜采用专用工具，并将螺杆旋转插入孔底。螺杆到达孔底后，需要及时停止旋转。

④ 螺杆安装完成后，需要采取有效措施固定螺杆，以防止螺杆松动、移位，并随时检查锚固胶固化是否正常。

⑤ 锚固胶完全固化后，才可以施加荷载。

5.1.5 幕墙铝合金构件加工制作要求

幕墙铝合金构件加工制作的要求见表 5-2。

表 5-2　幕墙铝合金构件加工制作的要求

项目	要求
幕墙构件加工制作的一般规定	① 加工幕墙构件的设备、机具，需要满足幕墙构件加工精度的要求，并且需要根据相关规定进行计量检定、校准。 ②单元式幕墙的构件、组件、配件宜在工厂内加工和组装完成；成品或半成品出厂时，均需要附有合格证书。 ③预埋件外露面，需要进行防腐处理
铝合金构件的加工要求	①铝合金型材截料之前应检查弯曲度、扭拧度、直线度，不应使用超差的铝型材；横梁长度允许偏差为±0.5mm，立柱长度允许偏差为±1mm，图示如下 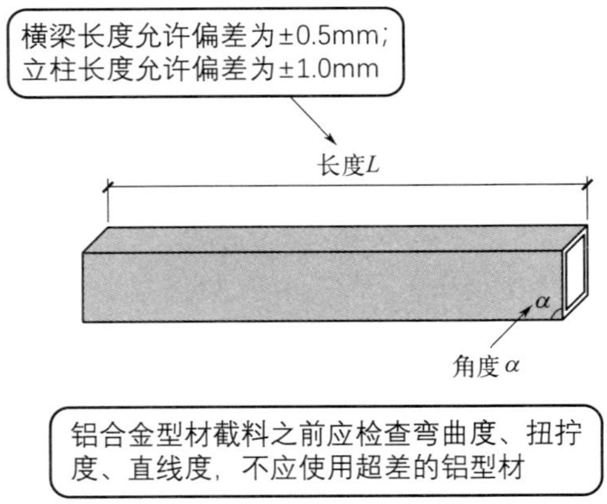 ②铝合金构件的加工要求如下。 a. 截料端头不应有加工变形，并应去除毛刺。 b. 有装配要求的孔位的允许偏差为±0.5mm；孔距的允许偏差为±0.5mm，孔距累计允许偏差为±1.0mm。其他特殊要求的孔位需要符合设计要求。 c. 铆钉的通孔尺寸偏差、沉头螺钉的沉孔尺寸、螺栓的沉孔尺寸允许偏差均需要符合现行国家标准有关规定。 d. 螺纹的加工需要符合相关规范、设计等要求

续表

<table>
<tr><th>项目</th><th>要求</th></tr>
<tr><td>幕墙铝合金构件中槽、豁、榫的加工要求</td><td>①铝合金构件槽口尺寸允许偏差需要符合以下要求。
槽口尺寸允许偏差　　单位：mm
<table>
<tr><td>项目</td><td>a</td><td>b</td><td>c</td></tr>
<tr><td>允许偏差</td><td>+0.5
0.0</td><td>+0.5
0.0</td><td>±0.5</td></tr>
</table>
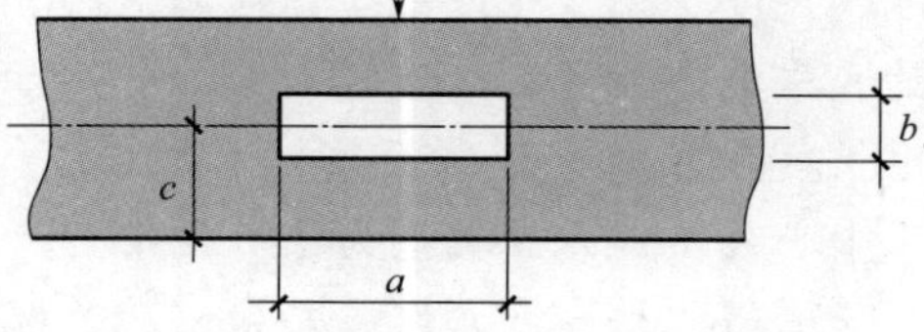

槽口示意
②铝合金构件豁口尺寸允许偏差需要符合以下要求。
豁口尺寸允许偏差　　单位：mm
<table>
<tr><td>项目</td><td>a</td><td>b</td><td>c</td></tr>
<tr><td>允许偏差</td><td>+0.5</td><td>+0.5</td><td>±0.5</td></tr>
</table>
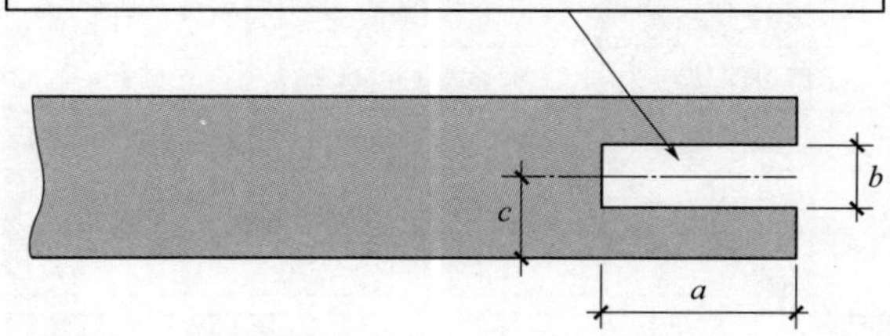

③铝合金构件榫头尺寸允许偏差需要符合以下要求。
榫头尺寸允许偏差　　单位：mm
<table>
<tr><td>项目</td><td>a</td><td>b</td><td>c</td></tr>
<tr><td>允许偏差</td><td>−0.5</td><td>−0.5</td><td>±0.5</td></tr>
</table>
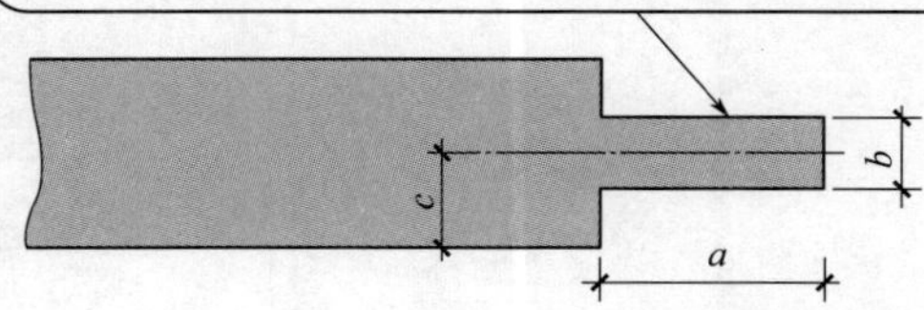

</td></tr>
<tr><td>幕墙铝合金构件弯加工要求</td><td>① 铝合金构件宜采用拉弯设备进行弯加工。
②外露构件弯加工后的表面应光滑，不得有皱折、凹凸、裂纹。
③ 非外露构件加工后需要表面平整，不得有影响其性能的缺陷</td></tr>
</table>

5.1.6 幕墙钢构件加工制作要求

幕墙钢构件主要包括幕墙的立柱、横梁、埋件、连接件、支承件等，钢构件的加工质量应满足设计等要求。

（1）板式埋件的加工精度需要符合以下要求。

① 锚板边长允许偏差为±5mm。

② 锚筋长度的允许偏差为+10mm。

③ 圆锚筋的中心线位置允许偏差为±5mm。

④ 锚筋与锚板面的垂直度允许偏差为 $l_s/30$（l_s 为锚固钢筋长度，单位为 mm）。

（2）槽式埋件的加工精度需要符合以下要求。

① 预埋件长度、宽度、厚度允许偏差分别为+10mm、+5mm、+3mm。

② 槽口尺寸的允许偏差为+1.5mm。

③ 锚筋或锚爪长度允许偏差为+5mm。

④ 锚筋或锚爪中心线位置允许偏差为±1.5mm。

⑤ 锚筋或锚爪与槽板的垂直度允许偏差为 $l_s/30$（l_s 为锚固钢筋或锚爪的长度，单位为 mm）。

⑥ 碳素钢槽型预埋件应进行防腐处理。

（3）幕墙的连接件、支承件加工尺寸允许偏差应符合的要求如图 5-5 所示。

连接件、支承件加工尺寸允许偏差

项目	允许偏差	项目	允许偏差
连接件高a	+5mm, −2mm	边距e	+1mm
连接件长b	+5mm, −2mm	壁厚t(计算值)	+1mm
孔距c	±1mm	弯曲角度 α	±2°
孔宽d	+0.5mm		

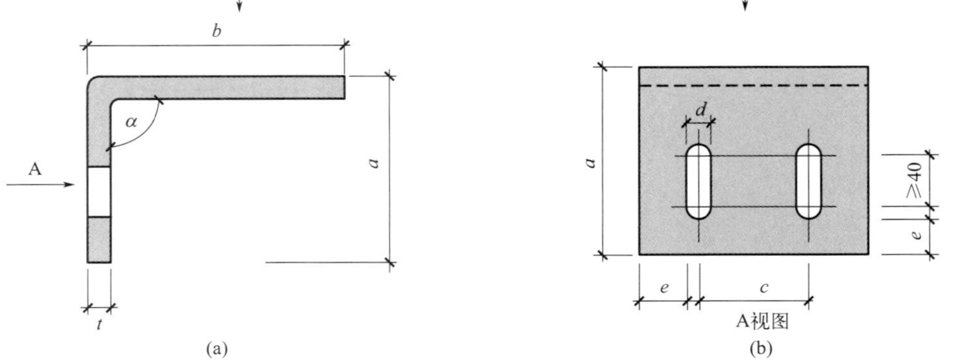

图 5-5 幕墙的连接件、支承件加工尺寸允许偏差需要符合的要求

5.1.7 构件式幕墙施工安装与验收要求

构件式幕墙施工安装，常涉及幕墙立柱、幕墙横梁、幕墙其他构件的施工安装等，其具体要求见表 5-3。

表 5-3 构件式幕墙施工安装验收要求

项目	解说
幕墙立柱的施工安装要求	①幕墙立柱安装轴线的允许偏差为2mm。 ②相邻两根幕墙立柱安装标高差不应大于3mm，同层幕墙立柱最大标高差不应大于5mm。 ③相邻两根幕墙立柱固定点距离的允许偏差为±2mm。 ④幕墙立柱安装就位、调整后，需要及时紧固
幕墙横梁的施工安装要求	①幕墙横梁需要安装牢固。 ②横梁与立柱间留有伸缩间隙时，其尺寸需要满足设计要求。 ③同一根横梁两端或相邻两根横梁端部的水平标高差不应大于1mm。 ④同层横梁最大标高偏差：当一幅幕墙宽度不大于35m时，可取5mm；当一幅幕墙宽度大于35m时，可取7mm。 ⑤幕墙横梁安装完成一层后，需要及时进行检查、校正、固定
幕墙其他构件的施工安装要求	①隔热、防火、保温材料，需要铺设平整、可靠固定，拼接处不应留缝隙。 ②通气槽、通气孔、排水出口等，需要根据设计要求施工。 ③构件式幕墙安装允许偏差需要符合规定要求

构件式幕墙安装允许偏差见表5-4。

表 5-4 构件式幕墙安装允许偏差

项目		允许偏差/mm	检查方法
幕墙垂直度	幕墙垂直度 $H\leqslant30$m	≤10	经纬仪
	幕墙垂直度 30m$<H\leqslant$60m	≤15	经纬仪
	幕墙垂直度 60m$<H\leqslant$90m	≤20	经纬仪
	90m$<H\leqslant$150m	≤25	经纬仪
	$H>$150m	≤30	经纬仪
幕墙水平度		≤3	水平仪
面板立面垂直度		≤3	垂直检测尺、水平仪
相邻板块板角错位		≤1	钢板尺
阴阳角方正		≤2	直角检测尺
接缝直线度		≤3	拉5m线，不足5m拉通线，用钢板尺检查
接缝高低差		≤1	钢板尺、塞尺
接缝宽度		≤1	钢板尺

注：H表示幕墙总高度。

5.1.8 单元式幕墙施工安装与验收要求

单元式幕墙的施工安装与验收，常涉及单元板块运输、在场内堆放单元板块、单元板块起吊和就位、单元式幕墙施工安装等，具体要求见表5-5。

表 5-5 单元式幕墙施工安装与验收要求

项目	解说
单元板块运输要求	①运输前需要对单元板块做好成品保护，并且需要根据顺序摆放平稳，减小板块或型材变形。 ②装卸和运输过程中，需要采用有足够承载力的周转架，并且选用合适的衬垫，使单元板块间相互隔开并相对固定，以防止出现划伤、相互挤压、串动等现象。 ③超过运输允许尺寸的单元板块，需要采取特殊运输措施

续表

项目	解说
在场内堆放单元板块要求	①宜设置专用堆放场地，并且存放在周转架上，以及应有安全保护措施。 ②露天存放时需要采取必要的防护措施。 ③需要根据安装顺序先出后进的原则按编号排列放置
单元板块起吊和就位要求	①单元板块的吊点和挂点不应少于 2 个，并且需要满足设计要求。必要时可增设吊点加固措施，以及进行试吊装。 ②起吊单元板块时，应使各吊点均匀受力，起吊过程需要保持单元板块平稳。 ③单元板块就位时，需要先将其挂到主体结构的挂点上，再进行其他工序；板块没有固定前，不得拆除吊具。 ④实施吊装作业时，起吊单元板块的重量不应超过吊具起重量与接料平台的承载能力。

单元式幕墙安装允许偏差需要符合的规定见表 5-6。

表 5-6 单元式幕墙安装允许偏差

项目		允许偏差/mm	检查工具
竖缝及墙面垂直度	$H \leqslant 30m$	≤10	激光仪或经纬仪
	$30m < H \leqslant 60m$	≤15	
	$60m < H \leqslant 90m$	≤20	
	$90m < H \leqslant 150m$	≤25	
	$H > 150m$	≤30	
幕墙平面度		≤2.5	2m 靠尺、塞尺
竖缝直线度		≤2.5	2m 靠尺、塞尺、钢板尺
横缝直线度		≤2.5	2m 靠尺、塞尺、钢板尺
拼缝宽度(与设计值比)		±2	钢板尺
相邻面板表面高低差		≤1	塞尺、钢板尺
同层单元板块标高差	宽度≤35m	≤3	激光仪或经纬仪
	宽度>35m	≤5	
两组件对插件接缝搭接长度(与设计值比)		±1	卡尺
两组件对插件距槽底距离(与设计值比)		±1	卡尺

注：H 表示为幕墙总高度。

单元式幕墙连接件安装允许偏差需要符合的规定见表 5-7。

表 5-7 连接件安装允许偏差

项目	允许偏差/mm	检查工具
标高	±1；可上下调节时±2	水准仪
连接件两端点平行度	≤1	钢卷尺
距安装轴线水平距离	≤1	钢卷尺
垂直偏差(上、下两端点与垂线偏差)	±1	垂线、钢卷尺
两连接件连接点中心水平距离	±1	钢卷尺
两连接件上、下端对角线差	±1	钢卷尺
相邻三连接件(上下、左右)偏差	±1	钢卷尺

5.2 “玻璃”公建化立面与公区

5.2.1 “玻璃”公建化立面与公区综述

“玻璃”公建化立面与公区，包括玻璃幕墙、统一玻璃封窗封阳台、玻璃幕墙与统一玻璃封窗封阳台结合等形式。

玻璃幕墙是由玻璃与金属框架组成的非承重外墙围护系统。目前统一玻璃封窗封阳台的材质有断桥铝窗、系统窗等。玻璃如图 5-6 所示。“玻璃”公建化立面与公区的应用如图 5-7 所示。

(a) (b) (c) (d) (e)

图 5-6 玻璃

图 5-7 "玻璃"公建化立面与公区的应用

5.2.2 玻璃幕墙的安装要求

玻璃幕墙的安装图示见表 5-8。

表 5-8 玻璃幕墙的安装图示

<table>
<tr><th>名称</th><th>图示</th></tr>
<tr><td>隐框玻璃幕墙、半隐框玻璃幕墙</td><td>隐框玻璃幕墙是指金属框架构件全部不显露在外表面的玻璃幕墙。
半隐框玻璃幕墙是指金属框架竖向或横向构件显露在外表面的玻璃幕墙
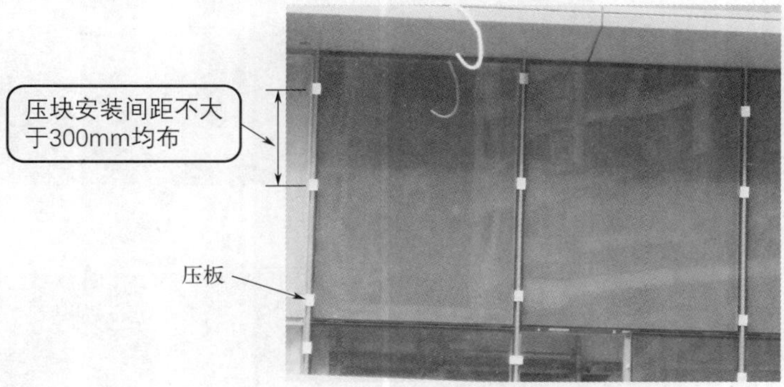

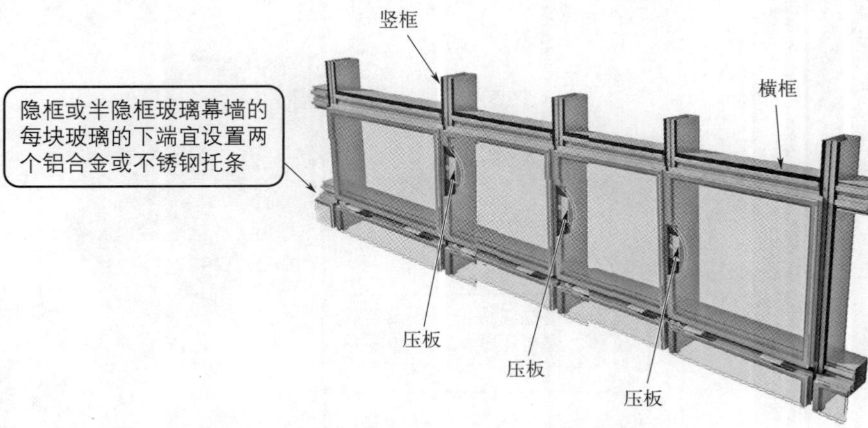
</td></tr>
</table>

续表

名称	图示
隐框玻璃幕墙、半隐框玻璃幕墙	 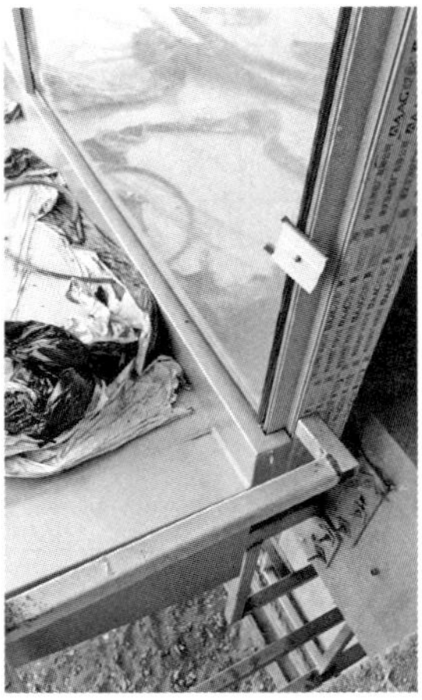 半隐框玻璃幕墙耐候胶注胶要求如下 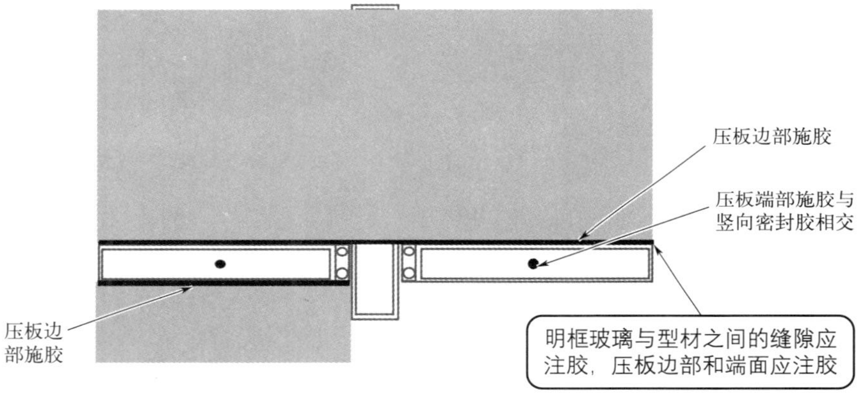
明框玻璃幕墙	明框玻璃幕墙是指金属框架构件显露在外表面的玻璃幕墙 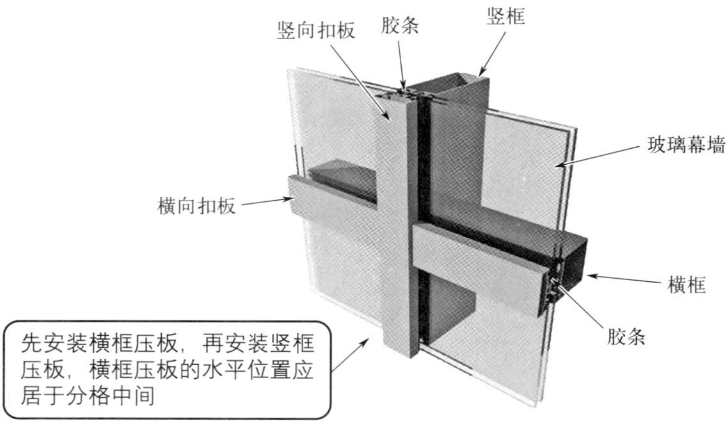

续表

名称	图示
点支式玻璃幕墙	

5.2.3 统一封窗、封阳台的相关规定

如果没有统一封窗、封阳台，但需要封窗、封阳台时，需要单独进行，如图 5-8 所示。系统窗的安装一般是窗框、玻璃分开安装。不同的玻璃，安装完的整体效果也不同，如图 5-9 所示。为考虑整体统一美感，则统一封窗、封阳台。

图 5-8 单独封窗、封阳台

图 5-9 不同玻璃安装完的整体效果

断桥铝系统门窗安装规范流程如图 5-10 所示。

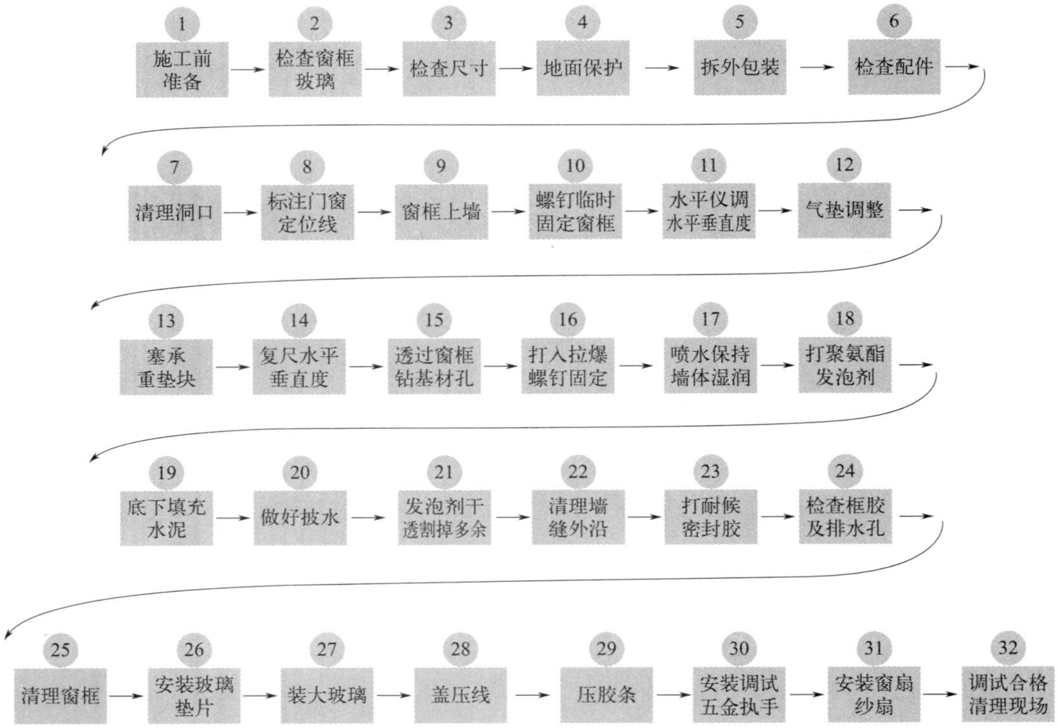

图 5-10 断桥铝系统门窗安装规范流程

5.2.4 铝合金门窗安装的允许偏差和检验方法

铝合金门窗安装的允许偏差和检验方法见表 5-9。

表 5-9 铝合金门窗安装的允许偏差和检验方法

项目		允许偏差/mm	检验方法
门窗槽口宽度、高度	≤2000mm	2	用钢卷尺检查
	>2000mm	3	
门窗槽口对角线长度差	≤2500mm	4	用钢卷尺检查
	>2500mm	5	
门窗框的正、侧面垂直度		2	用 1m 垂直检测尺检查
门窗横框的水平度		2	用 1m 水平尺和塞尺检查
门窗横框标高		5	用钢卷尺检查
门窗竖向偏离中心		5	用钢卷尺检查
双层门窗内外框间距		4	用钢卷尺检查
推拉门窗扇与框搭接宽度	门	2	用钢直尺检查
	窗	1	

5.3 “金属”公建化立面与公区

5.3.1 “金属”公建化立面与公区概述

“金属”公建化立面与公区往往包括金属幕墙、金属板吊顶等。金属幕墙是指面板材料为金属板材或金属复合板材的幕墙。金属板吊顶是指面板材料为金属板材或金属复合板材的吊顶，如图 5-11 所示。

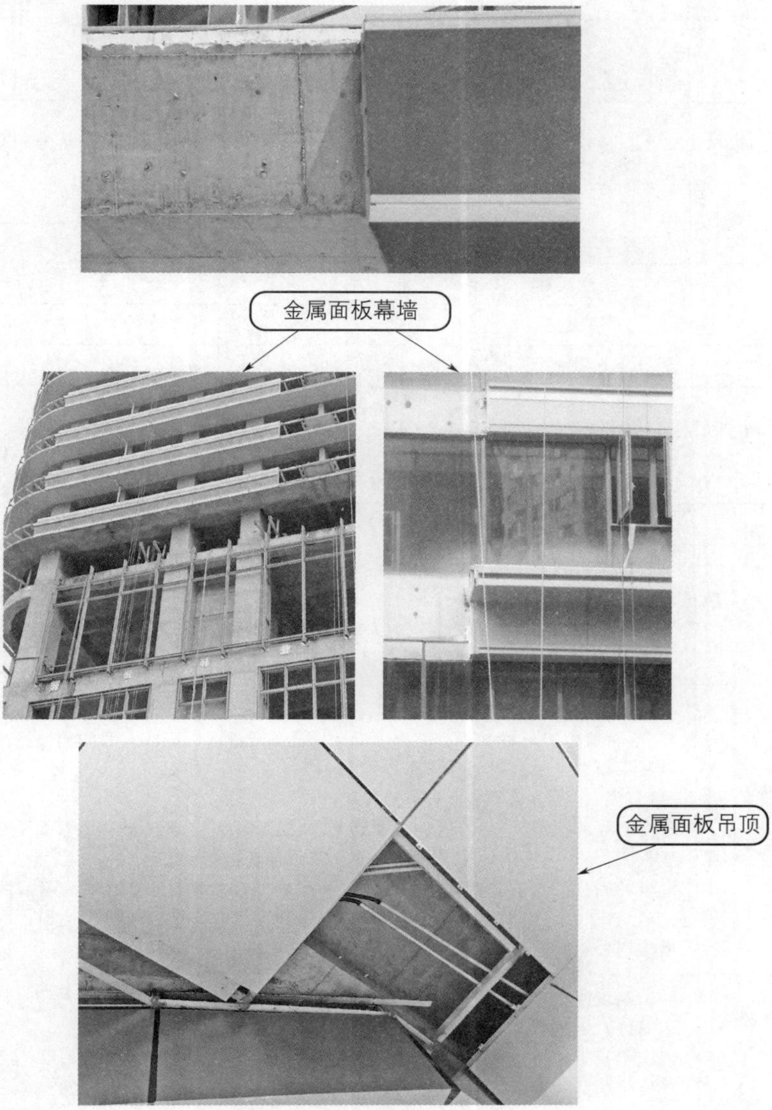

图 5-11　金属面板的应用

金属面板幕墙的安装需要符合以下要求。

(1) 需要对横、竖连接件进行检查、测量、调整，以减少金属板块的安装误差。

(2) 根据设计要求安装金属板块，调整完毕后才可以进行固定。

硅酮（聚硅氧烷）建筑密封胶现场施工不宜在夜间、雨天、雾天进行，并且注胶温度、湿度应符合产品与设计要求，注胶前应使注胶面保持清洁、干燥。

5.3.2　金属类面板的加工要求

金属板材加工允许偏差需要符合的规定见表5-10。

表5-10　金属板材加工允许偏差　　单位：mm

项目		允许偏差
边长	≤2000	±2.0
	>2000	±2.5
对边尺寸	≤2000	≤2.5
	>2000	≤3.0
对角线长度	≤2000	2.5
	>2000	3.0
折弯高度		≤1.0
平面度		≤2/1000
孔的中心距		±1.5

金属类面板加工的规定要求见表5-11。

表5-11　金属类面板加工的规定要求

项目	规定要求
不锈钢板	①不锈钢板折弯加工时，折弯外圆弧半径不应小于板厚的2倍。开槽折弯时，需要严格控制刻槽深度，并在开槽部位采取加强措施。 ②不锈钢板加强肋焊栓钉固定时，应使不锈钢板外表面不变形、不变色、固定可靠。 ③不锈钢板加强肋端部与面板折边相交处，需要机械连接或焊接
单层铝板	①单层铝板折弯加工时，折弯外圆弧半径不应小于板厚的1.5倍。采用开槽折弯时，应控制刻槽深度，保留的铝材厚度不应小于1mm，并且在开槽部位采取有效的加强措施。 ②单层铝板加强肋的固定可采用焊栓钉、结构胶黏结，但是应确保铝板外表面不变形、不褪色、固定牢固；加强肋与金属板折边需要机械连接或焊接。 ③单层铝板的固定耳板，需要符合设计要求，固定耳板与金属板折边需要采用机械连接。如果金属板无折边，可采用焊接、铆接、螺栓连接固定在铝板上。 ④耳板的固定需要位置准确、调整方便且牢固。铆接时，宜采用不锈钢抽芯铆钉或实心铝铆钉。 ⑤单层铝板折边的角部，需要相互连接并有效密封
蜂窝铝板	①蜂窝铝板厚度不大于1mm的面板与底板不宜刨槽。 ②弯弧蜂窝铝板折边宜采用辊边工艺，如果需铣缺，连接强度需满足设计要求。 ③蜂窝铝板折边与折边交接处宜加强处理。 ④蜂窝铝板的内板折边和外板折边间隙，宜进行有效密封

续表

项目	规定要求
铝复合板	①铝复合板的加工应采用机械刨槽,机械刨槽不应伤及面板。 ②铝复合板的刨槽折边,需要采取有效加强措施。 ③铝复合板的打孔、切口等外露的芯材及角缝,需要进行有效密封
铝锥芯复合板	①铝锥芯复合板应采用机械刨槽,机械刨槽不应伤及面板。 ②在切割铝锥芯复合板内层铝板和芯材时,不得划伤外层铝板的内表面。 ③打孔、切口等外露的芯材及角缝,需要进行有效密封

5.3.3 铝板幕墙中铝板安装螺钉的做法

幕墙应选用耐候性材料，对于易受环境腐蚀的金属材料，应采取防腐措施。

铝板短边长度大于 600mm 时应设置加强筋，加强筋平行于短边布置，间距小于 500mm，端部与铝板侧边固定。

连接角铝安装可以使用抽芯铝铆钉、自攻螺钉等。铝板如图 5-12 所示。

图 5-12 铝板

铝板幕墙中铝板安装螺钉的做法如图 5-13 所示。

5.3.4 铝板压板做法

铝板压板做法如图 5-14 所示。

泡沫棒填缝深度需要一致，深度为 4mm 左右，泡沫棒直径应大于胶缝宽度 2mm 左右。泡沫棒应干燥，不得受潮。

耐候密封胶的施工厚度应大于 3.5mm，宽度不小于厚度的 2 倍，注胶后用专用的弧形刮刀将胶缝表面一次性刮成弧形。

耐候密封胶在缝内需要形成相对两面黏结，不应三面黏结。耐候密封胶固化期间不能触碰，以免影响胶缝外观质量。

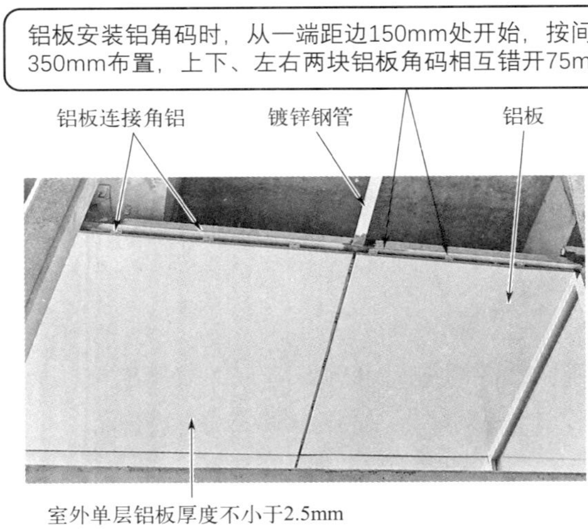

泡沫棒

硅酮(聚硅氧烷)耐候胶

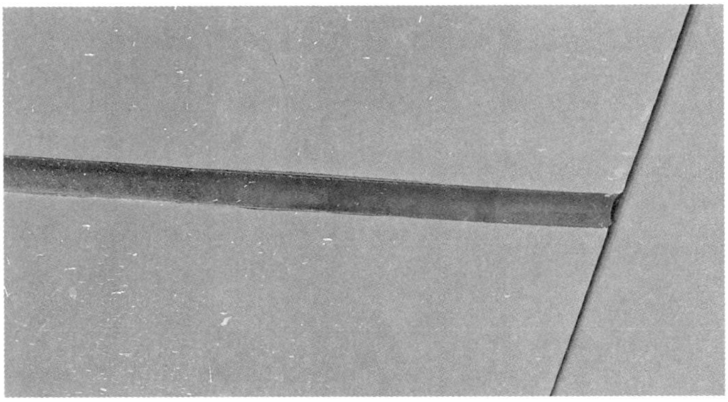

硅酮(聚硅氧烷)耐候胶的应用

图 5-13 铝板幕墙中铝板安装螺钉的做法

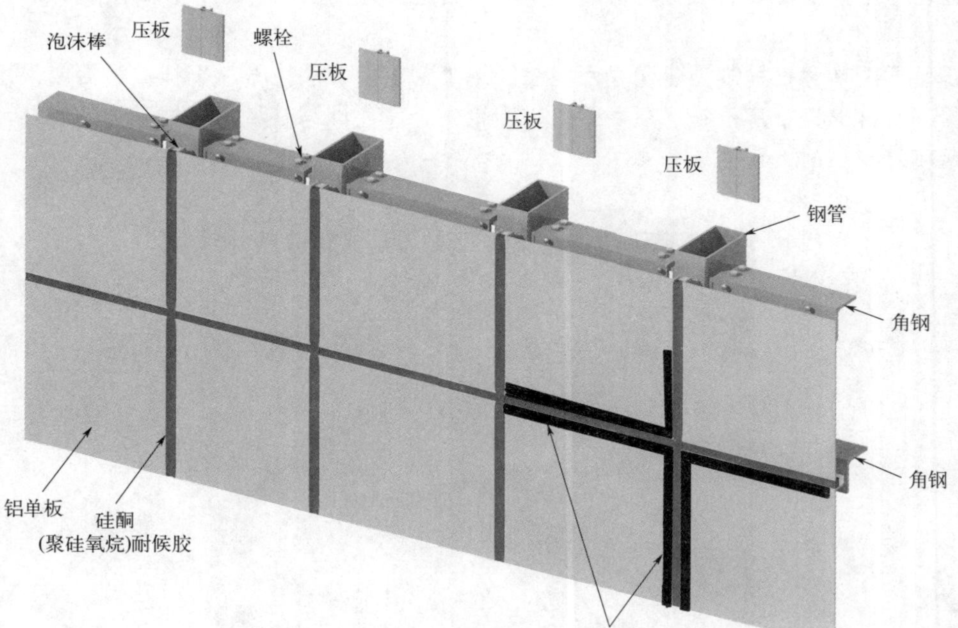

图 5-14

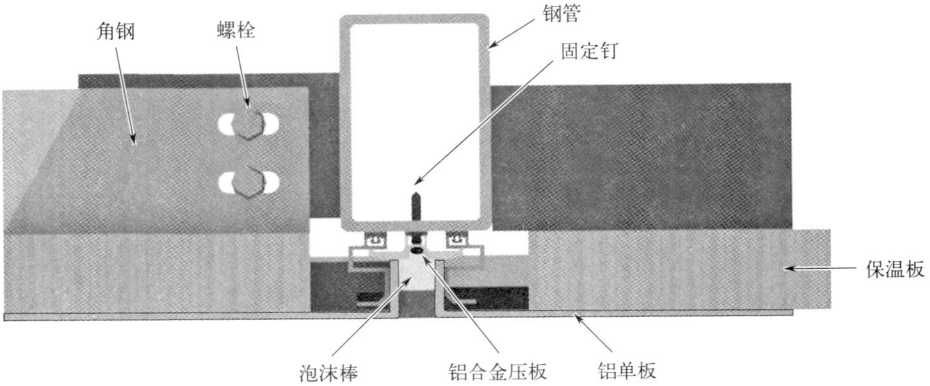

图 5-14　铝板压板做法

5.4 "石材"公建化立面与公区

5.4.1 "石材"公建化立面与公区概述

"石材"公建化立面与公区往往包括石材幕墙、石材公区墙等。石材幕墙是指面板材料为具有一定强度的天然石材的幕墙。天然石材包括花岗岩、大理石、石灰石、洞石、砂岩等。

石材干挂是"石材"公建化立面与公区施工常见的方法。石材干挂往往需要采用石材干挂胶。石材干挂胶是指石材幕墙等应用中用于金属挂件与石材间黏结固定的胶黏剂，通常采用环氧胶黏剂。石材干挂如图 5-15 所示。

图 5-15　石材干挂

不宜采用倒挂石材面板。当必须采用时，倒挂石材面板进深不应大于 600mm，应采用花岗岩且弯曲强度标准值不应小于 10N/mm^2，并且应采用背栓连接和防坠落措施。

材质疏松或开孔的石材面板、抗弯强度试验平均值小于 8N/mm^2 的石材面板，应采取背面增强措施，并且宜采用封闭式注胶板缝。

凸出幕墙大面的石材装饰线条，宜采用背栓或化学锚栓连接。

石材干挂还可能涉及骨架焊接、骨架安装、垫板安装等问题，如图 5-16 所示。

(a) 垫板

(b) 垫板与骨架相连

(c) 骨架的焊接

图 5-16 垫板与骨架

5.4.2 石材加工与开槽打孔要求

（1）石材面板的加工需要符合以下规定。

① 石材面板连接部位应做到无缺棱、无缺角、无裂纹等。

② 石材面板正面宜采用不小于 2mm×2mm 的 45°倒角处理。

③ 石材面板的端面可视时，石材厚度偏差不大于 0.5mm。

（2）石材面板开槽打孔需要符合以下规定。

① 石材面板开槽、打孔后不得有损坏或崩裂现象，需要进行孔壁、槽口的清洁处理。槽口需要打磨成 45°倒角。

② 需要采用机械开槽，开槽锯片的直径不宜大于 350mm，并且宜采用水平推进方式开槽。

③ 槽口长度方向的中心线与石材面板正面的偏差不宜大于 1mm。

④ 石材面板槽口其他项目加工的允许偏差应符合的要求见表 5-12。

表 5-12 石材面板开槽加工允许偏差 单位：mm

项目	槽口类型——短槽	槽口类型——通槽
槽口深度	±1.5	±1.5
槽口有效长度	±2	—
槽口宽度	±0.5	±0.5
相邻槽口中心距	±2	—

（3）背栓连接式石材面板的加工需要符合以下要求。

① 背栓孔直径允许偏差为±0.4mm，长度允许偏差为±1.0mm，直线度公差为 1mm。

② 背栓孔宜采用专用钻孔机械成孔及专用测孔器检查，背栓孔加工允许偏差应符合的要求见表 5-13。

表 5-13 背栓孔加工允许偏差 单位：mm

项目	直孔直径	直孔孔深	扩孔直径	扩孔孔深	孔位	孔距	孔位到短边的距离
允许偏差	−0.2；+0.4	±0.3	±0.3	±0.2	±0.5	±0.1	最小 50

5.4.3 单元式构件加工与安装要求

单元式构件加工与安装的要求如下。

（1）单元式幕墙应对各单元板块进行编号。

（2）单元板块的构件连接需要可靠。缝隙需要密封处，宜采用硅酮（聚硅氧烷）耐候密封胶密封。

（3）单元板块组装完成后，工艺孔宜封堵，通气孔及排水孔须保持畅通。

（4）单元组件框加工制作的允许尺寸偏差应符合的规定见表 5-14。

表 5-14 单元组件框加工制作的允许尺寸偏差　　单位：mm

项目	允许偏差	检查工具
框边长≤2000	±1.5	金属直尺或板尺
框边长＞2000	±2	金属直尺或板尺
分格边长(边框长≤2000)	±1.5	金属直尺或板尺
分格边长(边框长＞2000)	±2	金属直尺或板尺
对角线长度差(边框长≤2000)	±2.5	金属直尺或板尺
对角线长度差(边框长＞2000)	±3.5	金属直尺或板尺
接缝高低差	±0.5	游标深度尺
接缝间隙	±0.5	塞片
框面划伤	长度≤50mm，1m 范围外目视不明显；划伤间距≥500mm 且 1 支型材上不超过 3 处且总长不大于 100mm	—
框料擦伤	1m 范围外目视不明显：面积≤25mm²，缺陷间距≥500mm。1 支型材上不超过 3 处且总面积不大于 200mm²	—

5.4.4 石材面板的安装要求

石材面板的安装方式有石材面板 SE 挂件安装、石材面板背栓式安装等。石材面板 SE 挂件安装做法中的石材板块面积不宜大于 $1.5m^2$。石材面板的安装方式如图 5-17 所示。

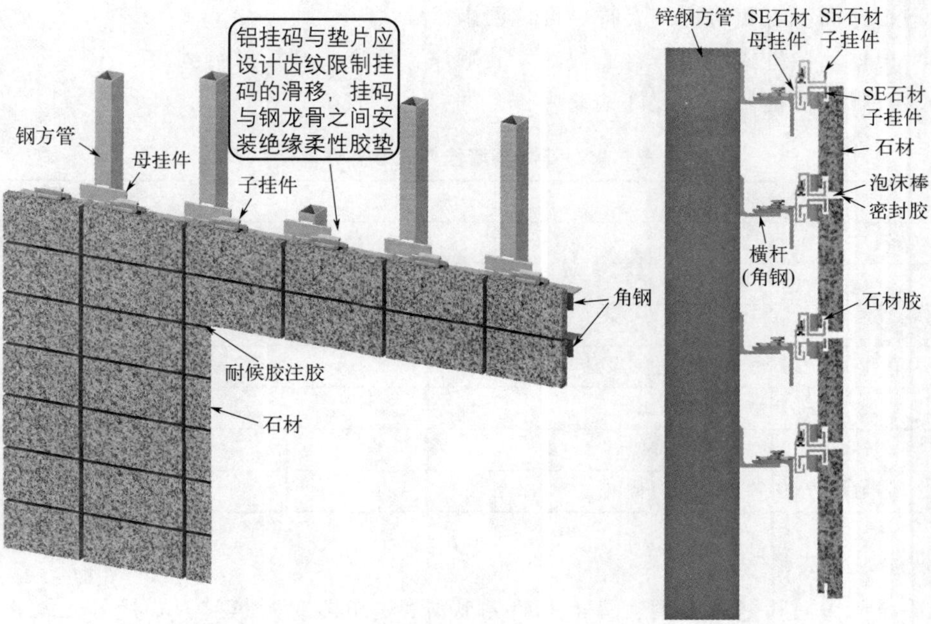

(a) 石材面板SE挂件安装

图 5-17

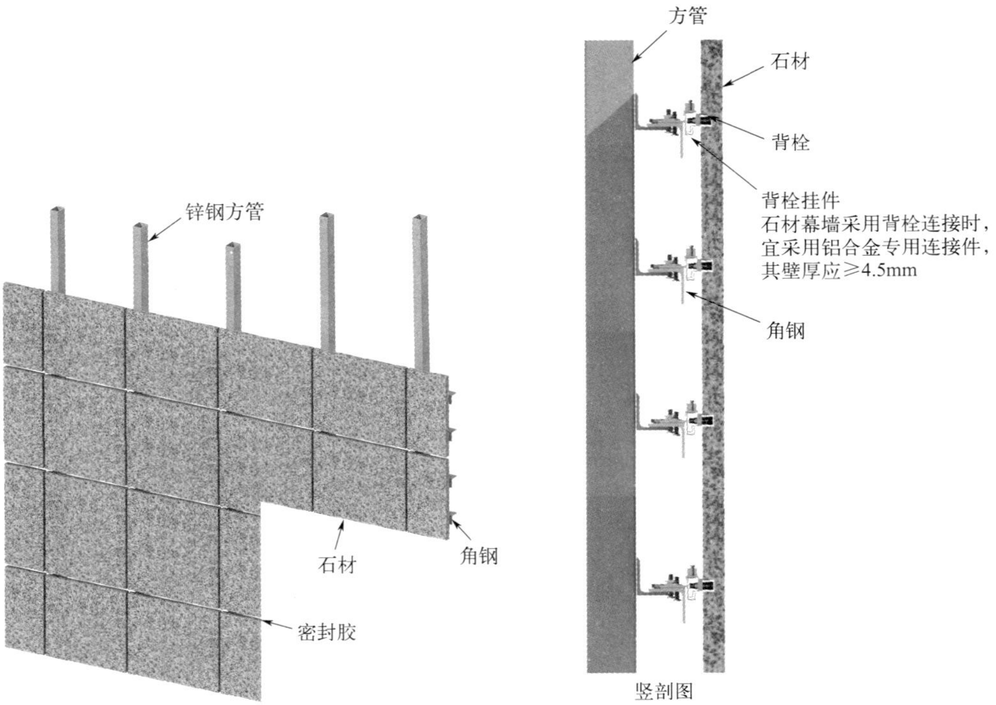

(b) 石材面板背栓式安装做法

图 5-17 石材面板的安装方式

石材面板的安装需要符合以下要求。

(1) 石材面板表面防护需要符合设计要求。

(2) 根据连接方式确定石材面板的安装顺序，并在安装后进行固定。

(3) 石材幕墙挂件安装允许偏差应符合的要求见表 5-15。

表 5-15 石材幕墙挂件安装允许偏差

项目	允许偏差/mm	检查工具
挂件水平位置	≤1	水平仪
挂件标高	±1	水平仪、水平尺
挂件前后水平标高差	≤1	水平尺
挂件挂钩中心线与石板槽口中心线差	≤2	金属直尺
挂件入槽深度(与设计值比)	±2	金属直尺
背栓挂件钩尖至背栓中心线距离	±1	金属直尺
背栓挂件与支座搭接(与设计值比)	±1	金属直尺

知识小贴士

需要根据石材面板的种类、污染源的类型合理选用石材防护剂。石材面板防护处理宜在工厂进行，且应在洁净环境中进行，温度、湿度条件应符合防护剂的技术要求。另外，石材面板出厂前应进行编号。

5.5 幕墙及其材料的要求与验收

5.5.1 幕墙铝合金的要求与验收

幕墙铝合金截面尺寸允许偏差不应低于高精级的要求。采用表面经处理过的铝型材时，其表面处理层厚度的最小值应满足的要求见表 5-16。铝合金型材表面电泳涂漆处理的局部膜厚要求见表 5-17。

表 5-16 铝合金型材表面处理层厚度要求 单位：μm

表面处理方法		膜层级别	厚度	
			平均膜厚	局部膜厚
阳极氧化		AA15	≥15	≥12
		AA20	≥20	≥16
		AA25	≥25	≥20
粉末喷涂		—	≥60	≥40
氟碳喷涂	三涂		≥40	≥34
	四涂		≥65	≥55

表 5-17 铝合金型材表面电泳涂漆处理局部膜厚要求 单位：μm

膜层级别	阳极氧化膜	漆膜	复合膜
A	≥9	≥12	≥21
B	≥9	≥7	≥16
S	≥6	≥15	≥21

知识小贴士

用浇铸工艺生产的隔热铝型材，其隔热材料应采用聚醚型聚氨酯材料，不得采用聚酯型聚氨酯材料。

5.5.2 幕墙钢材的要求与验收

幕墙钢材的要求与验收规定如下。

（1）幕墙用钢构件需要选用材质性能不低于 Q235 的钢构件。

（2）对耐腐蚀有特殊要求或腐蚀性环境中的幕墙结构钢材、钢制品，宜采用耐候钢或不锈钢材料。

（3）采用常温氟碳或聚氨酯喷涂时，钢型材表面除锈等级不应低于 Sa2.5。常温氟碳漆涂膜厚度不宜小于 70μm，聚氨酯涂膜厚度不宜小于 100μm。

(4) 采用聚硅氧烷硅橡胶涂料时，钢型材表面除锈等级不应低于 St2，涂膜厚度不宜小于 100μm。

(5) 不锈钢宜采用奥氏体型不锈钢、奥氏体-铁素体型不锈钢，镍、铬总含量不宜小于 26%。

5.5.3 幕墙金属板材的要求与验收

金属幕墙需要根据幕墙面积、使用年限、性能要求选用金属单板、金属复合板。当选用铝合金面板时，宜采用 3 系和 5 系铝合金材质。金属面板表面处理层厚度应符合的要求见表 5-18。

表 5-18 金属面板表面处理层厚度要求

表面处理方法		厚度/μm	
		平均膜厚	最小局部膜厚
辊涂	氟碳——三涂	≥32	≥30
液体喷涂	氟碳——三涂	≥40	≥34
	氟碳——四涂	≥65	≥55
粉末喷涂	氟碳	—	≥30
	聚酯	—	≥40
阳极氧化	AA15	≥15	≥13
	AA20	≥20	≥18
	AA25	≥25	≥22

注：当采用聚偏二氟乙烯（PVDF）树脂涂层时，聚偏二氟乙烯的含量不应低于涂层中树脂总量的 70%。

幕墙金属板材的要求见表 5-19。

表 5-19 幕墙金属板材的要求

项目	解说
铝合金单板需要符合的规定	铝合金单板的公称厚度不应小于 2.5mm
铝塑复合板需要符合的规定	①铝塑复合板上下两层铝合金板的公称厚度均不应小于 0.5mm。 ②铝塑复合板用高分子黏结膜的公称厚度不应小于 0.05mm，黏结料含量不应低于 60%。 ③铝塑复合板燃烧性能等级不应低于 B1 级
铝无机芯复合板需要符合的规定	①铝无机芯复合板的上下两层铝合金板的公称厚度均需要不小于 0.5mm。 ②铝无机芯复合板的芯材宜选用氢氧化镁、氢氧化铝或其混合物。 ③铝无机芯复合板燃烧性能等级不应低于 A 级
铝蜂窝板需要符合的规定	①铝蜂窝板的面板公称厚度不应小于 1mm，背板公称厚度不应小于 0.7mm。 ②铝蜂窝板的铝蜂窝芯宜为六边形结构，边长不应大于 10mm。 ③边长 6～10mm 的铝蜂窝芯，其铝箔厚度不应小于 0.07mm。 ④边长不大于 6mm 的铝蜂窝芯，其铝箔厚度不应小于 0.05mm
铝锥芯复合板需要符合的规定	①铝锥芯复合板面板公称厚度不应小于 0.6mm。 ②背板公称厚度不应小于 0.4mm。 ③铝锥芯壁厚不应小于 0.3mm

注：公称厚度均不包括涂层。

5.5.4 幕墙石材的要求与验收

石材面板不应有软弱夹层。带层状纹理的面板，不应有粗粒、不应有疏松、不应有多孔的条纹。石材面板宜选用花岗岩，并且需要满足表 5-20 所示要求。

表 5-20 石材面板应符合的要求

项目	花岗岩		大理石	石灰石	砂岩
	磨光面板	粗面板材			
最小厚度/mm	≥25	≥28	≥35	≥35	≥40
吸水率/%	≤0.6	≤0.6	≤0.5	≤5	≤5
弯曲强度标准值/(N/mm^2)	≥8	≥8	≥7	≥6	≥6
单块面积/m^2	不宜大于 1.5	不宜大于 1.5	不宜大于 1	不宜大于 1	不宜大于 1

5.5.5 粘接、密封材料的要求与验收

粘接、密封材料的要求与验收规定如下。

(1) 幕墙用硅酮（聚硅氧烷）建筑密封胶，应由有资质的专业检测机构进行与其相接触材料的相容性试验。

(2) 密封胶条宜采用三元乙丙橡胶、氯丁橡胶、硅橡胶。

(3) 用于金属幕墙接缝密封的密封胶，宜选用硅酮（聚硅氧烷）建筑耐候密封胶，并且不得添加烷烃增塑剂。

(4) 石材挂件可采用环氧树脂胶黏剂黏结，不应采用不饱和聚酯树脂胶黏剂。

知识小贴士

石材背栓材料的耐火性、耐腐蚀性、耐久性应不低于后部支承结构所用材料的相应标准，应采用不低于 316 的不锈钢制作，并且抗拉强度不应低于 700MPa。

5.5.6 隐蔽工程的验收项目及部位

幕墙施工过程中，需要根据检验批进行隐蔽工程验收，并做好隐蔽验收记录。幕墙的隐蔽工程验收项目及部位应包括如下内容。

(1) 预埋件或后置埋件。

(2) 幕墙构件与主体结构的连接、构件间的连接。

(3) 幕墙四周的封堵、幕墙与主体结构间的封堵。

(4) 幕墙变形缝及转角构造。

(5) 幕墙防雷连接构造。

(6) 幕墙防火构造节点。

(7) 幕墙的防水、保温隔热构造。

（8）单元板挂件与连接件的安装。

（9）单元板块顶部的过桥连接板安装。

5.5.7 金属幕墙一般项目的抽查验收要求

金属幕墙一般项目的抽查验收要求见表 5-21。

表 5-21 金属幕墙一般项目的抽查验收要求 单位：mm

项目		允许偏差	可选用工具
幕墙垂直度	高度 $H\leqslant 30$m	≤10	经纬仪
	30m$<H\leqslant$60m	≤15	
	60m$<H\leqslant$90m	≤20	
	90m$<H\leqslant$150m	≤25	
	$H>$150m	≤30	
幕墙水平度	层高≤3m	≤3	水平仪
	层高>3m	≤5	
幕墙表面平整度		≤2	2m 靠尺，塞尺
面板立面垂直度		≤3	垂直检测尺
面板上沿水平度		≤2	1m 水平尺，钢板尺
相邻板材板角错位		≤1	钢板尺
阴阳角方正		≤2	直角检测尺
接缝直线度		≤3	拉 5m 线，不足 5m 拉通线，用钢板尺检查
接缝高低差		≤1	钢板尺，塞尺
接缝宽度		≤1	钢板尺

5.5.8 石材幕墙一般项目的抽查验收要求

石材幕墙一般项目的抽查验收要求见表 5-22。

表 5-22 石材幕墙一般项目的抽查验收要求 单位：mm

项目	允许偏差—光面	允许偏差—麻面	检查工具
幕墙水平度	≤3	—	水平仪
板块立面垂直度	≤3	—	水平仪
板块上沿水平度	≤2	—	1m 水平尺，钢板尺
相邻板块板角错位	≤1	—	钢板尺
幕墙表面平整度	≤2	≤3	垂直检测尺
阴阳角方正	≤2	≤4	直角检测尺
接缝直线度	≤3	≤4	拉 5m 线，不足 5m 通线，用钢板尺检查

续表

项目		允许偏差—光面	允许偏差—麻面	检查工具
接缝高低差		≤1		钢板尺，塞尺
接缝宽度		≤1	≤2	钢板尺
幕墙垂直度	$H \leq 30\text{m}$	≤15	≤15	经纬仪
	$30\text{m} < H \leq 60\text{m}$	≤20	≤20	经纬仪
	$60\text{m} < H \leq 90\text{m}$	≤25	≤25	经纬仪
	$H > 90\text{m}$	≤10	≤10	经纬仪

第6章

“好房子”之园林庭院绿化要求

6.1 “好房子”之园林庭院概述

6.1.1 “好房子”之园林庭院的趋势

“好房子”不但应在户型、装修、大门、外立面、泳池、健身器材、全封闭主题架空层、篮球场等设施上下“功夫”，还应该在实景会所、园林庭院绿化等上下“血本”。

园林庭院绿化是指在建筑物周围或内部空间，通过种植植物、布置景观等手段，创造舒适、美观、生态化的室外环境。住宅配套的园林庭院如图 6-1 所示。

园林庭院绿化项目的表现形式比较多，目前流行的下沉式庭院就是其中的一种表现形式。下沉式庭院是指庭院的室内地面的高度要低于室外正常地面的高度。常见的下沉庭院一般比室外地面低两米左右，甚至有的低得更多。

“下沉”的特性，不仅能够营造出一种围合感，从而增强人们的安全感和归属感，更能在视觉上带来别样的体验。下沉式庭院如图 6-2 所示。

新型园林庭院的特点如下。

(a)　　(b)

(c) (d)

(e) (f)

图 6-1 住宅配套的园林庭院

(1) 具有合理的归家动线。

(2) 内涵丰富，包括角亭、小桥、瀑布、天井等。

(3) 配备防雨连廊，归家不再淋雨。

(4) 配有一些独特的“东西”，如八角门、书院、揽月桥、湖石堆砌、假山、十六汀步、叠石听枫、锦鲤池、樱花园、石院、林院、儿童活动区等。

(5) 精致化提升、氛围感增强。一步一景，移步易景。

(6) 使用独特的园林植物，如丁香、黑松、龟甲竹、罗汉松、五针松、金丝楠木等。

(7) 构建“地上＋墙面＋空中＋下沉”四位一体的立体园林体系。

(8) 采用“地势”变化引领移步易景，例如通过台阶、坡道、连廊串联入口广场、中央水景、阳光草坪等空间，形成层次丰富的台地景观。

(9) 采用智慧园林场景，例如使用土壤湿度监测系统自动触发灌溉，采用雨水回收系统进行植被养护，运用 AR 导览系统为业主提供植物科普等。

(10) 园林本土化表达、国际化表达、流派化表达，例如中式风格园林、欧式风格园林等。

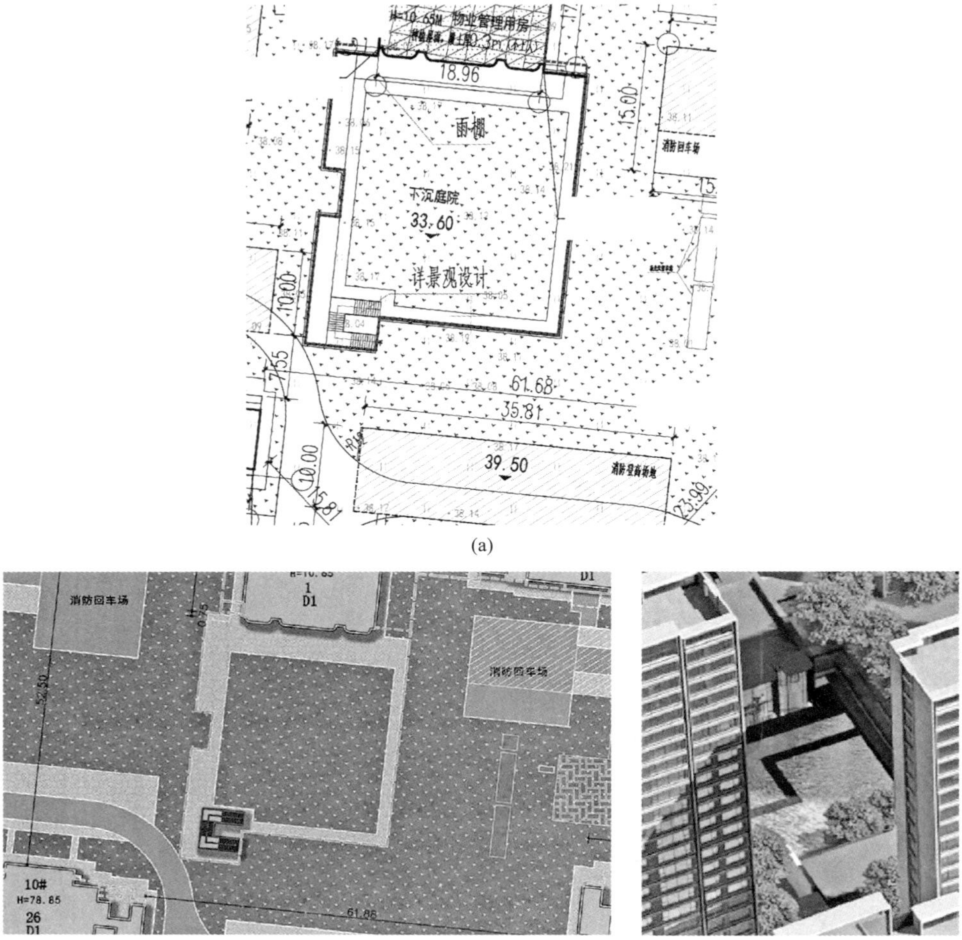

(a)

(b)　　(c)

图 6-2　下沉式庭院

知识小贴士

园林庭院绿化重视打造构筑物小品旁植物配置、道路转角处植物配置、景墙小品边缘植物配置等点睛之笔，进而提升园林庭院绿化的层次感与观赏性。

6.1.2　园林庭院的术语解说

园林庭院的术语解说见表 6-1。

表 6-1　园林庭院的术语解说

名称	解说
成活率	树苗种植后成活株数占种植总数的百分比
垂直绿化	在具有一定垂直高度的立面或特定隔离设施上，以植物材料为主体营造的一种立体绿化形式

续表

名称	解说
大规格苗木	胸径在 20cm 以上的落叶乔木、高度在 6m 以上的常绿乔木
短截	从枝条上选留合适的芽后将其枝条剪短，以刺激侧芽萌发
非植树季节植树	正常植树季节以外的时间植树
分枝点高	乔木从地表面到树冠第一个分枝点的高度
封堰	为了防止水分蒸发，等浇灌水完全渗进土壤后，用土将树堰覆盖
公共绿地	为居住区配套建设、可供居民游憩或开展体育活动的公园绿地
规则式种植	根据一定规则配植的种植方式
旱喷泉	在广场上建造的喷泉。一般通过不同管沟造型、不同喷头、不同智能控制程序，展示各式各样的水景
集中绿地	居住街坊内集中设置的绿地
架空绿地	在地面、地下构(建)筑物上建造的园林绿地。架空绿地包括桥梁绿化、屋顶绿化、地下设施覆土绿化等
居住区绿地	居住区绿地包括居住区配套规划建设的公共绿地、居住街坊附属绿地。居住街坊附属绿地包括集中绿地、宅旁绿地、配套公建绿地、小区道路绿地等，还包括满足当地植树绿化覆土要求、方便居民出入的地下或半地下建筑的屋顶绿地
居住用地绿地率	一定居住用地范围内各类绿地面积之和占该居住用地面积的百分比
客土	将栽植地点或种植穴中不适合种植的土壤更换成适合种植的土壤，或掺入某种栽培基质改善理化性质
立体绿化	充分利用不同的立地条件，选择攀缘植物及其他植物栽植并依附或者铺贴于各种构筑物及其他空间结构上的绿化方式
裸根苗木	挖掘时根部不带土或仅带护心土的苗木
配套公建绿地	居住用地内的配套公建用地界限内所属的绿地
疏剪	将枝条从分枝的基部剪除，也可称作疏枝
水生植物	能够在水中正常生长并完成生活周期的人工种植的水景植物
添加基质	根据不同植物的种植要求，添加到种植土壤中具有能满足不同功能要求的填充材料
土球	挖掘苗木时，根据一定规格切断根系，保留土壤呈圆球状并加以捆扎、包装的苗木根部
屋顶绿化	在各类建筑物和构筑物顶面的绿化
小区道路绿地	居住用地内道路用地(道路红线)界限以内的绿地
修剪	在种植前对苗木的枝干与根系进行疏枝、短截。对枝干的修剪称修枝，对根的修剪称修根
鱼鳞穴	为了防止水土流失，对树木进行浇水时，在山坡陡地筑成的众多类似鱼鳞状的土堰
预制回填土	根据植物不同生长习性要求，经过加工配置的含有一定营养成分的壤土
园林驳岸	建在园林水体与陆地间的，具有结构稳定性、艺术观赏性的构筑物
园林叠水	在园林构筑体基础上层叠的水景，根据其表现形态可分为规则形、自然形
园林花架	用刚性材料构成的一定形状的格架，以供攀缘植物攀附的园林设施。花架又称为棚架、绿廊、廊架等
园林景观桥	在园林绿地中供游人通过，活荷载限定为 $3.5kN/m^2$ 以下的，以满足景观功能为主需求而设置的步行桥。园林景观桥根据造型不同可分为拱桥、斜拉桥、平桥、曲桥、悬索桥、桁架桥、梁式桁架组合桥等。根据建桥材料不同，园林景观桥可分为圬工桥、竹桥、钢筋混凝土桥、木桥、钢桥等

续表

名称	解说
园林木栈道	设在园林绿地中、铺装面层为木材的、具有一定景观功能的特殊步道
园林铺地	园林绿地中的园路、广场、人行步道、庭院等地面铺装
宅旁绿地	居住用地内紧邻住宅建筑周边的绿地
种植设计	以植物为介质进行空间设计，包括各种植物之间的搭配及植物与景观要素之间的搭配
种植土	理化性状良好，适宜于园林植物生长的土壤
种植土层厚度	植物根系正常生长发育所需的土壤深度
种植屋面	在建筑屋面和地下工程的顶板防水层上铺设种植土，并种植植物
种植穴(槽)	种植植物挖掘的坑穴。圆形或方形的坑穴称为种植穴，长条形的称为种植槽
自然式种植	株行距不等，采用不对称的自然配植形式

6.1.3 园林庭院绿化材料的选择

园林庭院所选用的绿化材料，因庭院设计不同而有所差异。例如，道路铺装材料的选择应根据庭院风格和设计要求，选择适合的铺装材料。常见的道路铺装材料有石板、砖、卵石等。道路的宽度、曲线半径等，需要符合庭院整体布局和人流、车流的需求。

庭院绿化地面材料的种类和特点如下。

(1) 花岗岩——室外铺装中最常用的石材，硬度极高，耐磨防滑，花色选择多样。虽然单块颜值不高，但是大面积铺装后显得简洁大气。

(2) 青石板——常见于老街古道，颜色发青偏黑，古朴素雅。非常适合中式、日式庭院使用，也可以用于园路的汀步。

(3) 板岩、砂岩——石材颜色种类丰富，主要有青黑、淡绿、锈色等，适合现代、简约等多种风格。常用于别墅的地面铺装、操作台的台面。

(4) 鹅卵石、砾石、雨花石——这些石子常和其他石材搭配铺装，作为地面铺装的配角，也可以为庭院增添独特的风情。

(5) 人造石——所有非天然石材的人造石，是目前最常用的室外人造铺装石材。其花色和纹理可以替代花岗岩，具有硬度高、防滑耐磨、抗晒抗冻等特点。

(6) 防腐木——包括芬兰木、炭化木、竹木、菠萝格、樟子松等，因制作工艺及木材不同，特点不同。

(7) 塑木——看上去像防腐木，但是其本质是塑料，无论使用寿命还是维护成本都比防腐木的表现要好。

(8) 瓦片与砖——露台庭院铺设也可以用瓦片及各种青砖，可以打造出古朴院落的感觉。

(9) 花砖——花砖在铺装中很抓眼球，其款式、颜色的选择也多。

6.2 “好房子”之园林庭院设计

6.2.1 园林庭院绿化设计基础

园林庭院绿化设计基础包括园林庭院绿化场地分析与评估、庭院植物配置与造景、庭院空间布局等。

园林庭院绿化场地分析与评估的内容如图 6-3 所示。

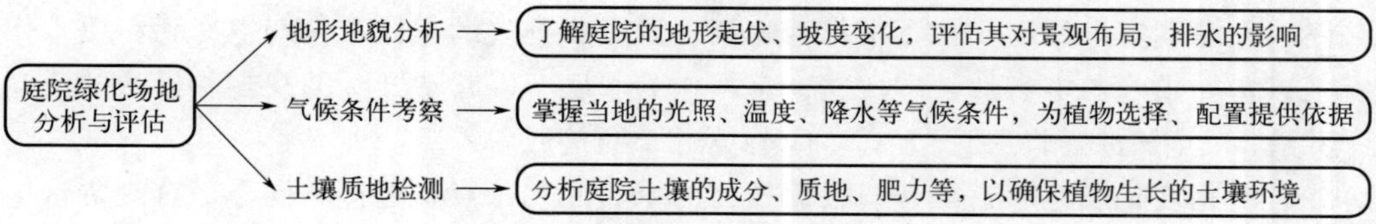

图 6-3 庭院绿化场地分析与评估

庭院设计植物配置与造景的技巧与方法如图 6-4 所示。另外，可采用花卉、地被植物进行点缀，即运用时令花卉与地被植物丰富的景观色彩和层次，提升庭院整体美感；也可以配置水生植物，即在庭院水体中种植荷花、睡莲等水生植物，可以增添自然野趣与清新气息。

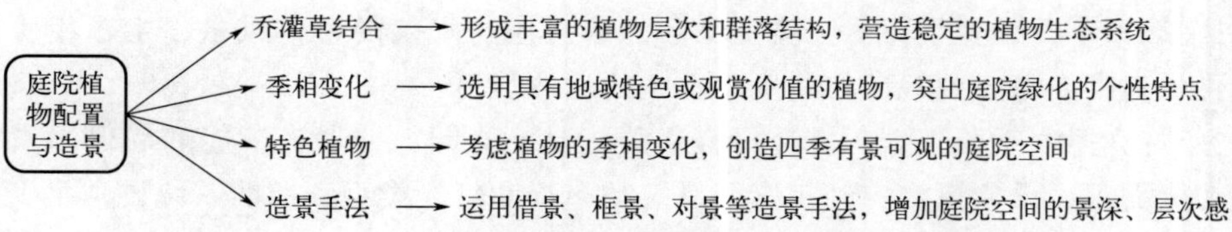

图 6-4 庭院植物配置与造景

在对庭院空间进行布局时需考量的内容如图 6-5 所示。

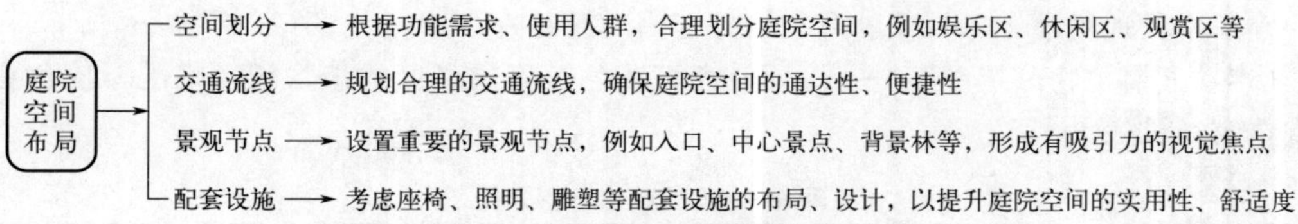

图 6-5 庭院空间布局

园林庭院绿化设计参考如下。

（1）入口区——设置醒目的标识、引人入胜的景观，可以引导人们进入庭院并留下深刻的印象。

（2）休闲区——布置舒适的座椅、凉亭等设施，提供宁静的休息空间，可以享受自然的抚慰。

（3）娱乐区——设置儿童游乐设施或户外健身器材，以满足家庭成员的娱乐需求。

（4）种植区——规划专门的园艺区域，供人们亲手种植和养护植物，体验园艺的乐趣。

（5）景观风格定位——景观风格有中式风格、西式风格、日式风格等，根据业主调查来确定。

（6）乡土植物应用——乡土植物具有地域特色，能够体现当地自然景观、文化特色。优先选择适应当地气候、土壤条件的乡土植物，以确保其成活率和生长效果。通过合理搭配与造景手法，将乡土植物融入庭院景观中，形成具有地域特色的植物景观。

（7）观花观叶植物选择——观花植物需要注重花期、花色、花型的搭配，以营造丰富的季相变化。观叶植物需要注重叶色、叶形、叶质的搭配，以形成优美的景观效果。根据庭院风格、需求，选择具有观赏价值的观花或观叶植物。

（8）乔灌草搭配原则——乔木作为骨架，以形成庭院的主体结构和空间感；灌木作为填充，以增加景观的丰富性、层次感；草坪作为基底，以营造开阔的视野和舒适的活动空间。乔灌草之间的比例与配置方式，应避免过于拥挤或单调。

（9）季相变化与色彩搭配——根据植物的季相变化特点，选择不同季节有观赏价值的植物进行搭配，以营造四季有景可观的庭院景观。注重植物色彩搭配，利用不同色彩的植物形成对比和调和的效果，以增加景观的生动性和趣味性。结合庭院风格和主题，选择相应的色彩搭配方案，以营造和谐统一的庭院氛围。

（10）水景设计与施工方法——设计水景时，需要考虑庭院的大小、形状、地形等因素，以及水源、水质、水量等条件。选择池塘、溪流、喷泉等合适的水景形式，并确定其位置、大小。施工时，要确保水池的防水处理，合理安排水泵、管道、灯光等设施。

（11）雕塑小品设置技巧——雕塑小品的选择应与庭院的整体风格、主题相协调。雕塑的位置、高度要考虑到观赏的角度与视线的通透性。

（12）灯光照明系统规划——选择合适的灯具、光源，并考虑节能和环保因素。根据庭院的功能需求、设计风格，确定照明系统的布局和灯光类型。照明系统要满足安全、舒适、美观的要求，同时方便使用、维护。

（13）植物配置标准"先高后低，先内后外"——较高处、向内处，点景选用大乔木、名贵树木；中间选用大乔木；其他地方选用小乔木。较高处及中间处选用大灌木、球形植物、小灌木及地被灌木；较低处及向外处选用时令花卉、草坪。

（14）五层植物分层配置——不同叶色、花色及不同高度的植物相互搭配，使色彩与层次丰富，见表 6-2。

表 6-2 五层植物分层配置

分层	植物配置
第一层	高 7～8m、胸径 20cm 以上的大乔木
第二层	3～6m 高的中乔木
第三层	1～3m 高的小乔木、大灌木、球形植物（最易形成满足视线范围内的绿量）
第四层	1m 以下地被、小灌木（可以成为最有特色、层次最丰富的部分）
第五层	0.2m 以下草坪、小地被

某地区园林庭院绿化设计的基本规定如下。

(1) 居住区绿地设计，需要与居住区规划设计同步进行。

(2) 居住区绿地种植设计应遵循生态学原则与美学原则。丰富植物种类、空间层次，以实现植物物种的多样性，并将功能与美学原则有机结合。

(3) 居住区绿地种植设计，应以植物群落为主，采用乔木、灌木、地被植物组合搭配的复合式绿化配置形式。垂直面可形成丰富的空间层次效果，同时有利于形成小气候和良好的生态环境。

(4) 居住区绿地种植设计，应科学配置植物，优先选用乡土树种，合理配置常绿与落叶、速生与慢生树种的比例。丰富居住区植物的色相、季相变化。合理选用苗木规格，以确定种植密度，预留植物生长空间。

(5) 居住区绿地应以植物造景为主。根据居住区内外的环境特征、立地条件，结合景观规划、防护功能等，按照适地适树的原则进行植物规划。

(6) 居住区绿地设计应以植物造景为主，宜利用太阳能、风能以及雨水等绿色资源。

(7) 居住区绿地设计应兼顾老年人、青少年、儿童等不同人群的需要，合理设置健身娱乐、文化游憩设施。

(8) 居住区绿地宜结合实际情况，利用住宅建筑的屋顶、阳台、车棚、地下设施出入口、通风口、围墙等进行立体绿化。

(9) 居住区绿地的植物配置，应合理组织空间，做到疏密有致、高低错落、季相丰富，并结合环境、地形创造优美的林缘线、林冠线。乔木的配置不应影响住户内部空间的采光、通风、日照等情况。

(10) 居住区绿地的园路、铺装场地，需要根据居住区规模、入住居民数量合理设计，并宜使用绿色环保材料。

(11) 居住区绿地内各类健身娱乐、文化游憩设施的选址应避免对居民的正常生活产生干扰。

知识小贴士

居住区内音响设施可结合景观元素设计，音响放置位置应相对隐蔽，宜融入园林景观中。

6.2.2 园林庭院绿化地表排水的设计

园林庭院绿化地表排水的设计要求如下。

(1) 居住区绿地竖向设计除有特殊设计考虑外，应要有利于地表水的排放，并避免形成影响植物正常生长和居民使用的长期积水区域。

(2) 草地的排水坡度宜大于1%。其中，运动草地的排水坡度宜大于0.5%。

(3) 栽植地表的排水坡度宜大于0.5%。

(4) 铺装场地的排水坡度宜大于0.3%。

6.2.3 园林庭院绿化水体的设计

园林庭院绿化水体的设计要求如下。

（1）居住区绿地中的水体，宜采用雨水、中水、城市再生水、天然水源等作为水源。

（2）居住区绿地中水体的最高水位，应确保绿地内的重要建（构）筑物不被水淹。

（3）居住区绿地中水体的最低水位不应影响水体景观效果。

（4）居住区绿地中水体的最低水位与最高水位相差宜小于 0.8m。

（5）居住区绿地中营造湿地景观的水体，水深宜为 0.1～1.2m。

（6）居住区绿地水体，宜以原土构筑池底，且应采用种植水生植物、养鱼等生物措施促进水体自净。

（7）居住区绿地中水体驳岸，宜采用生态护坡入水；当为垂直驳岸时，岸顶与常水位的高差宜控制在 0.3～0.5m。

（8）寒冷地区的水体，其驳岸基础的埋深应在冰冻线以下。

（9）水景设计应充分利用自然水体，创造临水空间和设施，并应设置沿岸安全防护措施。

（10）对水位控制有要求的水体，其池体应采用防水、抗渗漏材料。

（11）旱喷泉喷洒范围内不应设置道路，地面铺装应防滑。

6.2.4 园林庭院绿化种植的设计

园林庭院绿化种植的设计要求如下。

（1）应优先选择观赏性强的乡土植物。

（2）应综合考虑植物习性、生长环境，做到适地适树。

（3）宜多采用保健类、芳香类植物，不应选择有毒、有刺、散发异味及容易引起过敏的植物。

（4）应避免选择入侵性强的植物。

（5）植物配置需要以总体设计的植物景观效果为依据。

（6）植物配置需要注重植物的生物多样性，形成稳定的生态系统。

（7）植物配置需要满足建筑通风、采光、日照的要求。

（8）植物配置需要保持合理的常绿植物与落叶植物比例，在常绿大乔木较少的区域可适当增加常绿小乔木及常绿灌木的数量。

（9）植物与建（构）筑物的最小间距应符合的规定见表 6-3。

表 6-3 植物与建（构）筑物的最小间距应符合的规定

建(构)筑物名称		最小间距/m	
		至乔木中心	至灌木中心
建筑物外墙	南窗	5.5	1.5
	其余窗	3.0	1.5
	无窗	2.0	1.5
挡土墙顶内和墙角外		2.0	0.5
围墙(2m 高以下)		1.0	0.75
道路路面边缘		0.75	0.5

续表

建(构)筑物名称	最小间距/m	
	至乔木中心	至灌木中心
人行道路面边缘	0.75	0.5
排水沟边缘	1.0	0.3
体育用场地	3.0	3.0
测量水准点	2.0	1.0

6.2.5 园林庭院绿化组团绿地与宅旁绿地的设计

(1) 园林庭院绿化组团绿地的设计要求如下。

① 组团绿地需要注意夏季遮阴、冬季光照，宜选择高大的落叶乔木。

② 场所与住宅间需要种植多层次植物进行隔离，以减少对周边环境的影响。

③ 绿化需要与建筑保持合理的距离，建筑阳面应以落叶乔木为主，以满足用户采光、日照的要求。

④ 组团种植需要以乔木、灌木为主，以充分发挥植物的生态功能。

⑤ 地面除硬地外都应铺草种花，并应以树木为隔离带，减少活动区之间的干扰。

(2) 园林庭院绿化宅旁绿地的设计要求如下。

① 宅旁绿地需要因地制宜，采取乔、灌、草相结合的植物群落配置形式。

② 宅旁绿地宜在入口、休息场地等主要区域增加高大落叶乔木的配置。

③ 宅旁绿地中的小路靠近住宅时，小路两侧的植物配置需要避免对住宅采光造成影响。

④ 各住户门前可选择不同的树种和不同的配置方式，以增强入户识别性。

6.2.6 园林庭院绿化小区道路绿地的设计

园林庭院绿化小区道路绿地的设计要求如下。

(1) 小区道路绿化设计需要兼顾生态、防护、遮阴、景观功能，并且根据道路的等级进行绿化设计。

(2) 小区主要道路可选用有地方特色的观赏植物品种进行集中布置，以形成特色路网绿化景观。

(3) 小区次要道路绿化设计宜以提高人行舒适度为主。在植物选择上，可多选小乔木与开花灌木。

(4) 小区次要道路绿化设计的配置方式宜多样化，并且可以与宅旁绿地和组团绿地融为一体。

(5) 小区其他道路需要保持绿地内的植物有连续且完整的绿化效果。

(6) 小区道路的交叉口、视线范围内，需要采用通透式配置方式。

6.2.7 园林庭院绿化园路的设计

园林庭院绿化园路的设计要求见表6-4。

表6-4 园林庭院绿化园路的设计要求

项目	设计要求
园路设计应遵循的原则	①园路设计需要便于居民通行与游览休憩。 ②园路宜采用透水铺装。 ③园路设计需要协调好园路与市政等井盖的关系。 ④园路铺装材料需要满足防滑要求，寒冷地区不宜采用光面材料
园路的宽度规定	①宅前路宽度应大于2.5m。 ②人行路宽度不应小于1.2m，需要轮椅通行的园路宽度不应小于1.5m，非公共区域路面宽度可小于1m或设汀步
园路的坡度规定	①园路最小纵坡坡度不应小于0.3%，最大纵坡坡度不宜大于8%。 ②多雪严寒地区纵坡坡度不应大于4%，山地人行纵坡坡度不应大于15%。 ③纵坡坡度大于15%时，路面需要做防滑处理；纵坡坡度大于18%时，需要设台阶，且台阶数不应少于2级。 ④横坡坡度应为1%～2%

6.2.8 园林庭院绿化铺装场地的设计

园林庭院绿化铺装场地的设计要求如下。

（1）居住区绿地内应设置儿童活动场地和供不同年龄段居民健身锻炼、休憩散步、娱乐休闲的铺装场地。

（2）铺装场地位置的设置应距离住宅建筑窗户8m以外，儿童活动场地与健身场地需要远离住宅建筑，并采取措施减少噪声对住户的干扰。

（3）老年人与儿童活动场地不宜布置在风速偏高、背阴、偏僻的区域。

（4）老年人活动场地与儿童活动场地宜结合设置。

（5）老年人活动场地应平坦。

（6）儿童活动场地宜采用色彩鲜明的软性地面铺装，并且铺装材料需要符合国家相关环保要求。

（7）铺装场地宜采用透水、透气性好的铺装材料，并且铺装表面要平整、耐磨、防滑。

（8）铺装场地的排水坡度应控制在0.3%～3%。

（9）铺装场地的外边线不应与市政井盖位置冲突。

知识小贴士

儿童游戏场内应当设有洁净的沙坑，沙坑周边应有防止沙粒散失的措施，并且沙坑内应有排水措施。儿童游戏器械结构应坚固耐用，避免构造上的硬棱角，尺度要与儿童的人体尺寸相适应。

6.2.9 园林庭院绿化构筑物的设计

园林庭院绿化构筑物的设计要求如下。

（1）居住区构筑物应在空间形态、建筑风格、比例尺度、色彩处理等方面与周边环境相协调，并且应符合当地地域文化。

（2）廊、亭、棚架、膜结构等构筑物设施需要符合以下规定。

① 廊、亭、棚架等供游人坐憩之处不应采用粗糙的饰面材料，不得采用易刮伤肌肤、衣物的构造。

② 设有吊顶的亭、廊等，其吊顶应采用防潮材料。

③ 廊、亭、棚架的体量与尺度，需要与场地相适宜，并且其净高不应小于2.2m。

④ 膜结构设计不应对人流活动产生安全隐患，并需要避开消防通道。

（3）居住区围墙设计，需要达到围护、安全等要求，并且高度应为1.8～2.2m。

（4）居住区内的人行景观桥设计应自然简洁，与环境协调，并符合以下规定。

① 应有阻止车辆通过的设施。

② 无防护设施的园桥、汀步、临水平台附近2m范围内的常水位水深不应大于0.5m；桥面、汀步、临水平台面与水体底面的垂直距离不应大于0.7m。

6.2.10 园林庭院绿化小品设施的设计

园林庭院绿化小品设施的设计要求如下。

（1）居住区小品设施应优先选用新技术、新材料、新工艺，并且坚固耐用、安全环保。

（2）小品设施，不宜采用大面积的金属、玻璃等高反射性材料。

（3）室外座椅（具）的设计，需要满足人体舒适度要求，例如普通座面高宜为0.40～0.45m，座面宽宜为0.4～0.5m，靠背座椅的靠背倾角宜为100°～110°。

（4）结合座凳设置的花坛高度宜为0.4～0.6m，并且花坛需要有排水措施。

（5）居住区内景墙浮雕、雕塑等，其材质、体量、尺度、色彩、题材等应与周围环境相匹配，并且符合主题，同时具有时代感。

（6）人工堆叠假山石应以安全为前提，进行总体造型与结构设计。

（7）居住区照明灯具需要根据实际需要适量、合理选型。

（8）居住区照明选用的草坪灯、庭院灯、泛光灯、地坪灯等应与环境相匹配，使其成为景观中的一部分。

（9）居住区内指示牌、布告栏等标志牌设置，应内容清晰、位置恰当、格式统一。

（10）居住区栏杆构造不应采用锐角或利刺等形式。

6.2.11 园林庭院绿化给水的设计

园林庭院绿化给水的设计要求如下。

（1）园林庭院绿化给水设计应充分利用小区内已有的居住区总体市政给水管网及相应设施。

（2）居住区绿地应采用节水设备、节水技术，并与雨水收集回用、中水回用有机结合、统筹设计。设有中水回用系统的小区，应优先利用中水浇灌绿化。

（3）居住区绿地设计用水量应包括绿化用水量，道路广场用水量，水景、娱乐设施用水量，未预见水量与管网漏失水量。

（4）从居住区生活饮用水管道上直接接出的浇灌系统管网的起端，需要设置水表与真空破坏器。

（5）绿化浇灌宜优先采用微灌、喷灌、滴灌、涌泉灌等高效节水的灌溉方式，并且需要设置洒水栓进行人工补充浇灌。

（6）自动灌溉应根据当地的气候条件、土壤条件、植物类型、绿地面积的大小，选择适宜的浇灌方式。

（7）乔木宜采用涌泉灌，灌木宜采用滴灌，草坪宜采用地埋式喷头喷灌，花卉宜采用微喷灌。

（8）人造水景的初次充水、补水水源，不应采用市政自来水与地下井水，应优先采用雨水、中水、天然水源。

（9）水景需要设置补水管，并且宜设置可靠的自动补水装置。

（10）水景工程宜采用不锈钢管等防锈耐腐蚀管材。

（11）室外水景喷泉管道系统应有放空防冻措施。

（12）喷泉水池的有效容积不应小于最大一台水泵 5～10min 的循环流量，并且水深需要满足喷头的安装要求，以及水泵最小吸水深度要求。

（13）水泵宜设于泵坑内，并应加装格栅盖板。另外，循环管道宜暗敷。

（14）与游人直接接触的戏水池、旱喷泉中，水泵应选用 12V 安全电压潜水泵，或者把水泵设置在池外，并且满足电气安全距离要求。

（15）喷头的喷水高度应避免伤人。

（16）景观水池需要采用循环供水方式。

知识小贴士

灌溉系统的运行宜采用轮灌方式，并应符合如下规定。

（1）轮灌组数量需要满足绿化需水要求，灌溉面积与水源的可供水量应相协调，各轮灌组的流量宜一致。如果流量相差超过 20%，则宜采用变频设备供水。

（2）地形高差较大的绿地自动灌溉系统，宜使用具有压力补偿功能的电磁阀或具有止溢功能的灌水器。

（3）同一轮灌组中，宜采用同一种型号的喷头，或者喷灌强度相近的喷头。

6.2.12　园林庭院绿化雨水排水的设计

园林庭院绿化雨水排水的设计要求如下。

（1）居住区绿地雨水排水设计，需要充分利用绿地周边已有的居住区总体雨水排水管网及相应设施。

(2) 绿地内的雨水收集后，需要分散就近排入居住区总雨水管网。

(3) 居住区绿地雨水设计宜采取雨水回收利用措施。

(4) 绿地的设计重现期需要与所在小区的设计重现期一致。

(5) 雨水排放应充分发挥绿地的渗透、调蓄和净化功能。

(6) 绿地内雨水排水，宜设置植草沟、人工湿地、下凹绿地、雨水花园等具有渗透、储存、调节功能的源头径流控制设施。在条件允许的情况下，则宜设置初期雨水弃流设施。

(7) 绿地内雨水的地表径流部分应有收集措施，种植区低洼处宜采用盲沟、透水管(板)、土沟、卵石沟、水洼系统等方式收集。

(8) 绿地内硬质场地低洼处，宜采用明沟、雨水口、卵石沟等收集雨水。

(9) 地下建（构）筑物上的绿地，需要设置蓄排水板、透水管等蓄排水设施。

(10) 景观水池需要有泄水、溢水的措施。其中，泄水宜采用重力自流泄空方式，并且放空时间宜为12～48h。溢水管管径应大于补水管管径，并且需要满足暴雨量计算的要求。另外，溢流管路宜设置在水位平衡井中。

(11) 与天然河渠相通的景观水体，需要在连接处设置水位控制等措施。

6.2.13 园林庭院绿化电气的设计

园林庭院绿化电气的设计要求如下。

(1) 居住区绿地用电负荷为三级负荷，供电电源点的布局应根据负荷分布、容量来确定，220V/380V供电半径不宜大于0.5km。

(2) 居住区绿地最大相负荷电流不宜超过三相负荷平均值的115%；居住区绿地最小相负荷电流不宜小于三相负荷平均值的85%。

(3) 居住区绿地中公共活动场所，宜预留备用电源接口。

(4) 居住区绿地景观照明、灯光造景需要考虑生态、环保的要求，并应避免产生对行人不舒适的眩光，以及避免对住户的生活产生不利影响。

(5) 居住区绿地照明可以根据区域、功能分回路采用自动或手动控制。

(6) 居住区绿地的低压配电系统接地方式宜采用TT系统。

(7) 居住区绿地的低压配电系统电源进线处应设接地装置。

(8) 居住区绿地室外安装的配电装置（配电箱）内，需要安装与其相适应的电涌保护器（SPD)。

(9) 居住区绿地中配电装置、用电设备的外露可导电的金属外壳、金属构架、穿线金属管、电缆的金属外皮、灯具的金属外壳、金属灯杆等，均需要可靠接地。

(10) 居住区绿地中公共活动区照明应符合的规定见表6-5。

表6-5 居住区绿地中公共活动区照明应符合的规定

区域	最小平均水平照度 $E_{h,min}$/lx
车行道	15
人行道、自行车道	2

续表

区域	最小平均水平照度 $E_{h,min}$/lx
庭园、平台	5
儿童游戏场地	10

知识小贴士

绿地中配电干线与分支线，宜采用铜芯绝缘电缆。配电线路截面的选择应符合的规定如下。

（1）根据线路敷设方式、环境条件确定的导体截面，其导体载流量不应小于计算电流与根据保护条件所确定的电流。

（2）线路最小截面需要满足机械强度的要求。

（3）线路电压损失需要满足用电设备正常工作和启动时的端电压的要求。

（4）导体需要满足动稳定、热稳定的要求。

6.2.14 栽植土层厚度要求

栽植土层厚度要求见表 6-6。

表 6-6 栽植土层厚度要求

项目	植被类型		栽植土层厚度/cm	必要时设置排水层的厚度/cm
一般栽植	乔木	胸径≥20cm	≥180	40
		胸径<20cm	≥150(深根)，≥100(浅根)。其中北海、钦州、防城港等受台风影响较大区域宜≥120(浅根)	40
	灌木	大、中灌木，大藤本	≥90	40
		小灌木、宿根花卉、小藤本	≥40	30
	棕榈类		≥90	40
	竹类	大径	≥80	30
		中、小径	≥50	30
	草坪、花卉、草本地被		≥30	20
设施顶面绿化	乔木		≥90	30
	灌木		≥45	30
	草坪、花卉、地被		≥15	10

6.2.15 假山工程的基础知识及设计

（1）假山的组成及材料。人们通常所说的假山实际上包括假山和置石两个部分。假山的石料可以分为湖石、黄石、青石、石笋，以及其他石品五大类，每一类又因产地地质条件差异而细分为多种，如图 6-6 所示。

湖石线条浑圆流畅，洞穴透空玲巧，很适宜大型园林叠山及造山水景

(a) 湖石

黄石是一种橙黄色的细砂岩，产地很多。其棱角分明，肌理近乎垂直，雄浑沉实

(b) 黄石

青石是一种青灰色的细砂岩。青石的节面、节理面不像黄石那样规整，不一定是相互垂直的纹理，也有交叉互织的斜纹

(c) 青石

石笋是外形修长如竹笋的一类山石的总称，为变质岩类。常见石笋又可分为白果笋、乌炭笋、慧剑、钟乳石笋等

(d) 石笋

图 6-6 假山石料

假山材料的要求如下。

① 山石种类、大小、重量、形态、纹理，需要依据山体结构、山石组石形式确定，根据工艺要求相石，并且需要符合设计要求。

② 孤赏石需要达到景观艺术要求。

③ 山石挑选需要符合的规定如下。

a. 选用的山石需要大小搭配、质地一致、色泽相近、形态多变、纹理统一、坚实耐压，表面无损伤裂缝和剥落现象。

b. 施工前，需要对现场的自然山石进行清洗，除去表面的积土、杂物，以确保山石整洁无污垢。

c. 山石宜颜色老旧，表面有凹凸，皱褶纹理清晰。

d. 山石宜根据设计要求选择不同产地、不同种类的山石材料。

知识小贴士

(1) 龟纹石——石质属石灰岩、白云岩种类，石块偏扁，有棱角，表面有浅的交错划痕。石色以青灰色、淡黄色为常见。

（2）千层石——石质属白云岩，石块偏矩形、有棱，表面密布横向纹理，石色常见棕褐、青灰，亦有红、黄和黑色。

（3）英石——灰黑色，有的间有白脉笼络。石面形状有巢状、绉状等，石形轮廓多转角，外观线条较硬朗。

（2）假山工程有关术语解说见表 6-7。

表 6-7　假山工程有关术语解说

名称	术语解说
假山	以造景游览为主要目的，充分结合其他多方面的功能作用，以土、石等为主要材料，以自然山水为蓝本并加以艺术的提炼和夸张，是人工再造的自然景物的通称
掇山	用自然山石掇叠成假山的工艺过程，包括选石、采运、相石、立基、堆叠中层、结顶等工序
置石	以石材布置成自然露岩景观的造景手法。置石还有挡土、护坡和作为种植床或器设等实用功能，同时用以点缀风景园林空间
假山瀑布	以山石为造型，出水落差在 1m 以上的人造景观
登山道	用山石砌作的台阶或游步道
山石驳岸	沿河、湖、池、溪流岸线，用山石自然地堆砌护岸
勾缝	假山叠石的自然山石或其他复合材料之间的空隙，经填、塞、嵌实后进行涂刷处理的工序
壁山	用定制的铁件爬钉将自然山石固定或悬挂于墙体上的假山
刹垫	用石块填塞山石与基面间的受力空隙

（3）假山的类型。假山根据所用材料、规模大小，可分为土包山、石包山、掇山小品等；根据位置、功能的不同，还可分为厅山、壁山、池石等。具体如图 6-7 所示。

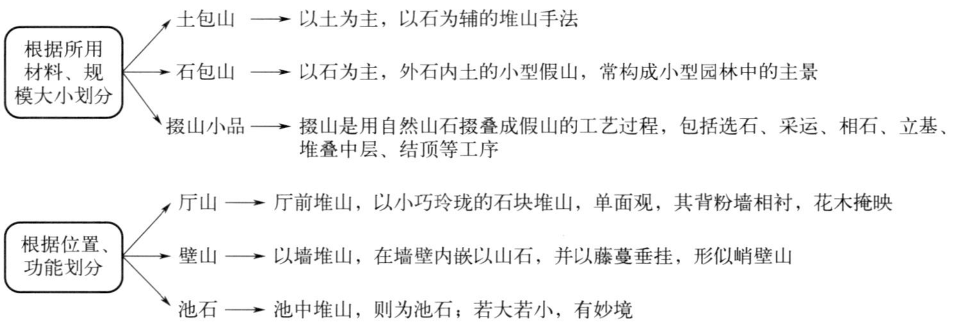

图 6-7　假山的类型

知识小贴士

建造假山应遵循的最根本的法则是：有真为假，做假成真；相地合宜，造山得体；先立主体，次相辅弼；远观山势，近看石质；寓情于石，情景交融。

（4）假山的设计。假山的设计可以借鉴山水画的构图章法，吸纳诗词等对山水景点布局与形态的描写。假山的设计需要与周边环境相协调，风格风貌、颜色质感应与建筑环境协调一致。同时还需要充分利用现有地貌、建（构）筑物、植被，体现景点特色。

假山设计的要求见表 6-8。

表 6-8 假山设计的要求

项目	要求
屋顶、车库顶板等处设置假山	①屋顶、车库顶板等处设置假山时，必须满足屋顶、车库顶板等处的荷载要求。 ②绘制方案现状图时，应勘察设计区域的环境、场地条件，并且在平面图上标出地形、古树名木、地下管线等限制性地物。 ③绘制方案平面图时，需要标注清楚山体主峰、配峰、次峰、出水口位置、组合布局、分层轮廓，山体附属建筑与主要配置苗木名称、规格。 ④绘制方案立面图时，需要以底面为基线，并且标注清楚山体主峰、次峰、配峰、出水口位置、分层分体形态与标高。 ⑤方案效果可以用数字模型图、手绘图等形式展示，并且图面需要配有可做对比和参照的地形、地物。 ⑥中型、大型假山宜用模型展示效果。 ⑦方案说明应包括现状分析、设计思路、假山主次体布局、山体架构、附属建(构)筑物设置、山石与其他各类材料的数量和质量要求及水电配套与植物栽植要点
假山配套水电设计	①假山配套水电设计需要根据假山设计因地制宜布置水景、照明。 ②假山配套水景用水宜循环使用。采用循环系统的补充水量，需要根据蒸发、飘失、渗漏、排污等损失确定。 ③假山配套水泵选择需要根据设计瀑布水量、流速、实际提升高度来确定，并且考虑系统所有的水头损失。 ④假山水体的水下照明，需要注意光源的色彩变化，并且照明方式需要与周边环境协调
假山植物配置的设计	①植物栽植需要衬托假山、丰富层次、烘托气势，并且融入整体环境。 ②主面间的植物栽植，需要显露石体脉络，可以利用植物与石体在形态及质感上的对比增强观赏效果。 ③山体背景植物栽植，需要与周围树木融合，并且留出远近树冠梯度层次。 ④山体及周边植物栽植，需要有利于提升整体观赏效果
假山结构施工图设计编制	①假山地基基础结构承载力、稳定性，需要经过验算，并且具备足够的安全性，以及采取合理的地基加固措施。 ② 基础结构图需要标注基础剖面各结构层的做法、尺寸。 ③山石假山架构需要以剖面显示底段、上段、顶段山石拼合与叠接的体态。 ④叠石体贴包墙、柱，需要绘制剖面图、节点详图，并且标明叠石体与墙、柱及壁面的连接方式
假山水电施工图设计编制	①假山水电电气施工图应包含灯光设计、电气设备布置。 ②假山跌水系统需要有给水管道、排水管道，并且水泵选择及其流量需要满足水景设计效果。 ③假山水电跌水平台处，需要设置补充水管、溢水管、泄水管等管道，周围宜设排水设施。 ④假山水电泵房位置，需要设于隐蔽的通风防潮处，并且易于检修且偏离游赏点。 ⑤假山水电潜水泵宜选用污水泵，并且潜水泵井的尺寸应方便检修。 ⑥潜水泵电缆需要采用防水型电缆，并且控制开关需要采用漏电保护开关
假山植物种植施工图设计编制	①需要在方案基础上根据假山施工图优化植物种植设计，注意遮挡水电管线。 ②植物种植宜依据假山场景选择符合意境需求的植物品种。 ③石体间的植物宜根据石体形态选择，乔木宜为丛生树或虬枝独树类，灌木宜为小叶密聚或疏枝通透类，地被宜为匍匐与攀缘类植物

6.3 “好房子”之园林庭院施工

6.3.1 园林绿化工程的分部分项工程

园林绿化工程主要包括园林绿化植物栽植、地形整理、园林设备安装、单层配套建筑、小品、花坛、园路、水系、驳岸、喷泉、假山、雕塑、绿地广场、园林景观桥梁等施工，涉及土方工程、园林筑山工程（如掇山、塑山、置石等）、园林理水工程（如驳岸、护坡、喷泉等）、园路工程、园林铺地工程、其他造景工程、植物种植和养护作业工程等。

园林绿化工程的分部（子分部）工程、分项工程的划分见表6-9。

表6-9 园林绿化工程的分部（子分部）工程、分项工程的划分

子单位	分部/子分部工程		分项工程
绿化种植	种植基础	一般性基础	整理场地、地形整理（土山、微地形）
		架空绿地构造层	防水隔根、排（蓄）水设施
		边坡基础	锚杆、防护网安装、挂笼砖
	种植	大规格苗木移植	掘苗、种植穴、栽植
		坡面绿化	喷播、栽植、分栽
	养护	苗木养护	围堰、支撑、浇灌水、树木修剪、植物保护
		古树复壮	利水透气、修补洞穴、保护
园林景观构筑物	地基基础	无支护土方	土方开挖、土方回填、混凝土模板、钢筋、混凝土
		地基及基础处理	灰土地基、砂和砂石地基、碎砖三合土地基、卵石基础
		混凝土基础	模板、钢筋、混凝土
		砌体基础	砖砌体、混凝土砌块砌体、石砌体
		桩基	混凝土预制桩、混凝土灌注桩
	主体结构	混凝土结构	混凝土模板、钢筋、混凝土
		砌体结构	砖砌体、石砌体、叠山
		钢结构	钢结构焊接、紧固件连接、单层钢结构安装、钢构件组装
		木结构	方木和圆木结构、木结构防护
	装饰	地面	水泥混凝土面层、砖面层、石面层、料石面层、木地板面层
		墙面	石材、砖、金属面板
		顶面	玻璃、采光板
		园林简易设施安装	果皮箱、路椅、牌示、雕塑、园林护栏
		涂饰	水性涂料涂饰、溶剂型涂料涂饰、美术涂饰
园林铺地	地基及基础		混凝土基层、灰土基层、碎石基层、砂石基层
	面层		砖面层、料石面层、花岗石面层、卵石面层、木铺装面层、路缘石

续表

子单位	分部/子分部工程	分项工程
园林给排水	园林给水	土方开挖、土方回填、管沟、井室、管道安装
	园林排水	排水盲沟、管道安装、沟、井室
园林用电	电气动力	①配套电柜、控制柜、动力照明配电箱及控制柜安装。 ②低压电动机接线,低压电气动力设备检测、试验、空载试运行。 ③电缆导管和线槽敷设,电线、电缆穿管和线槽敷设。 ④电缆头制作,导线连接和线路电气试验。 ⑤插座、开关、风扇的安装
	电气照明安装	

6.3.2 绿化工程施工流程图与施工步骤

绿化工程施工流程图如图6-8所示。绿化工程施工主要步骤的要求与特点见表6-10。

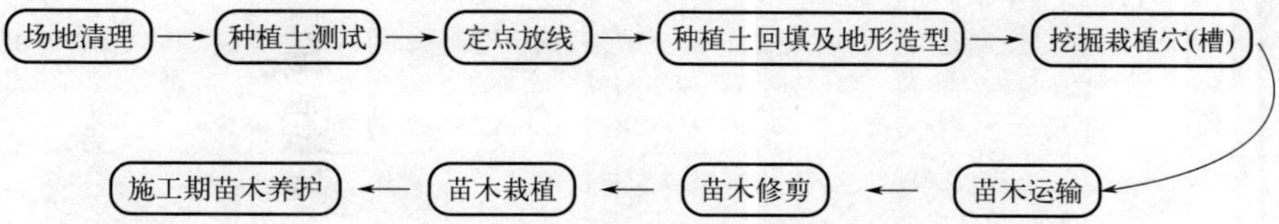

图6-8 绿化工程施工流程图

表6-10 绿化工程施工主要步骤的要求与特点

项目	要求与特点
种植土回填与地形造型	①根据设计文件的控制点坐标放线,固定控制桩,标记标高。 ②造型土根据设计文件要求进行均匀摊铺、夯实。覆土较厚时,由下到上、由高到低逐层压实。 ③回填种植土根据设计文件要求进行均匀摊铺、适度夯实或自然沉降,从而达到基本稳定。 ④根据设计文件要求进行找坡、找平,以确保地形排水通畅、曲线流畅、衔接顺畅
挖掘栽植穴(槽)	①对栽植穴(槽)进行定点定穴(槽),栽植穴定位中心点位置,栽植槽定位边线,栽植穴(槽)的大小根据苗木根系、土球大小、土壤等情况确定。 ②栽植穴(槽)开挖时,穴、槽应垂直下挖,上口下底相等,底部平整。树穴形状为圆形或方形,树槽形状为长条形。 ③开挖后,观察种植穴(槽)积水、透水透气性、土壤环境等。如果不符合要求,则采取排水、疏松土壤、消毒消杀等措施
苗木栽植	①苗木到场验收合格后才能够施工,并且需要及时栽植。其中,乔灌木到场后3h内完成栽植,地被草皮等苗木到场后5h内完成栽植。 ②栽植时间可根据天气情况、苗木习性等适当调整,未能及时栽植的苗木应及时进行假植。 ③根据“大乔木→中、小乔木→灌木→地被→草皮”的顺序施工。 ④乔灌木定植保持树干、树形垂直或重心平衡,根据景观需求调整观赏面。 ⑤苗木栽植时,拆除苗木土球包裹物,涉及大树种植时设置积水、透气观察管,将种植土和基肥拌匀,种植土放置在根系周围,分层踏实。 ⑥根据立地条件、苗木规格及时进行苗木支撑,乔木采用四角支撑,增加横杆加固,在支架固定处对树干进行包裹保护处理。 ⑦针叶常绿树的支撑高度不低于树木主干的2/3,落叶树支撑高度为树木主干高度的1/2,支撑材质、朝向、高度应统一。 ⑧种植土回填完成并做好苗木支撑后,及时在栽植穴周围筑高10～20cm的围堰,做好拦水树盘。 ⑨苗木栽植完成后6h内,浇灌定根水,在浇透水后及时封堰

6.3.3 园路、广场铺装工程的施工

园路、广场铺装工程的施工，需要根据设计文件中的控制点坐标放线，先放中线，再在铺装边缘固定控制桩，标记标高。另外，园路、广场的弧线应顺畅自然。园路、广场铺装工程的地基需要根据设计文件进行开挖。开挖完成后，应保持地基表面干净、无杂物，并完成与基层有关的管线、埋件等的安装工作。

园路、广场铺装工程的基层施工见表6-11。

表6-11 园路、广场铺装工程的基层施工

项目	施工要点
柔性、半刚性基层施工	①铺设前，地基表面适量洒水，并且保持湿润。 ②根据线形由一端向另一端分段铺设，并且摊铺均匀。 ③分段施工时，接头处做成斜坡，并且每层错开，充分压实。 ④夯实或碾压前，需要根据砂石基层的干湿程度、气候条件均匀洒水，并且洒水量以全部砂石湿润、表面无积水为宜。 ⑤基层一般需要采用机械碾压，并且碾压顺序由低处到高处，交错重叠碾压到表面平整且坚实。 ⑥机械碾压边角不到位处，可以用小型机械或人力夯实。 ⑦最后一层夯压密实后，表面应拉线找平，并且高程需要符合设计等要求
刚性基层施工	①安装模板，根据坡度、形状的要求安装设置。 ②根据设计文件要求，进行钢筋绑扎。 ③混凝土浇筑前，洒水湿润地基、湿润模板。 ④混凝土浇筑时，根据线形由一端开始向另一端，并且连续浇筑。 ⑤连续浇筑面积较大时，则需要分区段进行浇筑。分区段应结合变形缝位置来进行划分，并且与设置的纵向、横向变形缝的间距一致。停歇时间过长，则应按施工缝来处理。 ⑥混凝土浇筑后，需要及时振捣，做到不漏振。 ⑦混凝土振捣密实后，应搓平刮平。 ⑧已浇筑完的混凝土，终凝后需要覆盖、洒水湿养。 ⑨混凝土强度符合设计等要求后，才可以拆除模板

园路、广场铺装工程的面层有砖面层、料石面层、石质板材面层、木铺装面层、透水水泥混凝土面层、透水胶粘石面层等不同种类，其中块料面层施工的工序如下。

（1）园路放样时应设中线、边线、高程控制点。广场放样需要设纵向、横向方格网和高程控制点。

（2）排砖需要从纵向、横向两个方向排好尺寸。如果尺寸不足整砖模数，则可裁割。如果尺寸相差较小时，则可调整缝宽，但缝宽不得超出设计等要求。

（3）拉线冲筋，在排砖的基础上做好基准控制点，并且在基准控制点间拉控制线。另外，根据场地大小分段、分块施工，园路冲筋时，在每段的两端各铺一排砖。广场冲筋时，则在每块场地中纵横各铺一排砖，以此作为标准进行铺设。采用碎拼石板时，先在碎拼石板外边线处冲筋，然后由外向内铺石板。

（4）铺设结合层厚度需要符合设计等要求。结合层铺设面积的大小需要根据采用材料的大小与铺砖速度来确定，并且需要随铺结合层随铺砖。嵌草砖铺设以粗砂、沙壤土为结合层，其厚度需要满足设计等要求。

（5）铺砖时，砖上沿着控制线找正找直，铺好后敲实。

（6）根据设计等要求的材料进行扫缝、勾缝，填实灌满后，把面层清理干净。

（7）砖铺完 24h 内，应洒水养护，时间不少于 7d。

6.3.4 石质板材面层工程的施工

园林铺地石质板材面层工程施工所用的石质板材面层的材质、品种、规格、颜色应符合设计等要求，强度等级不应低于 MU30。

工程施工所用的水泥，宜采用硅酸盐水泥、普通硅酸盐水泥、矿渣硅酸盐水泥，其强度等级不宜小于 32.5。

工程施工所用的砂子，宜选用粗砂或中砂，含泥量不大于 3%。

园林铺地石质板材面层工程施工工艺流程如图 6-9 所示。园林铺地石质板材面层工程施工主要步骤及要求见表 6-12。

1 测量放样 → 2 排砖 → 3 拉线冲筋 → 4 铺设结合层 → 5 铺砌石材 → 6 扫缝/勾缝 → 7 养护

图 6-9 园林铺地石质板材面层工程的施工工艺流程

表 6-12 园林铺地石质板材面层工程的施工主要步骤要求

项目	施工要点
拉线冲筋	①在排砖的基础上标记好基准控制点，在基准控制点间拉控制线，并且做铺装样板条（冲筋）。 ②根据场地大小分段、分块施工，道路冲筋在每段的两端各铺一排砖，广场冲筋在每块场地中纵横各铺一排砖，以此作为标准进行铺设。 ③碎拼石板需要先在碎石板外边线冲筋，由外向内铺石板
铺砌石材	①以干硬性砂浆作为结合层时，试铺找平后在其上洒素水泥浆。 ②铺砌时，石质板材上沿控制线找正找直。 ③石质板材铺好后用橡皮锤敲实。 ④冰裂纹碎拼石板的每块石板都需要经过试拼、画线、切割，并且板缝需要均匀一致，达到设计要求后才能够正式镶铺
扫缝或勾缝	①根据设计等要求对材料进行扫缝、勾缝，填实灌满后，将面层清理干净。 ②碎拼石板勾缝时，灰缝深浅需要一致。如果设计无要求，则需要做成凹缝，深度为 4～5mm
养护	石质板材铺完后需要洒水养护，时间不少于 7d

知识小贴士

施工时，基层需要清理干净。结合层采用干硬性砂浆时，需要随铺随撒一层素水泥浆。铺设前应拉通线，铺设时用水平尺和直尺找平，要随线铺设，并且每铺完一行后立即再拉通线检查缝隙是否顺直。大面积地面石材的变形缝，需要根据设计要求设置，变形缝需要与结构相应缝的位置一致，并且应贯通地面的各构造层。变形缝的宽度需要符合设计等要求，缝内清理干净，以柔性密封材料灌缝后勾缝，并且需要与面层齐平。

6.3.5 卵石面层工程的施工

（1）园林铺地卵石面层工程施工中的材料要求如下。

① 卵石——规格、品种、质量、颜色应符合设计等要求。

② 水泥——宜选用普通硅酸盐水泥、硅酸盐水泥、矿渣硅酸盐水泥，其强度等级不宜小于 32.5。

③ 砂——粗砂或中砂，含泥量不大于 3%。

（2）园林铺地卵石面层工程的施工作业条件如下。

① 已按规定完成基层检验工作，并且已形成隐蔽工程验收记录。

② 基层上的杂物、浮土、积水等应清除干净，表面应整洁并洒水湿润。

③ 尺寸、高程、伸缩缝位置已根据设计等要求确定好。

④ 将不同大小、不同形状的卵石分类堆放，以便使用。

⑤ 卵石在使用前，需要清洗干净，将地膜铺设在卵石部位的侧边，以防止对周围铺装的污染。

⑥ 提前调配好水泥砂浆的稠度。

⑦ 铺卵石前，需要对相邻铺装或路缘石表面的边缘粘贴胶带进行保护。

园林铺地湿铺卵石的操作工艺流程如图 6-10 所示。湿铺卵石操作工艺流程的主要步骤要求见表 6-13。

1 测量放样 → 2 拉线 → 3 铺砂浆 → 4 卵石铺设 → 5 找平 → 6 灌浆 → 7 养护

图 6-10 园林铺地湿铺卵石的操作工艺流程

表 6-13 湿铺卵石操作工艺流程的主要步骤要求

项目名称	步骤要求
拉线	根据设计等要求拉出高程控制线
铺砂浆	①根据场地面积大小可分段、分块进行铺设。水泥砂浆的配合比根据设计要求，水泥和砂比例宜为 1∶2.5，强度等级不应低于 M10。 ②砂浆的铺设厚度应超过卵石高度的 2/3。 ③砂浆表面标高宜略低于卵石面层设计标高 10～20mm，并且用抹子抹平
卵石铺设	①将卵石垂直压入水泥砂浆中，石子上表面略高于设计高程 3～5mm，并且相邻卵石粒径大小需要搭配合适，卵石间的缝隙宽度保持在 5～15mm，以及卵石镶嵌深度需要大于竖向粒径的 1/2。 ②卵石的光滑圆润面向上。作为健身步道使用时，宜竖向嵌入砂浆中；作为庭院、园路使用时，宜横向嵌入砂浆中。 ③卵石排列间隙的线条，需要呈不规则的形状，不应码成十字形或直线形。 ④卵石排列的疏密，需要保持均衡。如果设计有纹样，则需要根据纹样铺设。 ⑤卵石厚度小于 20mm 的扁形石子不应平铺
找平	①每铺完一排石子，长度不宜大于 1m，然后将木杠尺平放在石子上，再用橡皮锤敲击木杠尺，振实砂浆并且使卵石表面达到设计高程。 ②栽卵石需要边铺浆、边栽卵石、边找平

续表

项目名称	步骤要求
灌浆	水泥砂浆结合层初凝前，在卵石面层均匀撒布5mm厚干水泥，再用喷雾器将卵石表面喷洗干净，确保干水泥喷透喷匀
养护	卵石面层工程完工后，需要立即封闭交通并覆盖面层，洒水养护不少于7d

园林铺地干铺卵石操作工艺流程如图6-11所示。干铺卵石操作工艺流程的主要步骤要求见表6-14。

1 测量放样 → 2 拉线 → 3 铺干灰 → 4 卵石铺设 → 5 覆干灰 → 6 洇湿 → 7 养护

图6-11 园林铺地干铺卵石操作工艺流程

表6-14 干铺卵石操作工艺流程的主要步骤要求

项目名称	步骤要求
拉线	根据设计要求拉出高程控制线
铺干灰	①根据场地面积大小可分段、分块进行铺设。 ②可以将干燥的水泥与黄砂按照1∶1.5的比例搅拌成干灰，铺成路面
卵石铺设	将卵石压入干灰中，相邻卵石粒径大小需要搭配合适，卵石间的缝隙宽度需要保持在5～15mm之间
覆干灰	每铺完一块石子，覆上一层按1∶1比例搅拌好的干灰，并且用笤帚轻轻地抹扫均匀
洇湿	①用洒水壶冲洗卵石路面，并且确保卵石露出部分洁净，直到路面薄薄积起一层水为止。 ②洇湿时需要做到均匀洇湿，提壶不宜过高，以避免溅起泥浆
养护	卵石面层工程完工后，需要立即封闭交通并且覆盖面层，洒水养护不少于7d

知识小贴士

铺卵石面层的结合层宜采用水泥砂浆，砂浆需要随用随拌。栽卵石过程中，不应扰动已栽好的卵石。栽好的卵石被挤出后，需要立即修复，并且做到随栽随找平。伸缩缝位置需要设置在道路转角处、道路宽度明显变化处，且间距不大于6m。

6.3.6 景石安装工程的施工

景石安装工程的施工要求见表6-15。

表6-15 景石安装工程的施工要求

项目	施工要求
选石	①所选用景石的石种、块面、色泽、纹理、规格等需要符合设计要求。 ②石质应满足坚实、无风化、无损伤、无裂痕、表面无脱落等要求
景石安装	①施工前，做好技术安全措施。 ②施工时，先进行轮廓放样，再进行起脚。假山、叠石、山洞、台基、峰石等应在基础范围内。 ③景石根据设计要求和现场环境，以及景石本身的规格、块面、色泽、纹理进行布置。布置安装时需要掌握重心，并且形态要自然完整。 ④对景石安装的景观效果进行检查，如有必要应进行调整。 ⑤景石安装后，石块间缝隙需填塞、嵌实，最后采用水泥砂浆进行勾缝，并且勾缝需要自然平整、无遗漏

6.3.7 假山工程的施工

假山工程的施工要点见表 6-16。

表 6-16 假山工程的施工要点

项目	施工要点
假山基础施工	①基槽开挖前，需要根据设计图测量、复核地基的平面位置与标高。 ②基槽开挖后，需要及时组织验槽，以避免遭雨水淋湿与浸泡。 ③地基承载力无法满足设计要求时，则必须采取措施提高地基承载力，达到设计要求后方可施工。 ④假山设置在既有建（构）筑物顶部的，需要根据设计要求对施工方案进行荷载验算
假山基础层施工	①假山基础层施工，需要在地基验收完成后进行。 ②假山基础各结构层所采用材料的品种、规格、厚度、质量、标高、平整度等需要符合设计要求。 ③假山基础承载力需要大于山石总荷载的 1.5 倍。基础需要低于地平面 30cm，其面积应大于假山底面积，外沿宽出 50cm。 ④假山设在陆地上，需要选用 C20 以上混凝土制作基础。 ⑤假山设在水中，需要选用 C25 混凝土或不低于 M7.5 的水泥砂浆砌石块制作基础。 ⑥不同地势、地质有特殊要求的可做特殊处理
假山中层施工要求	①上下层山石间，需要错缝叠压、摆放稳固、纹理统一。 ②山石堆栈需要保持重心稳定，结构承重用石材需要有足够的强度。 ③山体最外侧峰石底部，需要灌注 1∶2 水泥砂浆，并且每块山石的刹石不应少于 4 个受力点，同时刹石不应外露。 ④中层内、外置石的靠合要求与底层相同，内置石需要高于外置石或不低于外置石高度的 1/2。 ⑤横向挑出的山石后部配重不少于悬挑重量的 2 倍，压脚石需要确保牢固，黏结材料需要满足强度要求。 ⑥叠石或置石放置时，最佳观赏面需要朝向主要视线方向，并且具有观赏性、整体性、稳定性。 ⑦各类辅助加固构件的承载力、数量，需要保证达到山体的结构安全与艺术效果要求，并且铁件表面需要做防锈处理。 ⑧山石的外形艺术处理，需要做到石不宜杂、纹不宜乱、块不宜匀、缝不宜多，形态需要自然完整，纹理需要自然流畅
假山底层施工要求	①底层施工需要在基础、水电管线预埋完成并通过验收后进行。 ②底层山石需要明确主峰、次峰、配峰、岩壁瀑布、登山道、山洞信道位置。安装时，需要做到统筹向背、断续相间、曲折错落、连接互咬。 ③底层外置石需要与内置石挤靠咬合，并且内置石需要高于外置石。 ④底层外置石需要与内置钢筋混凝土结构体表面抵贴，与预留外露钢筋勾搭。 ⑤底层石材需要坚实耐压，并且以横置为主，不得采用风化石块。 ⑥底层山石上部需要找平，并且塞垫需要平整稳固
假山顶层施工要求	①假山顶层山石宜选用体量较大、轮廓与体态富有特色的山石。 ②假山顶层施工需要自后向前、由主及次、自上而下地分层作业。严禁在未达到要求的强度前施工，以免影响胶结料强度等。 ③假山顶层山石堆栈时，需要顺应山体气势和形态，与中段山体构成稳定重心。 ④假山顶层山石需要主、次、宾布局合理，并且错落有致。 ⑤假山顶部管线、水路、孔洞需要预埋、预留，事后不得凿穿
壁山施工要求	①壁峰不宜过厚，与墙体脱离的部分需要有可靠的排水措施。 ②墙体内需要预埋铁件钩托石块，以保证稳固

续表

项目	施工要点
假山构造层要求	构造层有明确设计要求的需要根据设计图纸施工，如果设计无明确要求的，则宜符合下列规定。 ①山石堆栈到一层大山石或两层小山石高度时，需要设一道钢筋混凝土构造层。 ②混凝土强度宜用C30以上的商品混凝土，并且构造层混凝土不得外露于山体
假山勾缝施工要求	①山石与山石挤靠咬合出现的缝隙，需要先填塞、连接、嵌实。 ②勾缝的水泥砂浆，需要按1∶2的比例配制。 ③勾缝材料色泽应与山石材料相近。 ④勾缝需要做到自然平整、无遗漏。 ⑤明缝宽度不宜超过20mm，暗缝应凹入石面15～20mm。 ⑥勾缝24h后，需要进行喷水养护。 ⑦一般水平向宜勾明缝，需要时将竖缝勾成暗缝
假山置石工程施工要求	(1)置石工程应符合下列规定。 ①置石基础应稳固，埋入土中深度不少于5cm。 ②置石石材、石种需要统一，并且仿效自然形态，整体要协调。 ③置石有特置、对置、群置、散置、山石器设等布置形式，其材质、形态、造型均需要符合设计要求。 (2)特置山石需要符合的规定如下。 ①需要选择体量较大、色彩纹理奇特、造型轮廓突出、具有动势的山石。 ②石高与观赏距离的比例需要保持在(1∶2)～(1∶3)之间。 ③单块高度大于120cm的山石与地坪、墙基贴接处，需要用混凝土窝脚，也可以采用整形基座或坐落在自然的山石面上。 (3)对置、群置、散置山石需要符合的规定如下。 ①对置山石需要以两块山石为组合，并且互相呼应。 ②群置山石需要主从有别，搭配适宜，并且宜遵从石之大小、石之高低、石之间距三不等标准。 ③散置山石可以分为两种形式：一种宜主次分明，有聚有散，有断有续，层次分明，疏密有致，彼此呼应；另一种形式宜山石疏密相间，随意布置成自然状态
假山山洞施工要求	①山洞顶盖石与侧壁上端搭接长度不应小于20cm，盖石厚度为30～40cm，长度不应大于350cm，表面不得有纵向或横向浅细裂缝。 ②山洞地坪到洞顶净高不得低于220cm。 ③山洞侧壁通风口、采光口处的镶贴石，需要防止雨水由石面浸入内部。 ④山洞地面需要防滑，并且与侧壁交接处需要设置排水设施
假山登山道施工要求	①登山道的走向需要自然，踏步铺设需要平整牢固，并且以自然石为最佳。 ②踏步高度以14～16cm为宜(自然石台阶除外)，高度不得大于25cm，宽度不应小于30cm。 ③自然石台阶可灵活设置，需要保证能正常行走并确保安全
假山瀑布施工要求	①瀑布供水管出水口，需要根据水流强度与流向，接弯头、盖压石块或罩镀锌网。 ②瀑布供水管出水口与石壁跌水间，需要设汇水槽和水池，以避免水流长期冲刷导致渗漏。汇水槽、汇水池用碎石块径、砂浆比例需要符合设计要求。 ③瀑布出水量需要符合设计要求，下水形成瀑布状，并且符合设计的景观艺术效果。 ④瀑布跌水不应飞溅到铺地、园路、栽植槽
假山驳岸汀步施工要求	①驳岸叠石基础处理，需要符合设计要求，并且驳岸叠石宜从最低水位线以下30cm处开始放置。 ②驳岸叠石需要根据地形因地制宜，减缓雨水冲刷，同时具备防护功能。 ③自然驳岸叠石，需要与水生植被种植槽结合，体现自然感，同时应与周边环境协调。 ④汀步安置需要稳固、面平整。如果设计无要求时，汀步边到边距不应大于30cm，高差不宜大于5cm

续表

项目	施工要点
假山配套水电施工要求	(1)管线施工需要符合的规定如下。 ①管道位置、标高需要符合设计要求。 ②穿越石体的管线需要预留套管，不得在山石堆栈后穿凿。 ③供水管线在回土覆盖或包封前，需要进行水压试验、管道冲洗。 ④水管、套线管穿过池壁，需要加阻水垫圈、防水套管。 ⑤照明、音响设备电缆、电源电压、灯具接线，需要符合设计及国家现行有关标准规定。 (2)管线井、蓄水池、水泵、控制箱施工需要符合的规定如下。 ①检查井、接线井、泵坑、蓄水池的标高，以及侧壁砖砌体强度、底板混凝土强度需要符合设计要求。 ②管线井内不积水，需要满足相应设备对工作环境的需求。 ③控制箱、漏电保护控制开关，需要符合设计及国家现行有关标准规定。 (3)调试与运行需要符合的规定如下。 ①调试运行前，泵坑、水池、管道需要冲洗。配电箱接线需要标注控制系统回路。 ②灯具、音响、雾喷、瀑布的调试，需要连续运行不少于 24h
假山植物栽植施工要求	(1)植物栽植准备工作需要符合的规定如下。 ①假山施工中宜预留足够的种植空间。 ②假山栽植穴、槽内，乔木、灌木、地被、草坪的栽植土有效土层厚度需要满足植物生长要求，并且填土表面需要低于石围表面 3～5cm。 ③植物配置表中选用的植物材料、图纸中标注的栽植点位，需要在现场核对，并且做到适地适苗。 (2)植物栽植施工需要符合的规定如下。 ①假山主体背面宜栽植大乔木，以绿量衬托山体，并且注意与周围林冠线衔接。 ②假山石体表面石穴、石窝、缝隙内，宜栽植耐旱、耐修剪的植被。 ③假山石体底面地被栽植宜丛植、群植，并且应做到黄土不裸露。 (3)植物栽植后的修剪需要符合的规定如下。 ①苗木修剪需要根据栽植点位置与假山造型制定修剪方案，并且通过修剪控制或促进苗木长势，达到苗木预设形态。 ②假山正面、侧面孤植或特选的乔灌木宜适度抽去徒长枝、交叉枝，需要根据苗木造型培育枝芽生长点。 ③假山侧面、背面以组团方式栽植的成丛、成群的乔灌木，需要维持组合形态。 ④假山底层地被修剪，需要根据地被习性与形态特点采用控制密度修剪、分批修剪等方式，以避免因重度修剪出现视觉空洞。 ⑤匍匐与攀缘类植被修剪，需要控制覆盖石体表面的形态、面积

掇山造型手法的三十字诀为："安连接斗挎（跨），拼悬卡剑垂，挑飘飞戗挂，钉担钩榫扎，填补缝垫杀，搭靠转换压。"具体解读分析如图 6-12 所示。

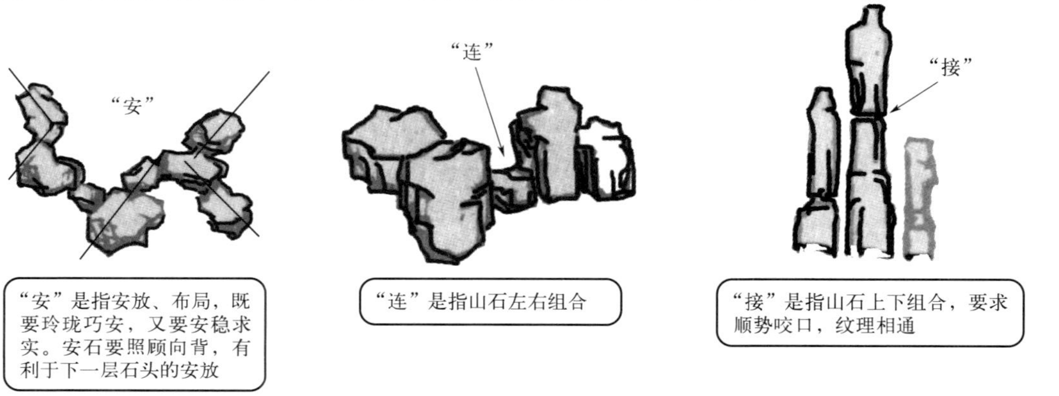

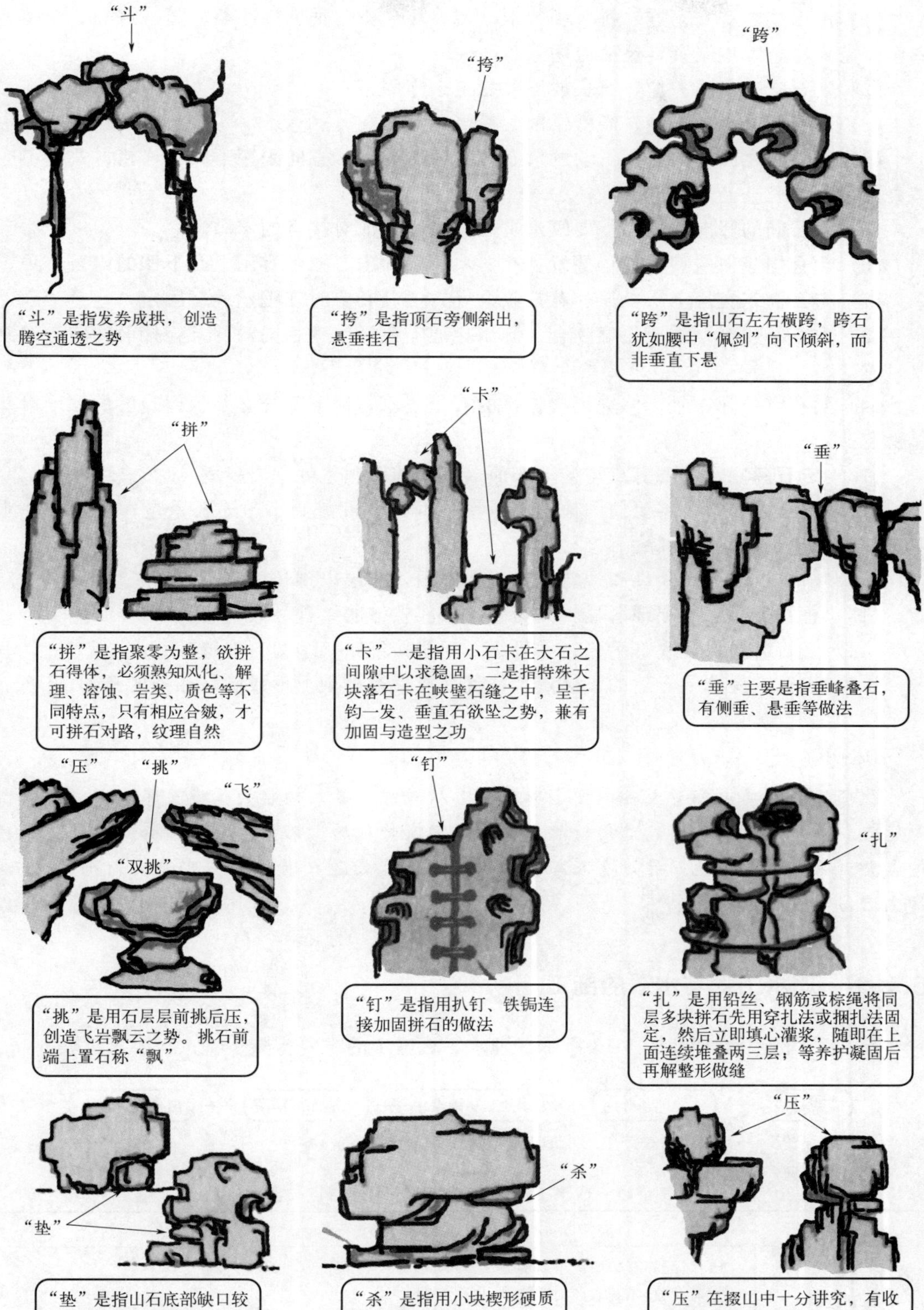

图 6-12 掇山的造型手法

（1）掇山技法有安、连、拼、剑、卡、接、斗、挎、垂、挑、叠、竖、撑等，在施工操作中需要注意因地制宜，灵活应用。

（2）安石宜突出巧、形，石块放置要稳定、牢固。

（3）连石间宜大小不同、高低错落、横竖结合。

（4）石与石之间需要根据石块的形态、轮廓、棱角、方向采用不同的连接方式，不应平直连接。

（5）山石间的竖向衔接，需要纹理贯通，并且保证对接点的牢固。

（6）斗宜用竖向造型石进行叠置，在两块不同的山石上部宜用上凸下凹的山石压顶。

（7）挎石固定宜用上层叠压、茬口咬合等方法，必要时加钢丝缠绕固定。

（8）山石间相拼，需要轮廓吻合、脉络相通、色泽纹理相同，并且连接面间转势过渡要自然。

（9）剑石宜单独布景，渲染挺拔雄伟的石景气氛，地下部分必须保留足够的深度以确保稳定。

（10）卡石两侧，需要有点与被卡石面卡紧，辅助刹垫处理要稳固。

（11）垂石放置时，需要稳固地连接石块。垂石重量需要小于连石重量，支撑须在水泥砂浆胶结达到终凝后拆除。

（12）横挑石需要无断裂和裂缝并且质地坚固，每层出挑长度宜为山石长度的1/3。

（13）叠石需要水平层理明显，并与叠山层次整体的纹理一致。

（14）竖石需要保证底部平稳，并且组石间拼接细腻，多留自然缝隙。

（15）撑石需要选取合适的支撑点，并且加撑后在外观上形成脉络相连的整体。

知识小贴士

收顶的山石要求体量大，以便合凑收压。从外观上看，顶层的体量虽不如中层大，但是能起到画龙点睛的作用。选用轮廓、体态均富有特征的山石。收顶一般分峰、峦、平顶等类型。收头峰势因地而异，有北雄、中秀、南奇、西险之称。单体形象有仿山、仿云、仿生、仿器设之别。

6.3.8　理水工程与水景的施工

理水工程施工流程如图6-13所示。理水工程施工的主要步骤、特点与要求见表6-17。

定点放线 → 水池地基开挖 → 水池基层铺设 → 水池面层铺设 → 园林驳岸砌筑

图6-13　理水工程施工流程

表6-17　理水工程施工的主要步骤、特点与要求

步骤	施工工序要求
水池基层铺设	（1）级配碎石垫层铺设时的施工工序如下。 ①铺设前，地基表面适量洒水，保持湿润。 ②根据线形由一端向另一端分段铺设，摊铺要均匀。 ③分段施工时，接头处做成斜坡，并且每层错开，充分压实。

续表

步骤	施工工序要求
水池基层铺设	④夯实或碾压前，需要根据砂石基层的干湿程度、气候条件均匀洒水，并且洒水量应使全部砂石湿润、表面无积水。 ⑤基层采用机械碾压，顺序由低处到高处，并且重叠碾压到表面平整、坚实。边角不到位处，可以用机械或人力夯实。 ⑥最后一层夯压密实后，表面拉线找平，并且高程应符合设计等要求。 (2)根据设计文件要求预埋各种预埋件，穿过池壁、泄底的管道需要采取防渗漏措施。 (3)混凝土底基层浇筑时的施工工序如下。 ①安装模板应根据坡度、形状的要求安装设置。 ②混凝土浇筑前，洒水湿润地基、模板，从一端开始浇筑混凝土，并且连续浇筑。 ③混凝土浇筑后，及时振捣，并且做到不漏振。 ④混凝土振捣密实后刮平、搓平。 ⑤已浇筑完的混凝土，终凝后需要覆盖、洒水湿养。 (4)钢筋混凝土池底基层浇筑时的施工工序如下。 ①安装模板，根据坡度、形状的要求安装设置。 ②根据设计文件等要求进行钢筋绑扎。 ③混凝土浇筑前，洒水湿润地基、模板，从一端开始浇筑混凝土，并且连续浇筑。如果连续浇筑面积较大，则分区段进行浇筑，分区段结合变形缝位置进行划分，并且与设置的纵向、横向变形缝的间距一致。如果停歇时间过长，则按施工缝处理。 ④混凝土浇筑后应及时振捣，做到不漏振。 ⑤混凝土振捣密实后刮平、搓平。 ⑥已浇筑完的混凝土，终凝后需要覆盖、洒水湿养。 (5)钢筋混凝土浇筑完成后，先进行防水层铺设，再铺设保护层，并找平
水池面层铺设	①面层根据设计文件要求铺设，并且保证表面平整、稳定、缝隙均匀。 ②面层与构筑物相接时，要求平整、美观。 ③水池的排水坑、泵坑，宜设置在较隐蔽的位置，并且可进行艺术处理
园林驳岸砌筑	①园林驳岸地基要稳定，土质要均匀一致。地基开挖到持力层，标高低于水体最低水位标高。基础垫层应根据设计文件要求施工。 ②园林驳岸基础按设计文件要求施工。 ③园林驳岸根据砌筑材料不同，采用不同的砌筑施工工艺。 ④园林驳岸采用石材为砌筑主体时，石材的配重要合理、砌筑要牢固，防止水托浮力使石材产生移位。 ⑤驳岸后侧根据设计文件要求回填，并且根据设计文件要求设置排水盲沟与雨排系统相连。 ⑥园林驳岸较长、顶部标高出现较大高程差时，需要设置变形缝。 ⑦自然式的园林驳岸砌筑应曲折蜿蜒、错落有致、纹理统一，并且景观艺术效果应符合设计规定。 ⑧根据设计文件要求设置进水口、溢流口，同时应进行艺术处理以与驳岸主体风格一致。 ⑨不同池底，驳岸的工艺可能不同

水景的施工要求如下。

(1) 水景水质应符合现行有关景观娱乐用水水质的要求。当喷头对水质有特殊要求时，循环水应进行过滤等处理。水景的应用如图 6-14 所示。

(2) 喷泉用水应循环使用。循环系统的补充水量需要根据蒸发、飘散、渗漏、排污等损失确定。室内工程宜取循环水流量的 1%～3%，室外工程宜取循环水流量的 3%～10%。

(3) 水景工程需要根据喷头造型分组布置喷头。喷泉的每组射流需要设置调整装置。

(4) 水景工程管道需要根据不同特征的喷头设置配水管，并且配水管宜环状布置，水头损失宜采用 50～100Pa/m。

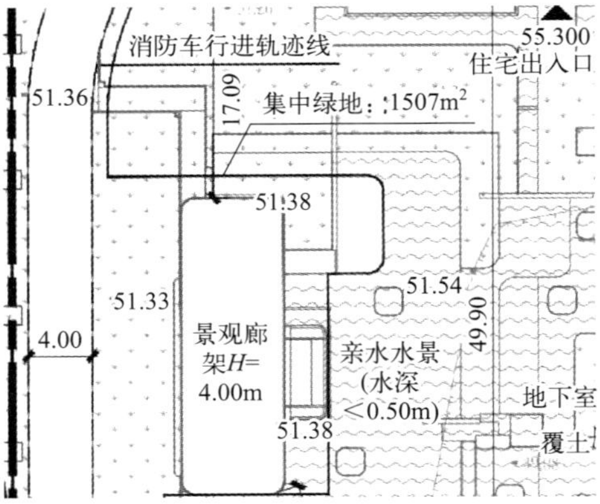

图 6-14 水景的应用

（5）水景工程管道变化方向处，宜采用直管弯，不宜采用弯头、三通配件。

（6）水景工程管道变径处需要采用异径管。喷嘴前需要设置不小于 20 倍喷嘴口直径的直线管段或整流装置。

（7）水景工程循环水泵宜采用潜水泵，并直接设置于水池底。

（8）水景工程循环水泵宜根据不同特征的喷头及喷头系统分开设置。

（9）水景工程循环水泵的流量与扬程，需要根据所选喷头形式、喷水高度、喷嘴直径、喷嘴数量，以及管道系统的水头损失等经计算确定。

（10）水景水池如采用生活饮用水作为补充水时，则应采取预防回流污染的措施。

（11）水景水池应设置补水管、溢流管、泄水管。在池的周围应设排水设施。

（12）水景工程的运行方式可以根据工程要求设计成手控、程控或声控。

（13）水景工程控制柜应根据电气工程设计规范的要求，设置在控制室内，并且控制室应干燥、通风。

（14）瀑布、涌泉、溪流等水景工程设计需要符合的要求为：设计循环流量应为计算流量的 1.2 倍；电气控制柜可设置于附近的室内。

（15）水景工程宜采用不锈钢等耐腐蚀管材。

6.4 "好房子"之园林庭院验收

6.4.1 园林绿化种植土有效土层厚度要求

园林植物生长所必需的种植土层厚度，其最小值应不小于植物主要根系分布深度，设计、施工、验收均应遵守该规定。园林植物生长所必需的种植土层厚度见表 6-18。

表 6-18 园林绿化种植土有效土层厚度要求

植被类型	有效土层厚度/cm
草坪和一、二年生花卉	≥30
灌木和藤木——大灌木、中灌木、大藤木	≥90
灌木和藤木——小灌木、小藤木	≥45
乔木——浅根	≥100
乔木——深根	≥200
宿根花卉	≥40

续表

植被类型	有效土层厚度/cm
竹类——大径	≥90
竹类——中径、小径	≥50

6.4.2 苗木的质量与运输要求

苗木的质量与运输要求如图 6-15 所示。

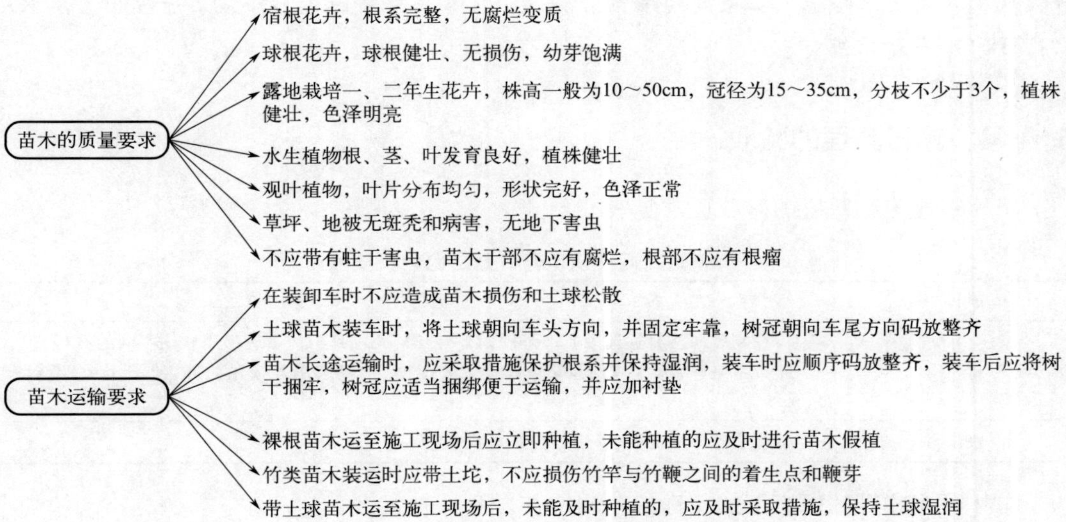

图 6-15 苗木的质量与运输要求

6.4.3 砂石基层的验收

园林铺地砂石基层的验收要求见表 6-19。

表 6-19 园林铺地砂石基层的验收要求

项目	验收要求
主控项目	①砂石基层的原材料质量需要符合设计要求。 ②砂石基层的压实度系数需要符合设计要求。如果设计无要求时，压实度不应低于 93%。 ③每个压实层检验 3 处，检验方法：灌砂法、灌水法
一般项目	①级配砂石的分层虚铺厚度不应大于 300mm，碾(夯)压密实。 ②分段、分层留槎位置、方法正确，接槎密实平整。 ③砂石基层表面不应有细骨料集中、粗骨料集中等质量缺陷

园林铺地砂石基层允许偏差应满足的要求见表 6-20。

表 6-20 园林铺地砂石基层允许偏差应满足的要求

项目	允许偏差	检查方法
标高	±20mm	用水准仪检查

续表

项目	允许偏差	检查方法
表面平整度	≤15mm	用 2m 靠尺与楔形塞尺检查
厚度	+20mm，−10mm	用钢尺检查
坡度	±0.3%	用水准仪检查

知识小贴士

砂石基层验收合格后，如果不连续施工，则需要洒水保湿。做好基层周围排水设施，防止施工期间被水浸泡。如果发现粗细骨料集中现象，则将该处砂子或石子挖出，填入级配良好的砂石并压实。

6.4.4　碎石基层的验收

园林铺地碎石基层的验收要求见表 6-21。

表 6-21　园林铺地碎石基层的验收要求

项目	验收要求
材料	①碎石基层的材料宜选用质地坚硬耐久、洁净密实的碎石，不应掺用软硬不同的石料。 ②碎石需要符合设计要求，如果设计无要求时，则应选用多棱角块体，清洁无土，不含石粉、无风化杂质
一般项目	碎石基层应分层压实，以达到表面密实平整

园林铺地碎石基层表面的允许偏差和检查方法见表 6-22。

表 6-22　园林铺地碎石基层表面的允许偏差和检查方法

项目	允许偏差	检查方法
标高	±20mm	用水准仪检查
表面平整度	≤15mm	用 2m 靠尺与楔形塞尺检查
厚度	+20mm，−10mm	用钢尺检查

6.4.5　水泥混凝土基层的验收

园林铺地水泥混凝土基层材料的要求如下。

（1）水泥——采用硅酸盐水泥、普通硅酸盐水泥、矿渣硅酸盐水泥，强度等级不低于 32.5。

（2）砂、石——使用前应根据规定取样进行必试项目试验，石子试验需要做压碎指标值测定。

（3）骨料——宜采用非活性骨料，不应使用高活性骨料。

（4）砂——宜采用细度模数在 2.5 以上的洁净、坚硬、符合等级规定的粗、中砂。粗砂或中砂的含泥量不大于 3%。

(5) 石子——卵石或碎石，粒径为 5～40mm，含泥量不大于 2%。

(6) 外加剂、掺合料——其品种、掺量需要通过试验确定。

知识小贴士

混凝土浇筑后，应及时振捣，做到不漏振，确保混凝土密实度。宜采用平板式振捣器或振动梁振捣，当基层厚度超过 200mm 时，应采用插入式振捣器振捣。振捣过程中，振捣器不应触碰钢筋、钢筋网、预埋件等。

6.4.6 石灰土基层的验收

园林铺地石灰土基层材料要求如下。

(1) 土料——应采用黏土、粉质黏土、粉土，不应含有有机杂物，不应采用冻土、膨胀土、盐渍土。

(2) 石灰——应采用充分熟化的石灰、磨细的石灰粉，其粒径不大于 5mm。生石灰中 CaO、MgO 的含量不小于 80%。

(3) 石灰土基层的厚度应符合设计要求，当设计无要求时，其厚度应不小于 100mm。

6.4.7 砖面层的验收

园林铺地砖面层材料的要求如下。

(1) 水泥——宜采用硅酸盐水泥、普通硅酸盐水泥、矿渣硅酸盐水泥，其强度等级不宜低于 32.5。

(2) 砂——选用中砂或粗砂。

(3) 砖——有出厂合格证，耐磨性、吸水率、抗冻融性、规格尺寸均应符合设计要求。

(4) 其他——结合层材料配合比、厚度应符合设计要求。

园林铺地砖面层质量要求见表 6-23。

表 6-23 园林铺地砖面层质量要求

项目	质量要求
主控项目	①面层与下一层结合或黏结应牢固、无空鼓。 ②嵌草砖铺设应以砂土、沙壤土为结合层，其厚度应满足设计要求，如果设计无要求时，厚度不应小于 50mm。 ③停车场嵌草砖铺设时，结合层下应采用 150～200mm 级配砂石做基层。 ④面层表面坡度需要符合设计要求，不反坡
一般项目	①砖面层应表面洁净、接缝平整、深浅一致、周边顺直。 ②面层镶边用料尺寸需要符合设计要求，边角整齐、光滑。 ③扫缝/勾缝应采用同品种、同强度等级、同颜色的水泥

园林铺地砖面层的允许偏差和检查方法见表 6-24。

表 6-24 园林铺地砖面层的允许偏差和检查方法

项目	允许偏差				检查方法
	水泥砖	混凝土预制块	嵌草砖	青砖	
表面平整度	3mm	4mm	3mm	2mm	用2m靠尺与楔形塞尺检查
缝格平直	3mm	3mm	3mm	2mm	拉5m线与钢尺检查
坡度	±0.3%	±0.3%	±0.3%	±0.3%	用水准仪检查
相邻板块高低差	1mm	1mm	3mm	2mm	用钢尺与楔形塞尺检查
砖块间隙宽度	±2mm	±2mm	±3mm	±2mm	用钢尺检查

6.4.8 石质板材面层的验收

园林铺地石质板材面层的验收要求见表6-25。

表 6-25 园林铺地石质板材面层的验收要求

项目	验收要求
主控项目	①面层所用板块的材质、规格、品种、防滑系数、颜色需要符合设计等要求。 ②面层与下一层需要结合牢固，无空鼓。 ③面层表面坡度需要符合设计等要求，不反坡。 ④碎拼石质板材面层不应出现阴角、通缝
一般项目	①面层的外观质量，需要满足设计、使用等要求，表面需要洁净平整、无磨痕、图案清晰、周边顺直、色泽一致、接缝均匀、镶嵌正确等。 ②碎拼青石板和大理石面层的颜色要协调，间隙适宜美观，无裂缝无磨纹，表面平整光洁

园林铺地石质板材面层的允许偏差和检查方法见表6-26。

表 6-26 园林铺地石质板材面层的允许偏差和检查方法

项目	板材	自然面碎拼	检查方法
板块间隙宽度	±1mm	—	用钢尺检查
表面平整度	1mm	3mm	用2m靠尺与楔形塞尺检查
缝格平直	1mm	—	拉5m线与用钢尺检查
坡度	±0.3%	±0.3%	用水准仪检查
相邻板块高低差	1mm	1mm	用钢尺与楔形塞尺检查

6.4.9 卵石面层的验收

园林铺地卵石面层的验收要求见表6-27。

表 6-27 园林铺地卵石面层的验收要求

项目	验收要求
主控项目	①卵石整体面层坡度、图案、石子粒径、厚度、色泽需要符合设计等要求。 ②结合层厚度、强度需要符合设计等要求。如果设计无明确要求时，厚度不应低于40mm，水泥砂浆强度等级不应低于M10。

续表

项目	验收要求
主控项目	③带状卵石铺装长度大于6m时,需要设伸缩缝。 ④石子与基层需要结合牢固,镶嵌深度要大于粒径的1/2。 ⑤石子无松动、脱落现象。 ⑥灌浆要饱满
一般项目	①卵石面层表面需要颜色和顺、无残留灰浆、图案清晰、石粒清洁。 ②卵石整体面层无明显坑洼、隆起、积水现象。 ③卵石整体面层平整度允许偏差不大于5mm,坡度允许偏差为±0.3%。 ④卵石面层与相邻铺装面、路缘石衔接平顺自然

6.4.10 绿化种植地形整理的验收

地形的堆筑宜考虑自然沉降系数。机械压实时，宜考虑种植、铺地、构筑物、设施安装等对地基的不同需求。堆筑地形的土料，不应有影响植物栽植与生长的成分。

地形的边界、高程控制应符合设计等要求，其允许偏差应符合的要求见表6-28。

表6-28 地形边界与高程控制的允许偏差

项目/cm		尺寸要求	允许偏差/cm
边界线位置		设计要求	±50
等高线位置		设计要求	±10
地形相对标高	≤100	回填土方自然沉降以后	±5
	101～200		±8
	201～300		±12
	301～400		±15
	401～500		±20
	>500		±30

知识小贴士

地形的覆土碾压需要分层进行，每层不超过30cm。绿化种植区域地面以下1.5～2m区域土壤压实度从90%分两层或三层过渡到80%。地面以下0～1.5m的区域压实度需要不大于80%。测量放线方格网尺寸，应根据设计等要求设置。当设计没有要求，则最大尺寸不超过10m×10m。

6.4.11 绿化种植防水隔（阻）根层的验收

绿化种植防水隔（阻）根层的验收要求如下。

(1) 防水隔（阻）根层施工前，需要完成对结构承重、建筑防水的交接检验。

(2) 根据需要，防水层可设置一层或多层。采用具有隔（阻）根性能的防水材料，可将防水、隔（阻）根一次性铺设完成，否则需要专门铺设隔（阻）根层。

（3）做完普通防水层（一级防水标准）后，再做隔（阻）根防水层，两层防水材料需要兼容。

（4）根据材料的不同，防水隔（阻）根材料的厚度应符合的要求见表 6-29。

表 6-29 防水隔（阻）根材料的厚度应符合的要求

防水材料	选用厚度/mm	施工方法
合金防水卷材(PSS)	单层使用≥0.5	热焊接法
弹性体改性沥青防水卷材(复合铜胎基或聚酯胎基,应含化学阻根剂)	≥4	热熔焊接/热风焊接
聚氯乙烯防水卷材(PVC)	≥1.2	热风焊接
热塑性聚烯烃防水卷材(TPO)	≥1.2	热风焊接
高密度聚乙烯土工膜(HDPE)	≥1.2	热风焊接
三元乙丙橡胶防水卷材(EPDM)	≥1.2	搭接胶带粘接/热风焊接
聚乙烯丙纶防水卷材	≥0.6(不能单层使用)	聚合物水泥胶结料粘接,厚度不应<1.3mm

（5）防水隔（阻）根施工细部构造部位，需要进行密封处理时，密封材料嵌填应密实、连续、饱满、黏结牢固，无气泡、开裂、脱落等缺陷。

（6）防水隔（阻）根层施工完成后，需要进行蓄水或淋水试验，24h 内不应有渗漏或积水现象。

（7）卷材接缝位置需要粘接或焊接牢固，密封严密，搭接或焊接宽度应符合设计等要求。当设计无要求时，搭接宽度不应小于 100mm。收头需要与基层粘接并固定牢固，封闭严密，不得有翘边、张口等缺陷。

（8）涂膜防水层与基层粘接要牢固，表面要平整，涂刷要均匀，无起皮、翘边等缺陷。

（9）立面防水层需要收头入槽，并用密封材料封严。

（10）防水隔（阻）根层施工前，需要对找平层的压实平整、干燥干净、排水坡度、分格缝、凸出屋面结构交接处的处理进行检查。

（11）防水、隔（阻）根层施工完毕后，需要进行检查，不得堵塞排水口。

6.4.12 绿化种植草坪（地被）播种的验收

绿化种植草坪（地被）播种的验收要求如下。

（1）用于草坪播种的场地宜提前安装喷水、喷雾给水系统。

（2）有地下病虫害隐患的，宜在整地前进行土壤处理、防治地下病虫害。

（3）常用草坪草的播种量、净度、发芽率应符合的要求见表 6-30。

表 6-30 常用草坪草的播种量、净度、发芽率

草坪种类	精细播种量/(g/m^2)	粗放播种量/(g/m^2)	发芽率/%	净度/%
早熟禾	15～20	20～25	85	95
野牛草	12～15	15～20	80	95

续表

草坪种类	精细播种量/(g/m²)	粗放播种量/(g/m²)	发芽率/%	净度/%
多年生黑麦草	25～30	30～40	85	95
高羊茅	25～30	30～40	85	95
结缕草	12～15	15～20	80	95

（4）常用地被花卉的播种量应符合的要求见表 6-31。

表 6-31 常用地被花卉的播种量应符合的要求

地被花卉种类	播种量/(g/m²)
委陵菜	25～50
蛇莓	25～50
天人菊	30～35
松果菊	25～35
波斯菊	50～60
金光菊属	20～25
百日草	40～50
二月兰	40～50

知识小贴士

播种时需要先浇水浸地，保持土壤湿润，并且将表层土耧细耙平，地表无直径大于 2cm 的砖（石）块，坡度应为 0.3%～0.5%。播种后，需要及时喷灌，保持土壤湿润。另外，宜用适量的沙子、种子拌均匀后进行撒播，均匀覆细土 0.3～0.5cm 后再轻压。

6.4.13 绿化种植其他项目的验收与施工

绿化种植其他项目的验收与施工要求见表 6-32。

表 6-32 绿化种植其他项目的验收与施工要求

项目	验收与施工要求
整理绿化用地	①各种管线或建(构)筑物区域及周边绿化用地的整理，需要在其完工、验收合格后进行。 ②清理物需要及时外运，不应就地填埋。 ③现场清理干净无遗漏，地表不应有直径大于 3cm 的砖(石)块、宿根性杂草、树根及其他有害污染物。 ④场地标高、平整度需要符合设计等要求。 ⑤排水要通畅，曲线要流畅，与毗邻物衔接要顺畅。 ⑥整理完成的绿化用地在铺草或地被种植前，宜低于路牙顶或挡墙压顶 5～8cm
种植土改良	①种植土压实度宜为 80%。 ②草本花卉种植土的石砾含量不应大于 10%
通气透水	①种植区域内遇地下结构层、黏重密实土壤等不利于透水或植物生长时，需要根据勘察情况采取通气透水措施。 ②露出地面的管口，应高于地表 2～3cm，并且加透气盖封口

续表

项目	验收与施工要求
排(蓄)水设施	①排(蓄)水设施施工前，需要根据坡向规划整体导流方向。 ②铺设排(蓄)水材料时，不应破坏隔(阻)根层。 ③凹凸型塑料排(蓄)水板厚度，需要符合设计等要求。 ④顺茬搭接时，搭接宽度需要符合设计等要求。如果设计无明确要求，则搭接宽度不小于100mm。 ⑤采用卵石、陶粒等材料铺设排(蓄)水层的，其铺设厚度需要符合设计等要求。 ⑥卵石大小需要均匀。 ⑦屋顶绿化采用卵石排水的，卵石直径应为30～50mm。 ⑧地下设施覆土绿化用卵石排水的，卵石直径应为80～100mm。 ⑨四周设置明沟的，排(蓄)水层需要铺设到明沟边缘。 ⑩挡土墙下设排水管的，排水管与天沟或落水口宜合理连接、坡度适当，落水口需要配备箅子。 ⑪排水层需要与排水系统连通，并且排水要畅通
铺笼砖	①坡度较大、不宜直接栽植的坡面，可以采取铺笼砖方式进行固土栽植。 ②笼砖铺设前，应夯实、修整堤坡，并且堤坡坡度应一致。 ③铺设笼砖时，应自下而上、对缝码放，坡度一致。缝间隙应小于5mm，相邻砖相对高差应小于5mm。 ④堤坡底部需要设坡牙；铺到堤顶后，应做压顶
种植穴	①种植穴定点放线，需要符合设计图纸要求，并且要求位置准确，标记明显。 ②点植苗木的种植穴定点时，需要标明中心点位置。 ③土球、盆径、根幅小于30cm的苗木种植穴无须报验。 ④种植穴大小需要根据苗木根系、土球直径、土壤情况而定。 ⑤种植穴直径应比苗木土球或根幅直径大30～60cm；大规格苗木栽植时，土球苗种植穴直径应比土球直径大60～80cm；箱板苗木种植穴边长应比箱板边大160～200cm。 ⑥种植穴需要竖直下挖，竖直度允许偏差为±5°。 ⑦种植穴挖出的土，需要分类放置处理。底部回填适量种植土。 ⑧对排水不良的种植穴，需要采取通气透水措施。 ⑨非正常种植季节施工时，种植穴直径宜扩大20%
栽植	①苗木栽植时，需要调整观赏面。 ②栽植绿篱株的行距，需要保持一致。 ③苗木外形圆满的一面需要向外，根据高度、冠幅大小均匀搭配。 ④假山或岩缝间种植苗木时，需要在种植土中掺入苔藓、泥炭等保湿通气材料。 ⑤种植的苗木需要保持直立，设计效果有特殊要求的除外。 ⑥行道树种植，需要排列整齐，并且树干中心线需要与路牙平行。相邻植株规格需要合理搭配，并且高度差不超过50cm。 ⑦苗木栽植后，栽植深度需要与原土痕持平。 ⑧个别长势快、易生不定根的苗木，可以较原土痕深5～10cm，常绿苗木土球上表面需要高于地表5cm，竹类可比地表深3～6cm
分栽	①选择生长健壮、无病虫害的植株。 ②分栽植物的株行距、每丛的分枝数需要符合设计等要求。 ③栽植前需要整地、浸地，并且翻耕深度不少于30cm。 ④根据排水方向进行地形整理，场地平整度、坡度需要符合设计等要求。 ⑤分栽后，需要压实植株周围的土壤
草卷(块)铺设	①铺设草卷(块)区域的种植土厚度，一般不应低于30cm。 ②对当日进场的草卷(块)数量，需要做好测算，并且与铺设进度相一致。 ③草卷(块)铺设前，需要先整地、浇水浸地。 ④草卷(块)需要规格一致、品种统一、边缘平直。 ⑤草卷(块)土层厚度不应小于2cm。 ⑥草卷(块)在铺设后，需要进行滚压或拍打平整。

续表

项目	验收与施工要求
草卷(块)铺设	⑦铺设草卷(块)后需要及时浇水,浸湿土的厚度要达到10cm。 ⑧密铺草卷(块)要相互衔接不留缝、不搭接。 ⑨间铺草卷(块)要缝隙均匀,缝隙内填种植土。 ⑩草地排水坡度要适当,无坑洼积水现象
掘苗及包装	①大规格苗木挖掘时,应进行土球包装,胸径大于25cm的宜采用箱板包装。 ②大规格苗木挖掘时,应适时采取抗蒸腾、促根、包裹树干、喷雾等相应措施。 ③掘苗时,去表土以不伤表层根系为原则。 ④裸根乔木保留根幅直径为胸径的8~10倍(无法测量苗木胸径时,为地径的6~8倍)。灌木保留根幅直径为株高的1/4~1/3。 ⑤落叶乔木土球直径应为胸径的8~10倍(无法测量苗木胸径时,为地径的6~8倍)。灌木及常绿乔木土球直径为株高的1/4~1/3,土球高度为土球直径的2/3,土球底部直径为土球直径的1/3。 ⑥土球软质包装,需要紧实无松动。腰绳宽度需要大于10cm。土球直径在1m以上的需要做封底处理。 ⑦箱板包装需要立支柱,稳定牢固;边板与土台需要紧密严实。 ⑧胸径20cm以上的苗木土球直径,可以根据树种、移植季节不同,适当减小,最小不应小于胸径的6倍。 ⑨挖掘高大乔木前,需要立好支柱。 ⑩粗根应用手锯锯断,锯口要平滑无劈裂,并且应杀菌消毒后涂抹伤口保护剂,锯口不应露出土球(土台)表面
支撑	①支撑物、牵拉物的强度需要确保支撑有效。 ②支撑物、牵拉物与地面连接点的连接要牢固。 ③连接苗木的支撑点应在苗木主干上,多干型的应在主要主干上,连接处应衬厚度≥0.3cm的软垫,并且绑缚牢固。 ④三角支撑、软牵拉的支撑点高度一般为常绿树高的2/3处或落叶乔木树高的1/2处。 ⑤软牵拉的支撑点需要设置在相应高度的分枝点处。 ⑥扁担撑的支撑点高度应在1.2m以内。 ⑦四柱支撑的支撑点高度应在2.5m以内。 ⑧特型苗木、栽植在树池内的苗木,需要根据实际情况采取支撑措施。 ⑨相同树种的支撑形式、规格、方向宜统一
围堰	①围堰需要根据地形、地势选择适当方式,满足浇灌水、景观要求。 ②特殊环境的围堰内宜采用铺设卵石和有机覆盖物、栽植地被等方式覆盖处理。 ③单株苗木的围堰内径不应小于种植穴直径,围堰高度应高于15cm。 ④围堰应无砖块、石块等杂物,无水毁。 ⑤围堰应踩实或拍实,外形宜相对统一
浇灌水	①苗木栽植后,需要立即做围堰。栽植当天第一遍水需要浇透,根据树种生态习性、土壤墒情、降水量等情况,依据见干见湿的原则确定灌水时间、频次,一般栽植后3~5d内浇第二遍水,7~10d内浇第三遍水。 ②浇水需要浇足浇透,浇水后需要及时中耕、封堰。 ③非正常渗漏需要及时封堵。对浇水后出现的土壤沉降,需要及时培土。 ④浇水时,需要防止水流过急,宜缓流浇灌或在围堰中放置缓冲垫。 ⑤浇水后出现的苗木倾斜,需要及时扶正并固定
苗木修剪	①苗木的修剪强度分为轻剪、中剪、重剪。 ②修剪方式包括疏枝、短截、摘心、回缩、摘叶、摘花、剥芽、摘果、除蘖等。 ③新植苗木修剪可分为栽植前修剪、栽植后修剪。栽植前在保证树冠原有形状的基础上,应对病虫枝、伤残枝、重叠枝、内膛过密枝、劈裂根、树冠顶端枝条进行修剪。 ④不同树种、季节、树势,需要采用不同的修剪方式,从而满足植物生长习性及观赏效果的要求。 ⑤在道路绿地、广场周边、人车进出口等车流、人流密集场所作业时,需要设置专职安全员,封闭工作区域,并且设立明显的路障、安全警示标志。

续表

项目	验收与施工要求
苗木修剪	⑥剪口、锯口均需要平滑、无劈裂，在枝皮脊外沿或枝皮褶、枝领处剪除，不留桩橛。 ⑦带冠移植的苗木，需要在保持原有树形的基础上进行修剪。 ⑧主干明显的树种，修剪时需要保护中央领导枝。 ⑨直径大于2cm的剪锯口，需要涂抹伤口保护剂。 ⑩栽植有伤流的树种后，需要在萌芽后的生长季节进行修剪。 ⑪常绿针叶树疏枝、回缩、短截时，宜采取有效措施减少流脂。 ⑫松、杉类种植前，宜摘除果实

6.4.14 园林景观玻璃顶面的验收与施工

园林景观玻璃顶面的验收与施工要求如下。

(1) 玻璃的厚度、材质需要符合设计要求，并且应使用安全玻璃。

(2) 玻璃的品种、规格、色彩、固定方法等需要符合设计要求。

(3) 密封胶的耐候性、粘接性应符合设计要求。

(4) 玻璃安装需要做软连接，连接件强度需要符合设计要求。

(5) 玻璃表面需要完整，无划痕、无污染，表面洁净光亮。

(6) 玻璃嵌缝需要均匀一致，填充需要密实饱满，无外溢污染。

(7) 玻璃吊顶安装应牢固，其允许偏差应符合的要求见表6-33。

表6-33 玻璃吊顶安装允许偏差应符合的要求

项目	允许偏差/mm	检查方法
表面平整度	2	尺量
接缝平直度	1	2m靠尺和塞尺
接缝高低差	1	5m小线和尺量

6.4.15 园林景观路缘石的验收与施工

园林景观路缘石的验收与施工要求如下。

(1) 路缘石背部应做灰土夯实或混凝土护肩，宽度、厚度、压实度或强度、标高应符合设计要求。

(2) 路缘石安装应稳固、不倾斜。铺设直线段应顺直，曲线段应圆顺。

(3) 路缘石铺设顶面应平整，无明显错台，缝隙均匀，勾缝平顺严密。平缘石表面应平顺不阻水。

(4) 路缘石允许偏差应符合的要求见表6-34。

表6-34 路缘石允许偏差应符合的要求

项目	允许偏差/mm	检查方法
直顺度	10	拉10m线和用钢尺检查
相邻板块高低差	2	用钢尺和楔形塞尺检查

续表

项目	允许偏差/mm	检查方法
板块间隙宽度	±2	用钢尺检查
顶面高程	±10	用水准仪测量

6.4.16 园林景观构筑物及其他造景的验收与施工

园林景观构筑物及其他造景的验收与施工要求见表6-35。

表6-35 园林景观构筑物及其他项目的验收与施工要求

项目	验收与施工要求
叠山	①叠山需要在工序中统筹考虑给排水系统、灯光系统、植物种植的需要，并且提前做好分项工程技术交底。 ②叠山地基基础承载力需要大于山石总荷载的1.5倍。混凝土基础需要低于地平面20cm，其面积需要大于叠山底面积，外沿宽出50cm。 ③叠山设在陆地上，需要选用C20以上的混凝土制作基础。 ④叠山设在水中，需要选用C25混凝土或不低于M7.5的水泥砂浆砌石块制作基础。地势、地质有特殊要求的，可以做特殊处理。 ⑤拉底石材需要选用厚度大于40cm、面积大于$1m^2$的石块。同时，应统筹向背、曲折连接、错缝叠压。 ⑥叠山结构、主峰稳定性需要符合抗震强度要求。 ⑦叠山选用的石材要求质地一致、色泽相近、纹理统一。 ⑧叠山石料需要坚实耐压，无裂缝、损伤、剥落现象。 ⑨主体山石需要错缝叠压、纹理统一，并且每块叠石的刹石不少于4个受力点且不外露；山体最外侧的峰石底部灌注不低于M10的水泥砂浆。 ⑩勾缝需要满足设计要求，做到自然、无遗漏。如果设计无说明，则可以用不低于M10的水泥砂浆进行勾缝，并且砂浆色泽需要与石料色泽相近。 ⑪叠山山体轮廓线需要自然、流畅、协调，并且观赏效果需要满足设计等要求
果皮箱安装	①果皮箱安装基础需要符合设计要求。 ②果皮箱需要安装牢固、无松动。 ③金属果皮箱需要做防锈蚀处理。 ④果皮箱的规格、色彩、安装位置、观赏效果需要与景观相协调
座椅(凳)安装	①座椅安装基础需要符合设计要求。 ②座椅的质量需要通过产品检验达到合格。 ③座椅需要安装牢固、无松动。 ④座椅的金属部分需要做防锈蚀处理。 ⑤座椅的材质、形状、规格、色彩、安装位置应符合设计要求，其观赏效果需要与景观相协调
雕塑(雕刻)	①雕塑(雕刻)需要根据效果图制作小样，根据比例放大制作。 ②雕塑(雕刻)的设置需要和周边环境协调统一。 ③雕塑(雕刻)制品的质量、品种、规格应符合设计等要求，表面不应有裂缝、破损、划痕、凹陷等缺陷。 ④雕塑(雕刻)制品需要安装牢固，位置需要正确，不应有松动现象。 ⑤雕塑(雕刻)的图案需要清晰完整，曲线需要自然优美。 ⑥雕塑(雕刻)的拼缝间距、缝宽需要均匀一致，表面自然光洁，细部处理到位。 ⑦雕塑表面不应有明显的裂痕、凹凸感，焊缝需要进行抛光处理，外观效果应平顺流畅。 ⑧塑筑类雕塑的材料配合比需要符合设计等要求，表面不应有脱落、裂缝、空鼓、掉色等缺陷

续表

项目	验收与施工要求
塑山	①用钢结构骨架、砌体骨架、有机合成材料塑成的假山。 ②塑山骨架需要坚实牢固，金属构件需要做防腐处理。 ③骨架形态需要接近山体模型的形态。 ④钢筋焊接需要牢固，间距需要符合设计要求，钢丝网与钢构件需要连接牢固。 ⑤塑山骨架的承载力、表面材料强度、抗风化能力需要符合设计要求。 ⑥塑山表面需要完整，无破损、脱落、起皮、开裂、松动现象。 ⑦塑山表面形态自然，外观颜色效果要逼真，整体要协调
绿地护栏	①用于攀缘绿化的绿地护栏应符合植物生长要求。 ②金属护栏、钢筋混凝土护栏需要设置基础，基础强度、埋深需要符合设计要求。如果设计无明确要求的，需要遵循以下规定。 (a)高度在1.5m以下的护栏，其混凝土基础尺寸不小于300mm×300mm×300mm； (b)高度在1.5m以上的护栏，其混凝土基础尺寸不小于400mm×400mm×400mm。 ③绿地护栏基础采用的混凝土强度等级不应低于C20。 ④护栏高度、图案、形式、色彩需要符合设计要求。现场加工的金属护栏需要做防锈蚀处理。 ⑤护栏整体需要垂直、平顺
花坛骨架	①花坛骨架定点放线前，需要对场地、空间进行检查。 ②花坛骨架搭建前，需要检查所用材料的材质、数量、规格、形状，不应随意拼接、替代。 ③花坛骨架造型需要根据设计尺寸进行加工制作。 ④花坛骨架结构需要安装牢固、稳定，其结构承载力需要符合设计要求。 ⑤大型立体花坛的骨架，需要进行合理分体。 ⑥花卉布置前，需要对骨架进行预拼装，对其稳定性、荷载能力进行预检。 ⑦花坛骨架加工时，需要兼顾植物、灯光、灌溉、喷泉及其他展示物的安装和敷设的需要。 ⑧吊环、连接构件等需要安全可靠、易于操作，吊装完成后便于拆卸、隐藏
花卉摆放	①立体花坛摆放花卉前，需要对其骨架的稳定性、荷载能力进行预检。 ②花卉摆放前，需要对植株高度、花色、花期、冠幅、花盆(钵)质量进行检查、筛选，并且对损伤的枝、叶、花蕾等进行清理。 ③立体花坛需要自上而下进行布置。 ④植物品种、颜色、花期需要符合设计要求。植株健壮无病虫，株型要紧凑，枝、叶和花蕾要无损伤。 ⑤植物组图效果需要色泽鲜艳，图案要清晰，高度要整齐，密度要均匀一致，枝、叶、花蕾要无损伤。 ⑥除平地摆放的花盆(钵)外，其他花盆(钵)与所附着的载体连接要安全可靠，摆放位置高于2m时宜考虑风力的影响。 ⑦植物栽植或安放密度以不露骨架为宜。 ⑧植物栽植或安放时，不应损坏预设管线

6.4.17 园林给水排水沟槽开挖的验收

园林给水排水沟槽开挖时，槽底原状土不应受扰动、受水浸泡、受冻。沟槽开挖的允许偏差应符合的规定见表6-36。

表6-36 沟槽开挖的允许偏差应符合的规定

检查项目	允许偏差/mm		检查数量		检查方法
			范围	点数	
无压管道槽底高程	土方	±20	两井之间	3	用水准仪测量
	石方	+20、-200	两井之间		

续表

检查项目	允许偏差/mm	检查数量		检查方法
		范围	点数	
压力管道槽底高程	±30	两井之间	3	用水准仪测量
槽底中线每侧宽度	不小于规定	两井之间	6	挂中线用钢尺量测,每侧计 3 点
沟槽边坡	不陡于规定	两井之间	6	用坡度尺量测,每侧计 3 点

6.4.18 园林给水排水沟槽回填的验收

园林给水排水沟槽不应带水回填，回填材料应符合设计等要求。回填材料压实度应符合设计要求。如果设计无要求，则应符合以下规定，如表 6-37 所示。

回填应达到设计高程，表面应平整。回填时管道及附属构筑物应无损伤、沉降、位移等现象。

表 6-37 管道沟槽回填材料压实度规定

项目			压实度/%（轻型击实标准）	检验频率		检验方法
				范围	点数	
沟槽在绿化种植区域内	地表算起深度	≤1500mm	宜分层灌水沉实,较未开挖区域无明显沉降	两井之间或 $1000m^2$	3 点	观察法
		>1500mm	≥90	两井之间或 $1000m^2$	每一层每侧组(3 点)	采用环刀法检查
沟槽在绿化种植区域外	管顶以上 250mm 内		≥87±2			
	由路槽底算起的深度/mm	≤800	≥92			
		800～1500	≥90			
		>1500	≥90			

6.4.19 园林给水排水管道基础的验收

园林给水排水砂石（土弧）基础的压实度应符合设计要求。砂石（土弧）基础与管道外壁间应接触均匀、无空隙。砂石（土弧）基础的允许偏差应符合的规定见表 6-38。

表 6-38 管道基础的允许偏差

检查项目			允许偏差/mm	检查数量		检查方法
				范围	点数	
砂石(土弧)基础	高程	压力管道	±30	每个验收批	每 10m 测 1 点,且不少于 3 点	水准仪测量
		无压管道	−15～0			
	平基厚度		不小于设计要求			钢尺量测
	弧形基础腋角高度		不小于设计要求			钢尺量测

地基换填允许偏差应符合的规定见表 6-39。

表 6-39　地基换填允许偏差应符合的规定

项目	允许偏差/mm	检验频率		检验方法
		范围/m	点数	
厚度	不小于设计规定	15	1	用尺量
高程	0～20	15	1	用水准仪测量
宽度	不小于设计规定	15	1	用尺量

6.4.20　园林给水排水井室的验收

园林给水排水井室（砌筑结构水井室、现浇混凝土结构水井室、装配式检查井）的验收要求如下。

（1）设计有要求时，地基承载力应满足设计要求。

（2）混凝土强度应符合设计要求。

（3）井室防坠网的覆盖面积与安装设置应符合设计、规范要求。

（4）砌筑结构应灰浆饱满、灰缝平直，不应有通缝、瞎缝；预制装配式结构需要坐浆、灌浆饱满密实，无裂缝；混凝土结构无严重质量缺陷；井室无渗水、水珠现象。

（5）井内流槽应平顺圆滑，井内不应有建筑垃圾等杂物。

（6）井室盖板尺寸、预留孔位置应准确，压墙尺寸应符合设计要求，勾缝应整齐。

（7）井圈、井盖、踏步、防坠网应完整无损，安装应稳固，位置应准确。

（8）阀门井（检查井）的允许偏差应符合的规定见表 6-40。

表 6-40　阀门井（检查井）的允许偏差应符合的规定

<table>
<tr><th colspan="2" rowspan="2">检查项目</th><th rowspan="2">允许偏差/mm</th><th colspan="2">检查数量</th><th rowspan="2">检查方法</th></tr>
<tr><th>范围</th><th>点数</th></tr>
<tr><td rowspan="2">垫层</td><td>高程</td><td>±10</td><td rowspan="4">每座</td><td rowspan="2">2</td><td>水准仪测量</td></tr>
<tr><td>厚度</td><td>不小于设计要求</td><td>钢尺测量</td></tr>
<tr><td rowspan="2">井室基础</td><td>高程</td><td>±10</td><td rowspan="2">2</td><td>水准仪测量</td></tr>
<tr><td>厚度</td><td>不小于设计要求</td><td>钢尺测量</td></tr>
<tr><td rowspan="2">井室尺寸</td><td>长、宽、高</td><td rowspan="2">±20</td><td rowspan="5">每座</td><td rowspan="2">2</td><td rowspan="2">用钢尺测量</td></tr>
<tr><td>直径、高</td></tr>
<tr><td rowspan="2">井口高程</td><td>绿化种植区域</td><td>+20</td><td rowspan="2">1</td><td rowspan="2">用水准仪测量</td></tr>
<tr><td>路面</td><td>与道路规定一致</td></tr>
<tr><td colspan="2">井筒直径</td><td>±20</td><td>2</td><td>用钢尺测量</td></tr>
<tr><td>踏步安装</td><td>水平及垂直
间距、外露长度</td><td>±10</td><td rowspan="3">每座</td><td rowspan="3">1</td><td rowspan="3">用尺量测偏差较大值</td></tr>
<tr><td>脚窝</td><td>高、宽、深</td><td>±10</td></tr>
<tr><td colspan="2">流槽宽度</td><td>+10</td></tr>
</table>

6.4.21 园林给水排水支墩的验收

园林给水排水支墩的验收要求如下。

(1) 支墩地基承载力、位置应符合设计要求；支墩应无位移、沉降等现象。

(2) 砌筑水泥砂浆强度、结构混凝土强度应符合设计要求。

(3) 混凝土支墩需要表面平整密实；砌块支墩需要灰缝饱满、无通缝，其表面抹灰需要平整密实。

(4) 支墩支撑面与管道外壁接触应紧密，无松动、滑移现象。

(5) 管道支墩的允许偏差应符合的规定见表6-41。

表6-41 管道支墩的允许偏差

<table>
<tr><th rowspan="2">检查项目</th><th rowspan="2">允许偏差/mm</th><th colspan="2">检查数量</th><th rowspan="2">检查方法</th></tr>
<tr><th>范围</th><th>点数</th></tr>
<tr><td>平面轴线位置(轴向、垂直轴向)</td><td>15</td><td rowspan="3">每座</td><td>2</td><td>用钢尺测量或经纬仪测量</td></tr>
<tr><td>支撑面中心高程</td><td>±15</td><td>—</td><td>用水准仪测量</td></tr>
<tr><td>结构断面尺寸(长、宽、厚)</td><td>0～10</td><td>3</td><td>用钢尺测量</td></tr>
</table>

6.4.22 园林给水排水雨水口的验收

园林给水排水雨水口的验收要求如下。

(1) 雨水口位置应准确，深度应符合设计要求，安装不应歪扭。

(2) 井框、井箅应完整、无破损，安装应平稳牢固；支、连管应直顺，无倒坡、错口、破损现象。

(3) 雨水口砌筑勾缝应直顺坚实，不应漏勾、脱落。

(4) 支、连管内应清洁，流水应通畅，应无明显渗水现象。

(5) 雨水口、支管的允许偏差应符合的规定见表6-42。

表6-42 雨水口、支管的允许偏差应符合的规定

<table>
<tr><th rowspan="2">检查项目</th><th rowspan="2">允许偏差/mm</th><th colspan="2">检查数量</th><th rowspan="2">检查方法</th></tr>
<tr><th>范围</th><th>点数</th></tr>
<tr><td>井框、井箅吻合</td><td>≤10</td><td rowspan="6">每座</td><td rowspan="6">1</td><td rowspan="6">用钢尺测量较大值(高度、深度亦可用水准仪测量)</td></tr>
<tr><td>井口与路面高差</td><td>−10～0</td></tr>
<tr><td>雨水口位置与道路边线平行</td><td>≤10</td></tr>
<tr><td rowspan="2">井内尺寸</td><td>长、宽:0～20</td></tr>
<tr><td>深:−20～0</td></tr>
<tr><td>井内支、连管管口底高度</td><td>−20～0</td></tr>
</table>

知识小贴士

园林给排水节水灌溉设备中的水泵、阀门（含电磁阀、解码器、排气阀等）、喷头等安装方向需要准确、牢固、不漏水。升降式喷头关闭状态下顶部应与草坪根颈部齐平，或低于绿篱、色带的修剪高度1～2cm。水泵的扬程、流量、进水端水压等性能指标应符合设计要求。水泵基础预留孔位置、螺栓位置应符合设计等要求。喷头出水量、喷水范围应符合设计要求，并且喷头应伸缩自如。

6.4.23 园林用电的验收

园林用电的验收要求如下。

（1）控制器需要避开积水、暴晒等环境。

（2）电池控制器蓝牙、无线电电池控制器，应安装在接近地面处，以获得最大的通信距离。

（3）降雨传感器安装位置应常年完全暴露，不应有任何遮蔽，安装距离应符合设备参数要求。

（4）流量传感器的上游应留有不小于10倍管径的直管段。安装距离应符合设备参数要求。

（5）土壤湿度传感器安装在多个站点的控制系统中时，应安装在最后一个站点，并且最后一个站点的距离不应超出连接线的最大铺设长度。

（6）控制器壁挂安装时，控制器显示器距离地面的高度宜为160～170cm。

（7）控制器安装位置，应距离产生干扰的电气设备不小于4.5m。

（8）无线控制系统接收器（电磁阀）安装定位前，应在现场进行通信信号强度测试。

（9）无线控制系统的中继器宜安装在项目的最高点。

6.4.24 假山工程质量的验收

假山工程质量的验收要求见表6-43。

表6-43 假山工程质量的验收要求

项目	验收要求
一般规定	①假山工程的质量验收，应根据检验批、分项工程、分部(子分部)工程、单位元(子单位元)工程的顺序进行。假山工程的分项、分部可根据现行行业标准进行划分。 ②假山工程施工质量应符合工程设计文件、国家现行相关标准的规定。 ③假山工程每批自然山石进场时，需要做检查验收，形成相应的检查记录。 ④假山工程的验收应在施工单位自行检验合格的基础上进行。 ⑤假山施工隐蔽工程在隐蔽前应由施工方通知有关单位进行验收，并且形成验收文件
假山工程质量验收	①已完成工程设计文件及合同约定的各项内容。 ②所含分部、分项工程的质量均验收合格，分部、分项工程中有关结构安全和主要使用功能的检验资料应完整。 ③景观效果应符合设计要求、标准以及国家现行相关标准、规范的要求

续表

项目	验收要求
假山外观质量规定	①假山布局、标高尺寸应符合设计要求。 ②假山组合不存在沉降缝，勾缝处不存在遗漏及开裂现象；假山组合形态应符合设计要求。 ③配套水电系统应运行正常

6.4.25 其他非植物造景的质量与验收要求

其他非植物造景的质量与验收要求见表 6-44。

表 6-44 其他非植物造景的质量与验收要求

名称	要求
园林汀步	①园林汀步基础垫层使用混凝土时，其强度等级应不小于 C15，其厚度应大于 100mm，混凝土基层的周围尺寸应较汀步石外围尺寸大 50～60mm。 ②水池汀步施工时，应考虑浮力的影响。石材组砌需要合理牢固，汀步顶层应距水面的最高水位不小于 150mm。汀步表面应防滑，相邻汀步间的高程差不应大于 25mm。 ③石材汀步结合层，宜采用不低于 M10 的水泥砂浆进行砌筑。 ④汀步表面面积以 0.25～0.35m^2 为宜。 ⑤汀步间的间距以 0.3～0.4m 为宜
木栈道	①木栈道的基础分为台基、桩基。台式基础之上可直接铺设面层。桩基则需要设连接梁，其上可设置枕木，也可直接敷设面层。 ②木栈道地基需要土质均匀。土质不均匀时，应进行技术处理。地基回填土应进行分层夯实，压实度应达到 90%以上。 ③木栈道基础应设在冻土层以下，并采用强度等级 C25 以上的混凝土浇筑。 ④桩尖进入持力层的深度及桩与承台梁的连接应符合相关标准要求
廊架	①廊架的材质、规格应符合设计要求，外观应无明显缺陷，结构应安全可靠。室外廊架应做防腐蚀处理。 ②廊架地基的承载力应满足设计要求。如果设计未提出具体要求时，不应低于 80kPa。基础深埋应超过该地区的冻结线。 ③设计无明确要求时，单排混凝土立柱断面尺寸不小于 300mm×250mm，双排混凝土柱断面尺寸不小于 200mm×200mm。混凝土强度等级不应低于 C20。 ④采用型钢的廊架，壁厚不应低于 5mm；采用焊接连接时，焊缝等级不应低于 3 级。 ⑤廊架立柱垂直偏差应小于 5mm
旱喷泉	①旱喷泉地基需要夯实，压实度需要大于 93%。 ②旱喷泉管沟砌筑、钢筋混凝土浇筑应符合相关规范要求。沟壁、沟底、集水井应采取防水措施。 ③底部、管沟底部应有 0.2%～0.5%的坡度。 ④旱喷泉管道、管件的连接、敷设、安装应符合相关规范要求。 ⑤金属管道应做防腐处理。 ⑥电气设备的安装应符合相关规范要求。 ⑦旱喷泉管沟覆盖物承载力应大于 2kN/m^2。安装后，其水平标高应低于地面铺装 3～5mm。 ⑧旱喷泉给水系统需要进行水压试验，试验压力为工作压力的 1.5 倍，并且不应小于 0.6MPa，10min 内压降不大于 0.05MPa。 ⑨泄水需要保证泄空，防止设备冻胀
园林驳岸	①园林驳岸的地基应相对稳定，土质应均匀一致，防止出现不均匀沉降现象。 ②园林驳岸持力层标高应低于水体最低水位标高 500mm。基础垫层应按设计要求施工，如果设计未提出明确要求，基础垫层厚度应不低于 100mm，混凝土强度等级应不低于 C15。 ③园林驳岸基础的宽度应符合设计要求，如果设计未提出明确要求的，基础宽度应是驳岸主体高度的 0.6～0.8 倍，压顶宽度最低不小于 360mm，砌筑砂浆需要采用不低于 M10 的水泥砂浆。

续表

名称	要求
园林驳岸	④园林驳岸视其砌筑材料不同，需要执行不同的砌筑施工规范。砌筑主体的石材应配重合理、砌筑牢固。 ⑤驳岸后侧的回填土不应采用黏性土，并根据要求设置排水盲沟，且与雨排系统相连。 ⑥较长的园林驳岸，应每隔 20～30m 设置变形缝，变形缝宽度应为 10～20mm；园林驳岸顶部标高出现较大高程差时，应设置变形缝。 ⑦以石材为主体材料的自然式园林驳岸，其砌筑应曲折蜿蜒、错落有致、纹理统一，景观艺术效果应符合设计要求。 ⑧园林驳岸溢水口的艺术处理，应与驳岸主体风格一致。 ⑨规则式园林驳岸压顶标高距水体最高水位标高不宜小于 0.5m
园林叠水	①园林叠水的结构主体根据材料区分为钢筋混凝土主体、砌筑主体及其他结构主体，其基础土层承载力标准值应在 60kPa 以上，土壤密实度应大于 0.90。土质应均匀，当土质不均匀时应进行技术处理。 ②园林叠水的砌筑、混凝土施工，应按照相应的规范、标准要求进行。 ③做防水处理时，防水卷材应顺应叠水方向搭接，搭接长度应大于 200mm，并用专业胶结材料胶结牢固，所使用的防水、胶结等材料应满足使用条件及环境要求。 ④园林叠水的给排水系统施工应符合相关规范、标准的要求。 ⑤构筑物及叠水的景观效果应符合设计要求。 ⑥自然叠水防水卷材上应铺设厚 40mm 以上的级配石。 ⑦叠水瀑布直接冲击部位应设置垫石
园林景观桥	①园林景观桥的设计、施工应符合相关规范的要求。 ②园林景观桥跨度大于 3m 且小于 6m 时，设计图应由专业设计单位审核通过；跨度大于 6m 或采用拱桥、钢桥、桁架桥、斜拉桥、悬索桥、组合桥时，应由专业设计单位进行设计。 ③园林景观桥的跨度大于 3m 时，需要对桥基础做岩土工程勘察，在山地建桥时，还需要对桥址进行山地灾害性地质情况评估。 ④园林景观桥使用的建筑材料应符合设计要求。其中，圬工桥所用石材强度应大于 MU30；现浇混凝土强度等级不低于 C20；预制混凝土强度等级不低于 C25；钢材不低于 Q235B。木材需要顺纹、无节疤、含水率小于 12%，并且需要做防腐处理。 ⑤大型景观桥的栏杆高度不应低于 1.3m，并且能够承受顶部 1kN/m 的水平推力和 1.2kN/m 的竖向荷载。桥栏杆的竖杆间距应小于 100mm，中间不设横杆。 ⑥园林景观桥表面应做防滑、排水处理。桥面坡度大于 1∶8 时，应设无障碍桥面。 ⑦园林景观桥踏步的高度不应大于 100mm，踏步的宽度不应小于 300mm。 ⑧园林景观桥设踏步时不宜少于三级

6.5 "好房子"之园林庭院绿化的经验谈与速查

6.5.1 常见植物花期速查

常见植物花期速查见表 6-45。

表 6-45　常见植物花期速查

开花月份	植物名称	花期
一月	石蒜	1～3 月
	炮仗花	1～6 月

续表

开花月份	植物名称	花期
一月	红千层	1～2月
二月	木棉	2～3月
	深山含笑	2～3月
	梅花	2～3月
	迎春	2～4月
三月	白玉兰/紫玉兰/二乔玉兰	3～4月
	火棘	春季
	紫叶李	3～4月
	桃	3～4月
	贴梗海棠	3～4月
	结香	3～4月
	紫荆	3～4月
	蚊母	3～4月
四月	鹅掌楸	4～6月
	含笑	4～5月
	缅桂	4～9月
	梨	4～5月
	樱桃	4～5月
	日本晚樱	4～5月
	垂丝海棠	4～5月
	西府海棠	4～5月
	苹果	4～5月
	绣球、绣线菊	4～6月
	云南黄馨	4～5月
	连翘	4～5月
	红花檵木	4～5月
	锦带花	4～6月
	红花酢浆草	4～11月
	美女樱	4～10月
	紫藤	4～5月
	蔓长春花(花叶)	4～7月
	鸢尾	4～5月
五月	四季桂	5～9月
	木莲	5～9月
	石榴	5～6月
	金焰绣线菊	5～10月

续表

开花月份	植物名称	花期
五月	山楂	5～6月
	月季	5～10月
	玫瑰	5～6月
	木本绣球	5～6月
	假连翘	5～10月
	夏鹃	5～6月
	四照花	5～6月
	六月雪	5～6月
	黄菖蒲	5～6月
	半支莲	5～10月
	蜘蛛抱蛋	5～6月
	萱草	5～8月
	韭兰	5～9月

知识小贴士

各季植物配置得当，可以做到四季花开不绝。例如，合欢、紫薇、金丝桃、杜鹃、红叶李、鸡爪槭配置在一起，观赏期可延长半年。紫薇、石榴、夹竹桃配置，观赏期长达5个月。梅花花期短，盛花期仅两周，如果配植一串红、菊花，就可改变景观。例如春季白玉兰、迎春花、樱花，夏季紫薇、合欢、广玉兰，秋季月季、一串红及变叶木，冬季常绿针叶林。

6.5.2 常见彩叶植物搭配速查

常见彩叶植物搭配速查见表6-46。

表6-46 常见彩叶植物搭配速查

植物类型	速查
红色彩叶植物	池杉——秋季红色 枫香——秋季变红 扶芳藤——秋季红色 红花继木——常年红色 红瑞木——秋季红色 红叶石楠——春秋红色 黄连木——秋季红色 鸡爪槭——秋季红色 南天竹——常年红色 三角枫——秋季暗红色 柿子树——秋季红色 水杉——秋季红色 四照花——秋季红色

续表

植物类型	速查
红色彩叶植物	乌桕——常年红色 五角枫——秋季红色或黄色 五叶地锦——秋季红色 吸毒草——常年紫红色 羽衣甘蓝——冬季紫红色 重阳木——秋季红色 紫背桂——常年叶背红色 紫叶酢浆草——常年紫红色 紫叶李——常年红色
黄色彩叶植物	吊兰——常年浅黄色或白色 鹅掌楸——秋季黄色 黄金榕——新叶黄色 假连翘——常年黄色 金森女贞——常年黄色 金叶菖蒲——常年金黄色 金叶黄杨——常年黄色 金叶女贞——常年黄色 洒金珊瑚——常年黄色斑点 石榴——秋季黄色 无患子——秋季黄色 银杏——秋季黄色 朱蕉——常年浅黄色或红色

知识小贴士

观赏花木中的某类叶色漂亮多变的植物，如果与观花植物组合，可以延长观赏期。绿叶树种也有不同程度的观赏效果，如果选择色度对比强烈的种类进行搭配，则效果更好。

6.5.3 居住区抗污染作用强的园林植物速查

居住区抗污染作用强的园林植物速查，以某地区为例见表 6-47。

表 6-47 某地区居住区抗污染作用强的园林植物速查

植物类别	首选	可选
常绿乔木	白皮松、桧柏、侧柏	华山松、云杉
落叶乔木	银杏、国槐、白蜡、垂柳、旱柳、馒头柳、法桐、臭椿、构树、核桃、龙爪槐、栾树、合欢、皂荚、枫杨、梧桐、丝棉木	五角枫、茶条槭、梓树
小乔木、单杆灌木	黄栌、稠李、锦带花、核桃、杏树、紫薇	榆叶梅、山桃、山楂、樱花
丛生灌木	木槿、紫丁香、连翘、金银木、大叶黄杨、金银花、蔷薇	女贞、美国凌霄
草坪地被	美人蕉、地被菊、金鸡菊、鸢尾、玉簪、福禄考、萱草、百日草	紫茉莉、蜀葵

6.5.4 居住区滞尘作用强的园林植物速查

居住区滞尘作用强的园林植物速查，以某地区为例，见表 6-48。

表 6-48 某地区居住区滞尘作用强的园林植物速查

植物类别	首选	可选
常绿乔木	桧柏、白皮松	油松、华山松、雪松
落叶乔木	国槐、栾树、复叶槭、元宝枫、银杏、白蜡、构树、毛泡桐、法桐、臭椿、七叶树、枫杨	栾树、合欢、丝棉木
小乔木、单杆灌木	榆叶梅、紫丁香、天目琼花、锦带花	金银木、珍珠梅、紫薇、太平花、棣棠、迎春
丛生灌木	木槿、沙地柏	大叶黄杨、小叶黄杨
草坪地被	早熟禾、崂峪苔草、麦冬	野牛草

6.5.5 居住区停车场绿化适宜选用的落叶乔木速查

居住区停车场绿化适宜选用的落叶乔木速查，以某地区为例，见表 6-49。

表 6-49 某地区居住区停车场绿化适宜选用的落叶乔木速查

名称	植物特性	名称	植物特性
国槐	阳性；观树形、花	柳树	阳性；耐旱；观树形
绒毛白蜡	阳性；观树形、秋叶	臭椿	阳性；耐旱；观树形
栾树	阳性；稍耐荫；观树形、花	毛白杨	阳性；耐旱；观树形
千头椿	阳性；耐旱；观树形	楸树	阳性；观树形、花
银杏	阳性；耐旱；观树形、秋叶	杜仲	阳性；观树形

6.5.6 居住区适宜选用的耐阴植物速查

居住区适宜选用的耐阴植物速查，以某地区为例，见表 6-50。

表 6-50 某地区居住区适宜选用的耐阴植物速查

植物类别	首选	可选
常绿乔木	青杆、圆柏(桧柏)	油松
落叶乔木	白蜡、白玉兰	国槐、栾树、五角枫
落叶灌木	紫叶稠李、紫叶矮樱、暴马丁香、北京丁香、紫丁香、木槿、金银木、珍珠梅、水栒子、天目琼花、红瑞木、棣棠	黄栌、文冠果
草坪地被	玉簪、婆婆纳、睡莲、黄菖蒲、细叶芒、花叶芒	三七景天、八宝景天、萱草、地被菊
藤本植物	紫藤、金银花	蔷薇

6.5.7 居住区种植屋面适宜选用的植物速查

居住区种植屋面适宜选用的植物速查，以某地区为例，见表6-51。

表6-51 某地区居住区种植屋面适宜选用的植物速查

植物种类	植物名称
乔木类	华山松、油松、白皮松、桧柏、五角枫、龙爪槐、玉兰、鸡爪槭、重瓣榆叶梅、紫叶李、垂丝海棠、蔷薇、紫叶矮樱、稠李、西府海棠、绚丽海棠、红宝石海棠、绚丽海棠
灌木类	水栒子、碧桃、红瑞木、大叶黄杨、黄栌、金叶女贞、连翘、紫丁香、暴马丁香、天目琼花、红王子锦带
地被植物	砂地柏、地被菊、波斯菊、蛇鞭菊、金鸡菊、黑心菊、松果菊、天人菊、大花萱草、金娃娃萱草、玉簪、射干、鸢尾、马蔺、三叶地锦、五叶地锦、假龙头、八宝景天、三七景天、宿根福禄考、婆婆纳、美人蕉、常夏石竹、金银花、矮牵牛、千屈菜

6.5.8 居住区适宜选用的地被植物速查

居住区适宜选用的地被植物速查，以某地区为例，见表6-52。

表6-52 某地区居住区适宜选用的地被植物速查

名称	植物习性	株高/cm	花期	观赏特性	配置手法
矮牵牛	①喜温暖和阳光充足的环境。不耐霜冻，怕雨涝。 ②宜用疏松肥沃和排水良好的沙壤土	20～45	4月至降霜	①叶呈椭圆或卵圆形。 ②花单生，花冠呈喇叭状，颜色为白、紫或各种红色，花期长达数月。 ③蒴果，种子很小	①用作园路旁地被植物。 ②可做花坛、花境
八宝景天	①耐寒，喜光，耐半阴，耐旱。 ②不择土壤，但是要求土壤排水良好	30～50	7～10月	①茎直立，全株为青白色，叶色碧绿。 ②花色鲜艳，颜色为白色或粉红色，是良好的观叶、观花地被植物	①宜植于花坛、花境和用来点缀草坪。 ②可片植于疏林下
百日草	①喜温暖、不耐寒、喜阳光、怕酷暑、性强健、耐干旱、耐瘠薄、忌连作。 ②根深、茎硬、不易倒伏。 ③宜在肥沃的深土层中生长	30～100	6～9月	①头状花序单生枝端，舌状花为深红色、玫瑰色、紫堇色或白色，舌片为倒卵圆形。 ②花期长，株形美观	可按高矮片植于花坛、花境、花带
波斯菊	①喜光，不耐寒，不喜酷热。生长习性健强，耐干旱，耐瘠薄土壤 ②在肥沃疏松的土壤中生长良好	60～150	6～8月	①头状花序单生，舌状花为紫红色、粉红色或白色。 ②瘦果呈黑紫色	花鲜艳，宜片植，用作花境及背景材料
常夏石竹	①喜阳，耐干旱，耐瘠薄，抗寒性极强。 ②对土壤酸碱度要求不严格，常生长于疏松、排水良好的土壤中	30	5～10月	①叶形优美，花色艳丽。 ②具芳香，花期长	①宜用作庭园花卉，植于园路边、墙垣边、岩石园或用于花境、花坛等。 ②可作地被植物

续表

名称	植物习性	株高/cm	花期	观赏特性	配置手法
雏菊	①喜光，喜凉爽气候，耐寒，不耐酷热。 ②种植于排水良好、肥沃土壤中最为适宜	7～20	4～6月	①头状花序单生于顶部，总苞呈半球形，花色有白色、粉色、粉红色、深红色、洒金色、朱红色、紫色。 ②瘦果呈倒卵形	用于花坛、花带、花境的边缘
翠菊	①喜阳光、喜湿润、不耐涝，高温、高湿时易受病虫危害。 ②耐热力、耐寒力均较差。 ③在肥沃的沙壤土中生长较佳	15～100	6～10月	①叶子呈卵形或长椭圆形。 ②头状花序，花瓣有浅白、浅红、蓝紫等色。 ③瘦果呈长椭圆状倒披针形，稍扁	可用于花坛、花带、花境
大花萱草	①喜光照，喜温暖湿润气候。 ②耐寒、耐旱、耐贫瘠、耐积水、耐半阴，对土壤要求不严，适应能力很强	40～60	6～8月	顶端生聚伞花序，有红色、黄色、橙色、紫色、绿色、粉色、白色等多种颜色	宜片植用作地被植物，供观赏
大丽花	①喜半阴，不耐干旱，不耐涝 ②宜栽培于土壤疏松、排水良好的肥沃沙壤土中	150～200	5～10月	①头状花序大，舌状花花大且艳，有红色、粉红色、黄色、白色、紫色、洒金色。 ②瘦果压扁	适宜于花坛、花径或庭前丛植
地被菊	①喜充足阳光，也稍耐阴，抗性强，抗寒、抗旱、耐盐碱、抗污染、抗病虫害。 ②忌积涝。 ③要求土壤疏松、肥沃	60～150	9～11月	①叶互生，有短柄，叶片呈卵形和披针形。 ②头状花序多变化，花色有红、黄、白、橙、紫、粉红、暗红等各色	宜用作地被植物，做花篱、园林造景
二月兰	①适应性、耐寒性强，少有病虫害。 ②对土壤要求不高，可适应中性或弱碱性土壤，耐阴性强	10～50	4～5月	花呈紫色、浅红色或褪成白色	①优良的草本花卉，生长粗放，花期早，颇具野趣。 ②宜片植于林下、草坡
黑心菊	①适应性很强，不耐寒，很耐旱，不择土壤，极易栽培，应选择在排水良好的沙壤土中及向阳处栽植。 ②喜向阳通风的环境	60～10	6月	花心隆起，颜色为紫褐色，周边瓣状小花呈金黄色	①宜用作庭院和花境布置材料。 ②成片自然式栽植于草地边缘
花叶芦竹	①喜温暖，较耐寒，喜光，喜湿润，耐湿，喜疏松、肥沃的土壤。 ②根系发达，适应性强，各种土壤均能生长，常大片生长并形成芦苇荡	150～200	9～12月	①叶片宽大，为线状披针形。 ②大型圆锥花序，分枝密生，具多数小穗	植株较高，宜植于庭院、水榭旁、人工湖及其他水景区供观赏

续表

名称	植物习性	株高/cm	花期	观赏特性	配置手法
花叶芒	①喜光,耐半阴、耐寒、耐旱、耐涝,全日照至轻度荫蔽条件下生长良好。 ②适应性强,不择土壤	150～180	9～10月	①叶片为浅绿色,有奶白色条纹,条纹与叶片等长。 ②圆锥花序,花序为深粉色	①宜用作点缀植物,可用于花坛、花境、岩石园。 ②可做假山、湖边的背景材料
假龙头	①喜温暖,喜疏松排水良好的沙壤土,耐寒。 ②适应力强,耐半阴	60～120	8～10月	①长圆形叶对生,叶秀花艳。 ②穗状花序聚成圆锥花序状,小花密集,为玫瑰紫色,株形整齐,花期集中	①宜用作布置花境、花坛背景。 ②丛植于野趣园中
金光菊	①喜通风良好、阳光充足环境,适应性强,耐寒又耐旱,对土壤要求不严,忌水湿。 ②在排水良好、疏松的沙壤土中生长良好	50～200	7～10月	①头状花序单生于枝端,具长花序梗。 ②总苞为半球形,花托为球形,舌状花为金黄色,舌片倒披针形,管状花为黄色或黄绿色	①非常适宜成片栽植于疏林草地边缘。 ②可观叶,也可观花
金鸡菊	①耐寒、耐旱,对土壤要求不严,喜光。 ②耐半阴,适应性强,对二氧化硫有较强的抗性	30～60	6～9月	①叶片多对生少互生、为全缘、浅裂或切裂。 ②花为单生或疏圆锥花序,舌状花,颜色为黄、棕或粉色	①非常适宜成片栽植于疏林草地边缘,可观叶,也可观花。 ②也可用作屋顶绿化中的覆盖材料,效果极好
金娃娃萱草	①喜光,耐干旱、湿润与半阴,耐寒。 ②对土壤适应性强,以深厚、富含腐殖质、排水良好的肥沃的沙壤土为宜	30	5月中旬～11月	螺旋状聚伞花序,花冠为漏斗形,颜色为金黄色	宜片植,用作地被植物,供观赏
金盏菊	①喜光,喜全日照或半日照,耐寒,不耐暑热。 ②不择土壤,适宜碱性土。喜排水良好、肥沃、湿润的沙壤土	20～60	4～10月	①头状花序顶生,花有黄色、浅黄和橙色。 ②瘦果无毛	用于花坛、花带、花境的边缘
桔梗	①喜凉爽气候,耐寒,喜阳光。 ②适宜在富含磷钾肥的中性夹沙土中生长	50～100	6～8月	①花单朵顶生,或数朵集成假总状花序,或有花序分枝而集成圆锥花序,花冠大,颜色有蓝色、紫色或白色。 ②蒴果呈球状,或球状倒圆锥形,或倒卵状	①用于花坛、花境。 ②坡地栽植,以半阴半阳的地势为最佳
柳叶马鞭草	①喜阳光充足的环境,怕雨涝。 ②喜温暖气候,不耐寒,对土壤条件适应性好,耐旱能力强,需水量中等	60～150	5～9月	①叶片为十字对生,初期为椭圆形。 ②穗状花序顶生或腋生,细长如鞭,花小,花冠淡紫色或蓝色。 ③果实为蒴果状	①颜色艳丽,宜群植,效果非常壮观。 ②可做观赏地被植物

续表

名称	植物习性	株高/cm	花期	观赏特性	配置手法
马蔺	①喜阳光，抗旱、耐盐碱、抗杂草、抗病虫害。 ②适宜栽于背风向阳的沙壤土中	30	5～6月	①叶基生，灰绿色。 ②花为浅蓝色、蓝色或蓝紫色。 ③蒴果为长椭圆状柱形	宜植于路旁、山坡草地
麦冬草	①耐寒、耐旱，喜温暖湿润，光照充足的环境。 ②宜植于土质疏松、肥沃湿润、排水良好的微碱性沙壤土中	14～30	8～10月	总状花序，花被片常稍下垂而不展开，披针形，颜色为白色或淡紫色	适合作园林观赏草
婆婆纳	①喜光，耐半阴，忌冬季湿涝。 ②对水肥条件要求不高，但喜肥沃、湿润、深厚的土壤	10～25	6～9月	①总状花序，花冠为淡紫色、蓝色、粉色或白色。 ②蒴果近肾形	①宜植于岩石庭院和灌木花园。 ②适合于花坛地栽，亦可作边缘绿化植物
三七景天	较耐阴也较耐旱、耐寒，在北方能露地越冬，对土壤无严格选择，适应性强	20～50	6～7月	聚伞花序，花为黄色，呈长圆形至椭圆状披针形	宜片植于路边或坡地
三色堇	①喜光，耐半阴，喜凉爽气候，较耐寒，要求通风良好，不耐酷热和积水。 ②适宜种植于肥沃湿润的沙壤土中	15～30	5～10月	①单花生于花梗顶端，花大，两侧对称，状如蝴蝶，有黄色、白色、紫色三种颜色，故称"三色堇"。 ②蒴果，瓣裂	用于冷凉季花坛，植于路旁和草坪边缘
蛇鞭菊	①耐寒，耐水湿，耐贫瘠，喜欢阳光充足、气候凉爽的环境。 ②要求土壤疏松、肥沃、排水良好	70～120	7～8月	①小头状花序聚集成密长穗状花序，由上而下次第开放，好似响尾蛇的尾巴，呈鞭形而得名。 ②花为红紫色，花期长，花茎挺立，花色清丽	①宜用于布置花境、路旁带状栽植及庭院自然式丛植。 ②也可作为背景材料或丛植点缀于山石、林缘
射干	①喜温暖和阳光，耐干旱和寒冷。 ②对土壤要求不严，以肥沃疏松、地势较高、排水良好的沙壤土为好，中性壤土或微碱性适宜，忌低洼地和盐碱地	100～150	6～8月	①叶互生，剑形。 ②花序顶生，花为橙红色。 ③蒴果呈倒卵形，为黄绿色	①作花坛、花境的配植材料。 ②花枝用于插花欣赏
矢车菊	①适应性较强，喜光。 ②不耐阴湿，较耐寒喜冷凉，忌炎热。 ③喜肥沃、疏松和排水良好的沙壤土	60～80	5～8月	①舌状花，呈辐射状喇叭形，花色有粉红色、白色、玫红色、蓝色、深蓝色。 ②瘦果，呈椭圆形	宜用于布置花境、花坛背景或野趣园中丛植
鼠尾草	①喜温暖、光照充足、通风良好的环境。 ②耐旱，但不耐涝，不择土壤，宜种植于排水良好、土质疏松的中性或微碱性土壤中	30～100	6～9月	植株呈丛生状，顶生，总状花序，花为蓝紫色	①用于布置花境、花坛。 ②亦可植于坡地、路旁、荫蔽草丛、水边及林荫下

续表

名称	植物习性	株高/cm	花期	观赏特性	配置手法
硕葱	①喜凉爽、半阴。 ②适宜种植于疏松肥沃的沙壤土中，忌积水	15～30	6～8月	①头状花序硕大，小花为紫色。 ②种子呈球形，坚硬，为黑色	①用于布置花坛、花境。 ②成丛栽植于岩石旁及草坪中
松果菊	①稍耐寒，喜生于温暖向阳处。 ②喜肥沃、深厚、富含有机质的土壤	50～150	6～7月	花朵较大，色彩艳丽，外形美观，因头状花序很像松果而得名，舌状花，颜色为紫红色	宜栽植于草坪边缘，用作良好的观赏地被植物
宿根福禄考	①喜温暖、湿润、阳光充足或半阴的环境。不耐热，忌暴晒，不耐旱，忌积水。较耐寒，可露地越冬。 ②宜在疏松、肥沃、排水良好的中性或碱性的沙壤土中生长	60～100	6～9月	①伞房状圆锥花序，多花密集成顶生，碟状花冠，花色有淡红色、红色、白色、紫色等。 ②蒴果呈卵形	宜群植，作为露地宿根花卉种植在不同的绿地，增加艳丽色彩，美化环境
天人菊	①耐干旱、炎热，不耐寒，喜阳光，也耐半阴，宜在排水良好的疏松土壤中生长。 ②耐风、抗潮、生性强韧	20～60	6～8月	①上部叶呈长椭圆形、倒披针形或匙形。 ②头状花序，花色为橙黄色，基部带紫色，色彩艳丽，花期长	宜成片栽植，用作花坛、花丛的布置材料
委陵菜	耐寒冷，喜光照	20～70	4～10月	伞房状聚伞花序，萼片呈三角卵形，花瓣为黄色且呈宽倒卵形	植于草坡、灌木丛，是优良的地被花卉
细叶芒	耐半阴，耐旱，也耐涝	100	9～10月	花色由最初的粉红色渐变为红色，秋季转为银白色	宜片植用作观赏草
萱草	①喜光，耐半阴。性强健，耐寒，耐干旱。 ②不择土壤，在深厚、肥沃、湿润、排水良好的沙壤土中生长良好	1000	5～7月	圆锥花序顶生，花姿优美，早上开花晚上凋谢，无香味，花色艳丽，为橘红色至橘黄色	宜片植用作地被植物，供观赏
玉带草	①喜光，喜温暖湿润气候。 ②喜湿润肥沃土壤，耐盐碱	60～140	—	叶扁平、呈线形、颜色为绿色且具白边及条纹，是极好的观叶地被植物	宜植于林下或水湿处，可用作布置花境
玉簪	①典型的阴性植物，喜阴湿环境，受强光照射则叶片变黄，生长不良。 ②喜肥沃、湿润的沙壤土，性耐寒，能在露地越冬	40～80	6～8月	总状花序，小花呈管状漏斗形，花色为白色，有香气	①宜片植于树下作地被植物，或植于建筑物北侧。 ②可在林缘、景石旁、水边种植
鸢尾	①喜阳光充足，气候凉爽的环境，耐寒力强。 ②喜适度湿润、排水良好、富含腐殖质、略带碱性的黏性石灰质土壤	30～60	4～5月	花单生或树朵顶生，聚伞花序，花大，色艳，颜色为蓝紫色	①可用于布置花坛、花境、林缘路旁、湖畔等处。 ②常用作林下作地被植物

续表

名称	植物习性	株高/cm	花期	观赏特性	配置手法
紫花地丁	喜光照、湿润环境	4～14	4～9月	①叶片下部呈三角状卵形或狭卵形，花中等大，颜色为紫堇色或淡紫色。 ②蒴果呈长圆形，淡黄色	春季开花形成缀花草坪，宜片植用作优良地被植物

6.5.9 居住区适宜选用的小乔木及单杆灌木

某地区居住区适宜选用的小乔木及单杆灌木见表6-53。

表6-53 某地区居住区适宜选用的小乔木及单杆灌木

名称	植物习性	株高/m	花期	观赏特性	配置手法
八棱海棠	①耐寒、耐干旱、耐涝、耐盐碱、耐瘠薄、耐水湿、抗病虫、适应性强，树体强健，根系发达。 ②适宜栽植于各种土质，如平地、山坡、丘陵等	5～8	4～5月	①树冠开展，树干呈暗褐色，嫩枝或为褐色或为红褐色。 ②伞形花序，花于叶后开放，为淡粉红色或白色。 ③果实扁圆，色为鲜红色、深红色、微红色、黄绿色带红晕乃至黄色	宜孤植、对植、丛植或群植
暴马丁香	①喜光、喜温暖、湿润，耐寒性和耐旱力强，稍耐阴，耐瘠薄。 ②喜肥沃、排水良好的土壤，忌在低洼地种植	10	6～7月	①树冠近圆形，枝直上而开展，树皮为灰紫色，粗糙。 ②圆锥花序大而疏散，花冠为白色。 ③蒴果为矩圆形	①宜孤植、丛植。 ②可用作庭院树
北京丁香	①喜光，耐阴、耐干旱、耐寒。 ②喜湿润、排水良好的肥沃土壤	5	5～8月	①树皮为黑色，纵裂。 ②小枝细长开展，为淡黄色或赤褐色。 ③花序大，为黄白色	①宜孤植、丛植，是优良的观赏树种。 ②花期晚，用作景观树
碧桃	①喜光，耐旱，喜肥沃而排水良好的土壤。 ②不耐涝，不耐盐碱，有一定耐寒力。 ③根系较浅，寿命短	8	4～5月	①树冠宽广而平展。 ②树皮为暗红褐色，小枝细长，无毛，有光泽，为绿色，向阳处转变成红色。 ③花单生，先于叶开放，为粉红色	宜孤植、对植、列植或片植于水畔、石旁、庭园中、草坪边
垂丝海棠	①喜温暖湿润环境，不耐阴，不甚耐寒，不耐水涝。 ②喜深厚、疏松、肥沃、排水良好且略带黏质的土壤	4～5	3～4月	①树冠开展，小枝细弱，微弯曲，为紫色或紫褐色。 ②伞房花序，花瓣呈倒卵形，为粉红色。 ③果实呈梨形或倒卵形，略带紫色	宜孤植、丛植或群植

续表

名称	植物习性	株高/m	花期	观赏特性	配置手法
红宝石海棠	①耐寒，耐瘠薄，耐轻度盐碱。 ②适应性强，耐修剪	3	4～5月	①树干及主枝直立，树皮为棕红色，整个生长季节叶片呈紫红色，花粉红色。 ②果为红色梨果，接近球形。 ③是集叶、花、果、枝、树形同观共赏的绿化、彩化树种	①宜孤植、列植、丛植或群植。 ②是优良的彩化树种
黄栌	①喜光，也耐半阴，耐寒。 ②耐干旱、瘠薄和碱性土壤，不耐水湿，宜植于土层深厚、肥沃而排水良好的沙壤土中。 ③生长快，根系发达。 ④对二氧化硫有抗性	2～5	3～8月	①枝为红褐色。 ②花杂性，呈黄色，聚伞状圆锥花序，顶生。 ③核果小，呈扁肾形，为红色	①宜丛植于草坪、土丘或山坡。 ②亦可混植于其他树种中，尤其是常绿树群中，是良好的彩叶树
流苏树	①喜光，不耐荫蔽，耐寒、耐旱，忌积水，生长速度较慢，寿命长。 ②耐瘠薄，对土壤要求不严。但以在肥沃、通透性好的沙壤土中生长最好，有一定的耐盐碱能力	10	4～5月	①树干为灰色，大枝皮常纸状剥裂，开展。 ②叶片光亮，花色为乳白色，疏散的圆锥花序，瓣片细长，清新秀丽，芳香。 ③核果呈卵圆形	①优秀的园林观花树种，宜栽植于安静区域。 ②常以常绿树衬托列植
美人梅	①喜光，抗寒性强，抗旱性较强，喜空气湿度大，不耐水涝。 ②对土壤要求不严，以微酸性的黏壤土为好，不耐空气污染，对氟化物、二氧化硫和汽车尾气等比较敏感	2～3	4月	①枝条垂直向上，小枝细长，为紫红色或红褐色。 ②花重瓣，为粉红色至浅紫色，先叶开放，叶为紫红色	宜孤植、列植、群植，非常适宜用作美化庭园
山荆子	①喜光，耐寒，耐旱，忌积水，耐瘠薄。 ②深根性，寿命长	10～14	4月	①小枝细而无毛，为暗褐色。 ②花为白色，伞形花序。 ③果近球形，为红色或黄色	宜丛植、列植、群植、林植，用作庭园观赏树
山桃	①耐寒力极强，耐干旱，喜光，耐瘠薄，耐盐碱，忌积水。 ②适应性强，喜肥沃湿润的土壤	10	3～4月	①树皮为紫褐色，有光泽。 ②花单生，为白粉色。 ③果呈球形	①宜孤植、对植、列植。 ②成片植于庭园、草坪、林缘、建筑物前

续表

名称	植物习性	株高/m	花期	观赏特性	配置手法
山杏	①喜光，耐寒。 ②对土壤要求不严，耐干旱、瘠薄土壤，不耐水涝	5～8	3～4月	①小枝为灰褐色或浅红褐色。 ②花单生，先叶开放，呈白色或粉红色。 ③果呈扁球形，为黄色或橘红色	宜孤植、对植、列植、丛植，用作观赏树种
山楂	①喜凉爽、湿润的环境，既耐寒又耐高温。 ②对土壤要求不严格。在土层深厚、质地肥沃、疏松、排水良好的微酸性砂壤土中生长良好	6	5～6月	①树皮粗糙，为暗灰色或灰褐色，花为白色，伞房花序，有长柔毛。 ②果近球形或梨形，为红色	宜孤植、对植、丛植或群植
太阳李	①喜光，耐寒，忌积水，适应性强 ②喜温暖、湿润气候，及疏松、肥沃、排水良好的沙壤土	8～10	4～5月	①干皮为紫灰色，小枝为淡红色。 ②叶片为红色且质地光滑。 ③花单生或簇生，花小，为白色，花叶同放。 ④核果呈扁球形	宜孤植、丛植、群植或片植
西府海棠	①喜光，耐寒，耐干旱。 ②忌水湿，适应性强	2.5～5	4月	①小枝为紫褐色。 ②春季花粉红美丽，秋季红果缀满枝头	宜丛植、列植于庭园、林缘
香茶藨	①喜光，稍耐阴，耐寒。 ②喜肥沃湿润的土壤	1～2	4月下旬	①枝无刺。 ②总状花序，花瓣为黄色，芳香。 ③浆果成熟时为黑紫色，酸甜可食用	可孤植、丛植
杏	①喜光，耐寒力强，适应性强，深根性，耐干旱，不耐涝，抗寒，抗风。 ②能在各类土壤中生长，以排水良好的沙壤土最为适宜。 ③寿命长	5～8	3～4月	①树冠圆整，树皮为灰褐色，小枝为红褐色。 ②花单生，为淡红色或近白色。 ③果呈球形，为黄色或带红晕	宜孤植、对植、列植、丛植，作园景树
绚丽海棠	①耐寒，喜湿润土壤，耐旱，喜光，不耐阴。 ②对土壤要求不严，有一定的耐盐碱能力，喜肥，也较耐瘠薄	4.5～6	4月	①树形紧密，小枝为暗紫色，树皮纵裂。 ②嫩叶为紫红色，逐渐变为翠绿色。 ③花为深粉色或红色，果实呈灯笼形，为亮红色	宜孤植、对植、列植、丛植或群植，是观花、观叶、观果俱佳的园林树种

续表

名称	植物习性	株高/m	花期	观赏特性	配置手法
榆叶梅	①喜光，耐寒，耐旱，耐轻度盐碱，不耐水涝，也耐瘠薄。 ②生长强健，适应性强	2～3	4月	①小枝细，无毛。 ②花先于叶开放，为粉红色。 ③核果呈球形	①宜孤植、对植、列植或片植。 ②孤植于草坪，群植配以松柏
紫丁香	①喜光，稍耐阴，在阴处或半阴处生长衰弱，开花稀少。 ②喜温暖、湿润，有一定的耐寒性和较强的耐旱力。 ③对土壤的要求不严，耐瘠薄，喜肥沃、排水良好的土壤，忌在低洼地种植，积水会引起病害，直至全株死亡	4	4～5月	①枝条粗壮无毛。 ②圆锥花序，花冠为紫色。 ③蒴果呈矩圆形，略扁，光滑	①宜丛植于建筑前、亭子周围。 ②自然式散植于园路两旁、草坪中
紫薇	①喜光、稍耐阴，耐旱，稍耐寒，忌积水，喜空气湿润。 ②喜肥沃排水良好的沙壤土。 ③萌蘖性强，生长慢，寿命长	7	6～9月	①树冠不整齐，枝干多扭曲，树皮为暗褐色。 ②花鲜艳，为淡红色，顶生圆锥花序，花期极长。 ③蒴果近球形	宜丛植或群植，种在庭园及建筑前，或池畔、路边及草坪上
紫叶稠李	①喜光，稍耐阴，耐寒性极强。 ②喜湿润土壤，不耐干旱、瘠薄，根系发达	15	4～5月	①小枝为紫褐色，整个生长季节，叶子都为紫色。 ②花小，色为白色，芳香，总状花序。 ③果近球形，呈黑色，有光泽	①宜孤植、对植、丛植，或成片与其他植物混植。 ②优秀的彩叶树种
紫叶矮樱	①喜光，稍耐阴，喜温暖、湿润的气候，较耐寒，耐干旱、瘠薄的土壤。 ②不耐涝。 ③萌芽力强，耐修剪	1.8～2.5	4～5月	①树皮为紫褐色，小枝为红褐色。 ②叶为紫红色，有光泽。 ③花为粉色，有淡香	①优良的红叶观叶植物，宜孤植、对植、列植或丛植。 ②可作为彩叶篱种植
紫叶李	①喜光，耐干旱。 ②对土壤要求不严，耐寒性较差	8	4月	①小枝光滑。 ②叶为紫红色。 ③花为淡粉红色，单生。 ④果呈球形，为暗红色	①在园林中群植、孤植均适宜。 ②优秀的彩叶树种

6.5.10 绿化工程中常用的园林植物种类

绿化工程中常用的园林植物种类，以某地区为例，见表6-54。

表 6-54 某地区绿化工程中常用的园林植物种类

<table>
<tr><td colspan="2">园林树木</td></tr>
<tr><td>重点树种</td><td>落叶乔木：银杏(♂)、毛白杨(♂)、垂柳(♂)、旱柳(♂)、馒头柳(♂)、槐树、刺槐、臭椿、栾树、绒毛白蜡、毛泡桐
常绿乔木：油松、白皮松、桧柏
落叶灌木：珍珠梅、丰花月季、榆叶梅、黄刺玫、碧桃、木槿、紫薇、迎春、连翘、紫丁香、金银木
常绿灌木：锦熟黄杨、大叶黄杨、砂地柏</td></tr>
<tr><td>一般树种</td><td>落叶乔木：金丝垂柳、胡桃、榉树、青檀、玉兰、二乔玉兰、杂交马褂木、杜仲、海棠花、紫叶李、樱花、山桃、五叶槐、龙爪槐、红花刺槐、元宝枫、七叶树、柿树、美国白蜡、车梁木
常绿乔木：白杄、青杄、扫帚油松、华山松、雪松、樟子松、蜀桧、龙柏、西安桧、金塔柏、侧柏、圆枝侧柏
落叶灌木：紫叶小檗、太平花、贴梗海棠、棣棠、蔷薇类、紫荆、玫瑰、齿叶白鹃梅、紫叶矮樱、水栒子、黄栌、花石榴、红瑞木、裂叶丁香、小叶丁香、欧洲丁香、蓝丁香、金叶女贞、金边女贞、海仙花、锦带花、红王子锦带、扶芳藤、胶东卫矛、猬实、糯米条、香荚蒾、海州常山
常绿灌木：金叶桧、万峰桧、粉柏、千头柏、洒金千头柏、朝鲜黄杨、雀舌黄杨</td></tr>
<tr><td colspan="2">宿根花卉</td></tr>
<tr><td>适于花坛的花卉</td><td>重点花卉：假龙头、八宝景天、大花萱草、早小菊类、日本小菊、地被菊、鸢尾类、天蓝绣球
一般花卉：大花秋葵、常夏石竹、石竹、瞿麦、剪秋萝</td></tr>
<tr><td>适于花丛、花境的花卉</td><td>蜀葵、蛇鞭菊、金光菊、天人菊、大花金鸡菊、黑心菊、大滨菊、火炬花、马蔺、玉簪类</td></tr>
<tr><td colspan="2">草坪地被植物</td></tr>
<tr><td>重点草种</td><td>草地早熟禾、高羊茅、野牛草</td></tr>
<tr><td>一般草种和地被</td><td>结缕草、大羊胡子草、崂峪苔草、麦冬、白三叶、小冠花、垂盆草、二月兰、紫花地丁、蛇莓(小面积种植)、甘野菊(墙边、石头边等处种植)、连钱草、葡枝毛茛</td></tr>
</table>

注：(1) 重点树种是指适应性强，少病虫害，栽培管理简便，易于大树移栽，应用效果好的常见植物。可作为城市绿化骨干植物应用。

(2) 一般树种是指应用中适当搭配选择的植物。

6.5.11 居住区植物组团配置速查

居住区植物组团配置速查，以某地区为例，见表 6-55。

表 6-55 某地区居住区植物组团配置速查

配置类别	配置内容
配置一	毛白杨——元宝枫＋碧桃＋山楂——榆叶梅＋金银花——白皮松——玉簪＋萱草
配置二	银杏＋合欢——金银木＋小叶女贞——品种月季——冷季型混播草(黑麦草＋高羊茅＋早熟禾)
配置三	国槐＋桧柏——榆叶梅＋天目琼花——地被菊
配置四	毛白杨＋栾树＋云杉——珍珠梅＋金银木——二月兰
配置五	臭椿＋五角枫——西府海棠＋太平花＋连翘＋紫丁香——委陵菜
配置六	毛白杨＋桧柏——天目琼花＋金银木——紫花地丁＋草坪
配置七	油松＋馒头柳——西府海棠＋紫丁香＋连翘——二月兰
配置八	国槐＋白皮松——绚丽海棠＋紫叶李＋水栒子——金叶女贞＋草坪
配置九	白蜡＋馒头柳＋桧柏——杏树＋紫叶矮樱＋紫丁香＋连翘——白三叶

续表

配置类别	配置内容
配置十	五角枫＋银杏＋白皮松——碧桃＋太阳李＋珍珠梅——紫花地丁＋草坪
配置十一	垂柳＋栾树＋油松——北美海棠＋美人梅＋棣棠——玉簪
配置十二	国槐＋白皮松——红王子锦带＋珍珠梅——紫花地丁
配置十三	垂柳＋白皮松——西府海棠＋水栒子——二月兰
配置十四	侧柏——太平花＋金银木——地被菊
配置十五	五角枫＋华山松＋臭椿——紫叶李＋木槿＋碧桃——委陵菜
配置十六	国槐＋云杉＋栾树——山楂＋粉团蔷薇——冷季型混播草(黑麦草＋高羊茅＋早熟禾)
配置十七	银杏＋合欢＋白皮松＋栾树——榆叶梅＋天目琼花＋紫叶矮樱——鸢尾＋草坪
配置十八	华山松＋香花槐——西府海棠＋紫丁香＋连翘——金银花＋萱草
配置十九	油松＋元宝枫——珍珠梅＋锦带花＋连翘——冷季型混播草(黑麦草＋高羊茅＋早熟禾)
配置二十	栾树＋侧柏——紫薇＋红瑞木——玉簪

6.5.12 攀缘植物栽培管理要点

绿化工程中攀缘植物的栽培管理要点，以某地区为例，见表6-56。

表6-56 某地区绿化工程中攀缘植物的栽培管理要点

植物类别	植物名称	习性	园林应用	株距	栽培管理要点
木本植物	中国地锦	落叶藤本,耐阴,抗性强	围栏、坡地、花架、假山、墙垣	0.5～1.0m	植于建筑物墙体北侧、东侧
	五叶地锦	落叶藤本,喜光略耐阴,抗性强	围栏、坡地、花架、假山、墙垣	0.5～1.0m	注意及时牵引
	美国凌霄	落叶藤本,喜光,耐阴,忌涝,越冬能力强,气生根	围栏、花架、假山、墙垣	0.5～1.0m	苗期须置于半阴处,每月施肥1～2次
	金银花	常绿或半常绿缠绕藤本,喜光,耐阴,耐旱,忌涝	围栏、花架	0.5～1.0m	靠近依附物(载体)栽植
	紫藤	落叶藤本,喜光略耐阴,耐寒抗旱	花架、山石	1.5～2.0m	定植后设立支架,生长期施肥2～3次
	苦皮藤	落叶藤本,喜光耐半阴,抗性强,生长旺盛。花期4月～6月,果期9月～11月。树皮或茎皮含苦质,可杀虫灭菌	围栏、花架、墙垣、山石	0.5～1.0m	栽植后须设置支架或依附物
	扶芳藤	常绿藤本,不定根,攀附性强,生长快,喜光,耐阴,较耐寒	山石、墙垣	0.5～1.0m	植于背风向阳处
	小叶扶芳藤	常绿藤本,不定根多,生长较慢。喜光,耐阴,耐寒性强。地被、护坡亦可	山石、墙垣	0.5～1.0m	植于背风向阳处
	花蓼	落叶藤本,喜光,耐阴,抗性强	围栏、坡地、花架	0.5～1.0m	枝条50cm长时,需稍加牵引

续表

植物类别	植物名称	习性	园林应用	株距	栽培管理要点
木本植物	南蛇藤	落叶藤本，喜光，耐半阴，抗性强	围栏、花架、墙垣、山石	0.5～1.0m	栽植后须设置支架或依附物
	葛藤	落叶藤本，喜光略耐阴，抗性强	围栏、坡地、花架	0.5～1.0m	植于背风向阳处或稍加保护越冬
	葡萄	落叶大藤本，喜光，喜干燥及夏季高温	棚架	1.5～2.0m	保持通风透光，土壤肥沃
	三叶木通	落叶藤本，喜光略耐阴	围栏、花架	0.5～1.0m	修剪时注意保留花枝
	蛇葡萄	落叶藤本，抗性强	围栏、坡地、花架	0.5～1.0m	生长迅速，注意修剪
	中华猕猴桃	落叶藤本，喜光较耐阴	棚架	0.5～1.0m	幼苗须保护越冬
	杠柳	落叶缠绕藤本，抗性极强	围栏、坡地	0.5～1.0m	靠近依附物(载体)栽植
	木香	常绿藤本，喜光，怕寒	花架	0.5～1.0m	植于背风向阳处
	窄叶络石(石血)	耐阴，适应性强，气生根，与扶芳藤性状相似	—	—	—
	金红久忍冬	落叶缠绕藤本，藤条长可达 2～5m，花期 6～9 月，红花，具香味。耐阴，耐旱、耐寒。也可作地被	围栏、花架	0.5～1.0m	植于半阴处
	垂红忍冬	落叶缠绕藤本，藤条长可达 2～5m，攀缘力强。花期 6～9 月，橘红花，具香味。耐阴、耐旱、耐寒。也可作地被	围栏、花架	0.5～1.0m	植于半阴处
	台尔曼忍冬	耐阴	围栏、花架	0.5～1.0m	植于半阴处
藤本月季	多特蒙德	落叶藤本，喜光，喜温暖。抗病、抗寒性较好	围栏、花架	0.5～1.0m	靠近依附物(载体)栽植
	怜悯	落叶藤本，喜光，喜温暖。抗寒性、抗病性较强	围栏、花架	0.5～1.0m	靠近依附物(载体)栽植
	至高无上	落叶藤本，喜光，喜温暖。植株抗病生长旺盛	围栏、花架	0.5～1.0m	靠近依附物(载体)栽植
	金绣娃	落叶藤本，喜光，喜温暖。抗寒性强	围栏、花架	0.5～1.0m	靠近依附物(载体)栽植
	瓦尔特大叔	落叶藤本，喜光，喜温暖。抗病性强	围栏、花架	0.5～1.0m	靠近依附物(载体)栽植
	光谱	落叶藤本，喜光，喜温暖	围栏、花架	0.5～1.0m	靠近依附物(载体)栽植
	红梅朗	落叶藤本，可借助人工牵引攀缘栏杆、墙面。喜光喜肥	围栏、花架	0.5～1.0m	靠近依附物(载体)栽植
	七姐妹	落叶藤本，喜光，喜温暖。耐寒、耐旱，抗病性强。可借助人工牵引攀缘栏杆、墙面	围栏、花架	0.5～1.0m	靠近依附物(载体)栽植

续表

植物类别	植物名称	习性	园林应用	株距	栽培管理要点
草本植物	羽叶茑萝	一年生弱缠绕藤本,喜光,喜温暖,不择土壤	围栏	30～80cm	自播能力强,苗期须间苗
	重瓣旋花	一年生弱缠绕藤本,喜光,喜温湿,耐半阴	围栏、棚架、阳台	30～80cm	可直播于棚架、围栏前,苗期6片叶时须摘心
	栝楼	多年生弱攀缘藤本,适应性强,开白花	大型棚架、墙垣	30～80cm	播种或扦插繁殖,栽植处应注意排水
	观赏葫芦	一年生攀缘藤本,喜光,喜温暖湿润,向阳	廊架	30～80cm	播种繁殖,加底肥
	丝瓜	一年生攀缘藤本,喜光,耐热。需搭架生长	围栏、花架	30～80cm	播种繁殖,加底肥
	转枝莲	多年生藤本,喜光,耐半阴,抗寒性强	围栏	30～80cm	分根应在5月前进行
	苦瓜	一年生攀缘藤本,喜光,喜温暖,不择土壤,需通风	廊架	30～80cm	播种繁殖,土壤应深翻,并加足腐熟底肥
	蛇瓜	一年生攀缘藤本,喜光,喜温暖,不择土壤,需通风	廊架	30～80cm	播种繁殖,土壤应深翻,并加足腐熟底肥
	观赏南瓜	一年生弱缠绕藤本,喜光,喜温暖,不择土壤,需通风	围栏	30～80cm	自播能力强,苗期须间苗
	眉豆	一年生攀缘藤本,花白色或紫色	—	—	—
	风船葛	一年生攀缘藤本,喜光,喜温暖,不择土壤	围栏、墙垣、挡土墙	30～80cm	播种繁殖,可直播,苗高20cm须定植
	蝙蝠葛	多年生落叶半木质或草质藤本,喜阴湿处,砂壤土为宜	墙垣、山石、挡土墙	30～80cm	播种或分根繁殖
	葎草	一年生弱缠绕藤本,喜光,喜温暖,不择土壤	围栏	30～80cm	自播能力强,苗期须间苗
	啤酒花	一年生弱缠绕藤本喜温暖,不择土壤	围栏	30～80cm	自播能力强,苗期须间苗
	牵牛花	一年生缠绕藤本,喜光,喜温暖,也耐半阴,不择土壤	围栏	30～80cm	自播能力强,苗期须间苗

第7章

“好房子”之游泳池要求

7.1 游泳池设置相关基础知识

7.1.1 室外、室内游泳池的池水设计温度

目前，一些“好房子”配备了游泳池。游泳池分为室内游泳池、室外游泳池等类型。不同室内游泳池的池水设计温度不同见表 7-1。

表 7-1 室内游泳池的池水设计温度

游泳池的用途及类型		池水设计温度/℃	备注
竞赛类	游泳池	26～28	含标准 50m 长池和 25m 短池
	花样游泳池		
	水球池		
	热身池		
	跳水池	27～29	—
	放松池	36～40	与跳水池配套
专用类	训练池	26～28	—
	健身池		
	教学池		
	潜水池		
	俱乐部池		
	冷水池	≤16	室内冬泳池
	文艺演出池	30～32	以文艺演出要求选定
公共类	成人池	26～28	含社区游泳池
	儿童池	28～30	—
	残疾人池	28～30	—
水上游乐类	成人戏水池	26～28	含水中健身池
	儿童戏水池	28～30	含青少年活动池

续表

游泳池的用途及类型		池水设计温度/℃	备注
水上游乐类	幼儿戏水池	30	—
	造浪池	26～30	—
	环流河	26～30	—
	滑道跌落池		
其他类	多用途池	26～30	—
	多功能池		
	私人泳池		

室外游泳池的池水设计温度应符合的规定见表 7-2。

表 7-2　室外游泳池的池水设计温度

类型	池水设计温度/℃
有加热装置	≥26
无加热装置	≥23

7.1.2　游泳池的设计负荷

游泳池的设计负荷，也就是游泳池内允许同时容纳的人数（以人均池水面积表示），其需要满足的要求见表 7-3。

表 7-3　游泳池的设计负荷

游泳池水深/m	＜1.0	1.0～1.5	1.5～2.0	＞2.0
设计负荷定额/(m^2/人)	2.0	2.5	3.5	4.0

7.1.3　游泳池的每日补充水量

竞赛类、专用类游泳池初次充水所需的持续时间不宜超过 48h，非竞赛类、非专用类游泳池不宜超过 72h。

游泳池在运行过程中，每日需要补充的水量见表 7-4。设计负荷高时取较大值，设计负荷低时取较小值。充水管、补水管应设水量计量仪表。

表 7-4　游泳池的每日补充水量

游泳池的用途及类型	游泳池的环境	补水量/% (按池水容积的百分数计)	备注
竞赛类和专用类	室内	3～5	含多用途、多功能和文艺演出池
	室外	5～10	
公共类和水上游乐类	室内	5～10	不含儿童戏水池和幼儿戏水池
	室外	10～15	

续表

游泳池的用途及类型	游泳池的环境	补水量/%（按池水容积的百分数计）	备注
儿童幼儿类	室内	不小于 15	—
	室外	不小于 20	—
私人泳池类	室内	3	—
	室外	5	—

7.1.4 游泳池池水循环方式与循环周期

游泳池池水循环方式的类型包括逆流式、混流式、顺流式。室内游泳池宜选用逆流式或混流式循环方式。季节性使用的室外游泳池宜采用顺流式循环方式。

游泳池池水循环方式见表 7-5。

表 7-5 游泳池池水循环方式

类型	图例
逆流式池水循环方式	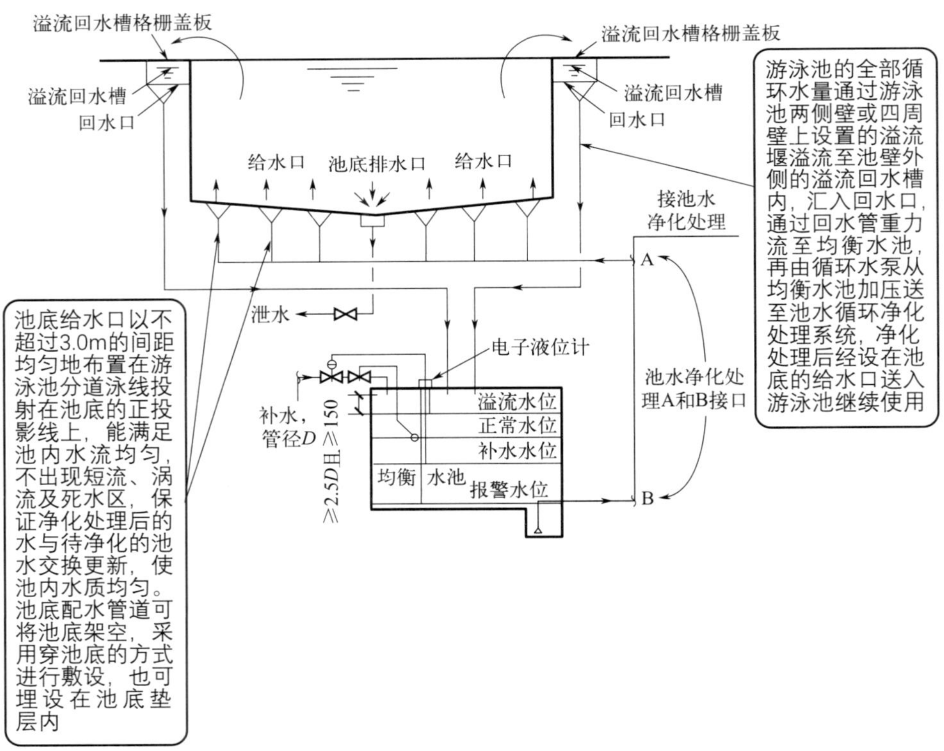

续表

<table>
<tr><th>类型</th><th>图例</th></tr>
<tr><td>混流式池水循环方式</td><td>
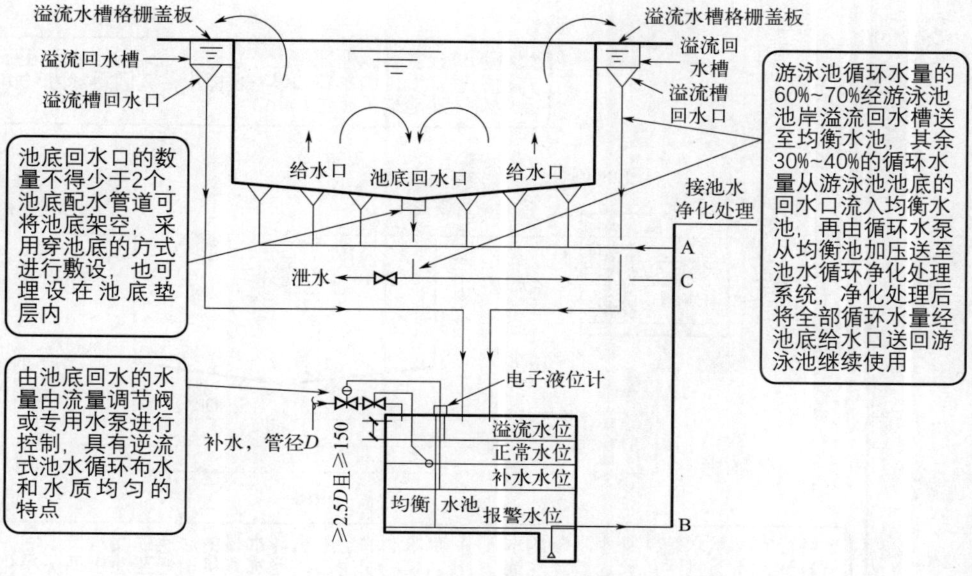

混流式池水循环方式
</td></tr>
<tr><td>顺流式池水循环方式</td><td>
顺流式池水循环方式，分为顺流式池水循环方式(平衡水池)、顺流式池水循环方式(补水箱)等类型。
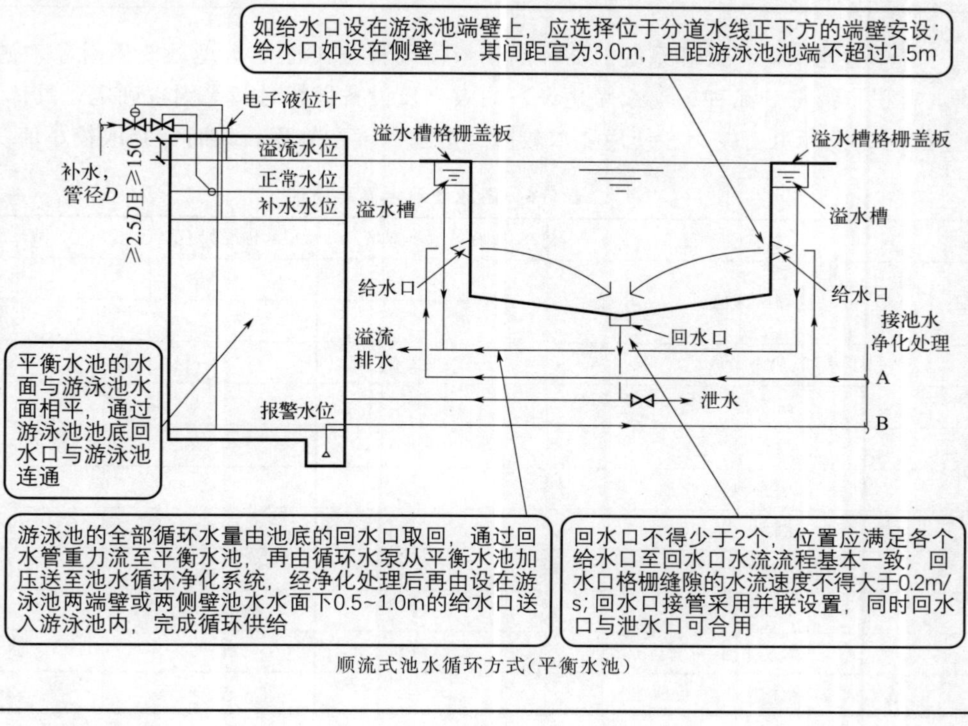

顺流式池水循环方式(平衡水池)
</td></tr>
</table>

续表

类型	图例
顺流式池水循环方式	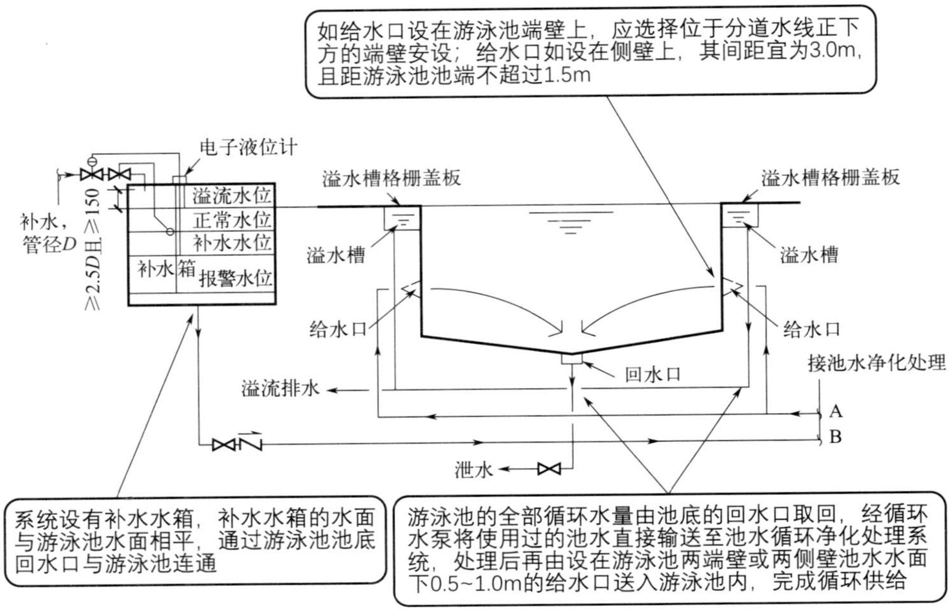 顺流式池水循环方式(补水箱)

游泳池池水循环处理系统的循环周期，需要根据游泳池类型、使用对象、游泳负荷、池水容积、消毒剂品种、池水净化设备的效率及设备运行时间等因素确定，具体规定要求见表7-6。设计负荷较大、使用要求较高、池水深度和容积较大时，宜取较小值。

表7-6　游泳池池水循环周期

名称	使用有效池水深度/m	循环次数/(次/d)	循环周期/h
竞赛游泳池	2.0	8～6	3～4
	3.0	6～4.8	4～5
水球、热身游泳池	1.8～2.0	8～6	3～4
跳水池	5.5～6.0	4～3	6～8
放松池	0.9～1.0	80～48	0.3～0.5
训练池、健身池、教学池	1.35～2.0	6～4.8	4～5
潜水池	8.0～12.0	2.4～2	10～12
残疾人池、社团池	1.35～2.0	6～4.5	4～5
冷水池	1.8～2.0	6～4	4～6
私人泳池	1.2～1.4	4～3	6～8
成人泳池(含休闲池、学校泳池)	1.35～2.0	8～6	3～4

续表

名称		使用有效池水深度/m	循环次数/(次/d)	循环周期/h
成人初学池、中小学校泳池		1.2～1.6	8～6	3～4
儿童泳池		0.6～1.0	24～12	1～2
多用途池、多功能池		2.0～3.0	8～6	3～4
成人戏水休闲池		1.0～1.2	6	4
儿童戏水池		0.6～0.9	48～24	0.5～1.0
幼儿戏水池		0.3～0.4	＞48	＜0.5
造浪池	深水区	＞2.0	6	4
	中深水区	2.0～1.0	8	3
	浅水区	1.0～0	24～12	1～2
滑道跌落池		1.0	12～8	2～3
环流河(漂流河)		0.9～1.0	12～6	2～4
文艺演出池		—	6	4

7.1.5 池水净化循环水泵的设置要求

池水净化循环水泵的设置要求包括靠近均衡水池的要求、水泵应设置独立的吸水管的要求以及每台水泵应配置附件的要求，如图 7-1 所示。

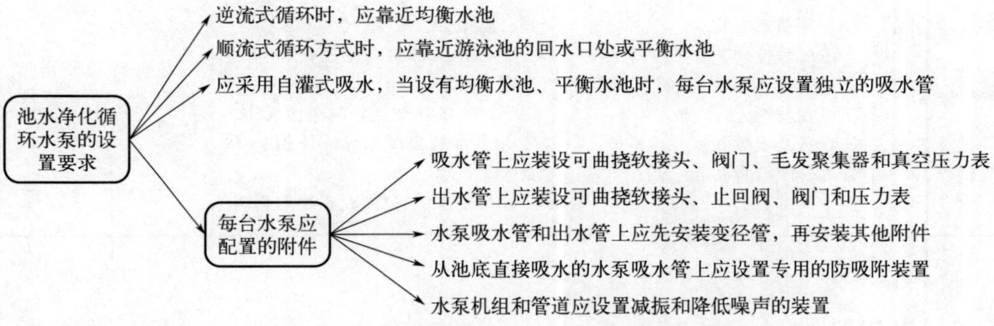

图 7-1 池水净化循环水泵的设置要求

7.1.6 游泳池循环管道的要求

游泳池循环管道的要求包括循环给水管道内的水流速度要求、垫层厚度和沟槽尺寸要求，如图 7-2 所示。

7.1.7 池水消毒

游泳池常用的池水消毒方式包括臭氧消毒和氯消毒，其特征及适用范围见表 7-7。

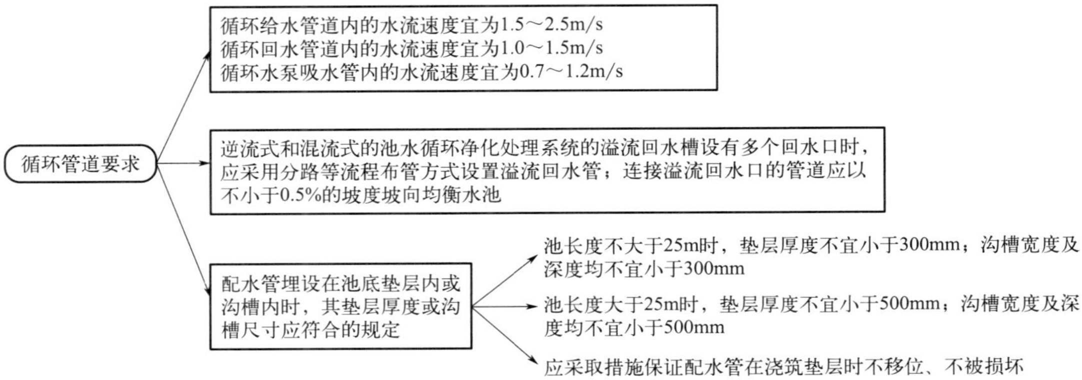

图 7-2　循环管道要求

表 7-7　池水消毒方式的特征及适用范围

消毒方式	优点	缺点	适用范围
臭氧消毒	①杀菌能力强，速度快。 ②可兼备清洁空气。 ③不改变 pH 值，也不受 pH 值影响。 ④无异味。 ⑤具有除色、除味、除臭和絮凝作用	①设备及配套设施多，成本高。 ②对设备、设施及管道等具有腐蚀性。 ③臭氧具有强氧化性，应精准控制使用量。 ④半衰期短，无持续消毒功能。 ⑤遇高温池水挥发快	有较高消毒要求的游泳池
氯消毒	①杀菌消毒有效。 ②浓度易检测。 ③能实现在线监控，使余氯浓度处于可控范围。 ④设备及安装和运行成本低。 ⑤有持续消毒功能	①对金属管道、设备及通风设施具有腐蚀性。 ②与有机物易产生三卤甲烷等消毒副产物。 ③产生的化合氯有刺激性气味。 ④消毒效果受池水 pH 值影响较大。 ⑤易受水中有机物、矿物质影响	除有特殊要求的无氯泳池外，其他游泳池均适用

7.1.8 游泳池的过滤

游泳池的过滤作用主要包括去除水中的悬浮物、有机物、胶体、泥沙等污染物质，从而确保游泳池水质的纯净。

游泳池过滤设备主要通过物理截留与化学吸附等方式去除水中的杂质，从而保障水质卫生安全。

市场上常见的游泳池过滤器循环水处理设备根据材质不同，主要分为玻璃纤维、不锈钢等类型。从结构来看，主要分为顶置式、卧置式、侧置式等类型。

活性炭过滤器主要用于去除水中的有机物、胶体硅、余氯（Cl_2）等，对臭味、色度、重金属离子的吸附能力很强。

游泳池过滤器/臭氧反应器/活性炭吸附器如图 7-3 所示。

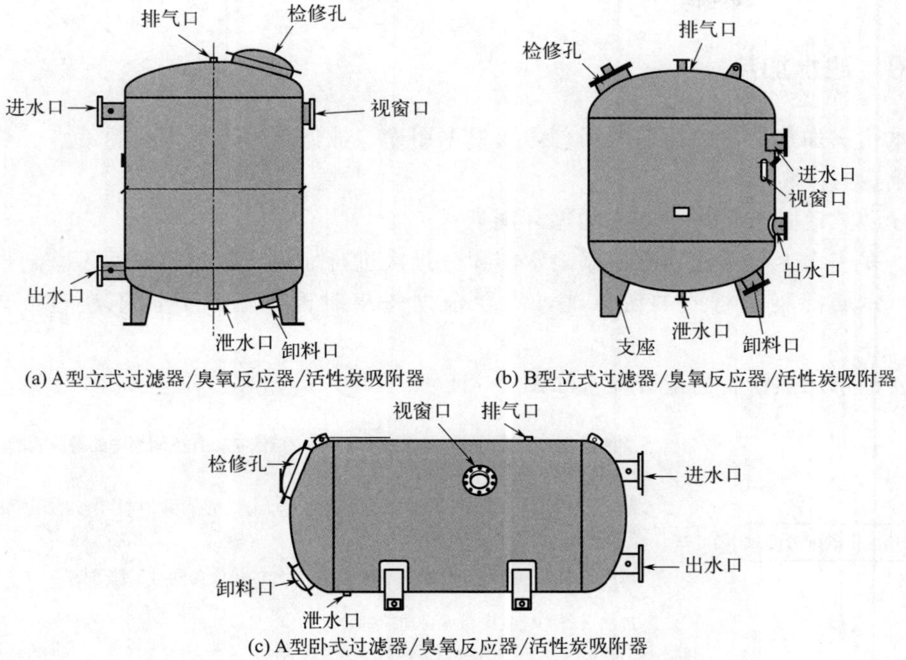

图 7-3 游泳池过滤器/臭氧反应器/活性炭吸附器

7.1.9 游泳池救生椅的设置要求

救生椅是救生员用于从高处观察泳客的重要工具。游泳池救生椅整体应做抛光处理，凡是人能触及之处均不得有任何毛刺、棱角。救生椅图示如图 7-4 所示。

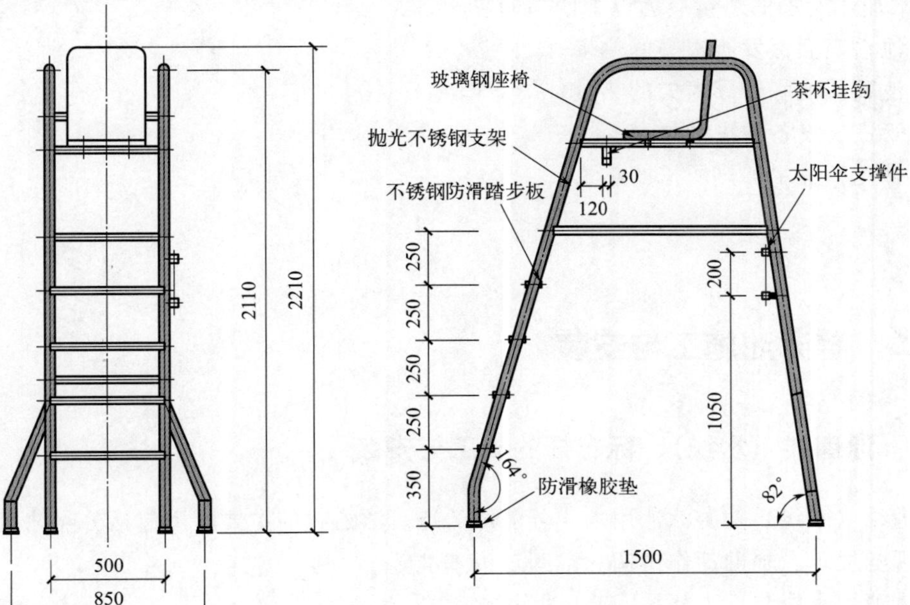

图 7-4 救生椅

7.1.10　池水加热

池水初次加热所需的持续时间，需要根据用途、池体结构、衬砌材料特点、热源条件等因素确定。

（1）游泳池宜采用 24～48h 的循环周期。

（2）多座水上游乐池，宜根据池水容积分批次进行加热，且加热时间不宜超过 72h。

（3）钢筋混凝土材质的游泳池，需要根据每小时池水温度升高不超过 0.5℃ 计算确定。

（4）池水加热设备的配置要求如图 7-5 所示。

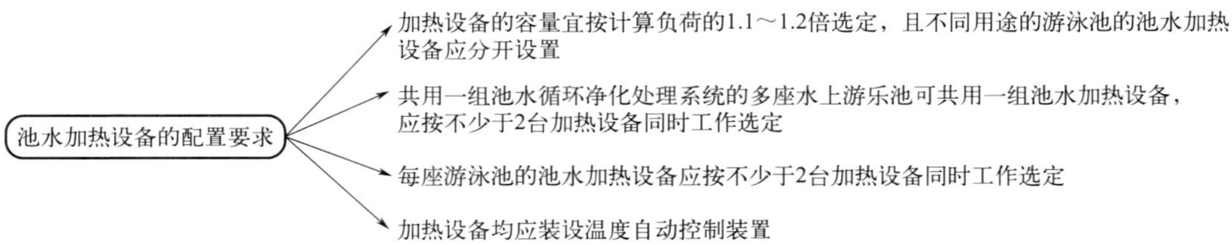

图 7-5　池水加热设备的配置要求

（5）游泳池所处的室内环境温度宜比设定的池水温度高 2℃，并且不宜高于 30℃。

（6）游泳池一般采用分流量加热方式，被加热的水量应不小于循环水量，被加热水出水温度不宜超过 40℃。加热设备被加热水侧的阻力小于或等于 0.02MPa 时，可不设增压泵。

（7）选用泳池加热设备时，需要根据池水容积和池水温度计算出各项热损失和补充热量，池水加热所需的热量应为以下四项的总和。

① 池水表面蒸发所损失的热量。

② 池壁、池底传导损失的热量。

③ 管道、设备损失的热量。

④ 补充新鲜水加热所需的热量。

7.2　游泳池施工与安装

7.2.1　泳道线（水线）、标志杆的施工与安装

泳道线（水线）是游泳池用水线分隔成的道。泳道线的主要作用包括分隔泳道、消波阻浪、视觉提示、辅助动作协调、空间定位基准等。

游泳池用水线与标志杆如图 7-6 所示。

泳道线（水线）安装如图 7-7 所示。泳道线（水线）要贯穿整个泳道，两条泳道间不

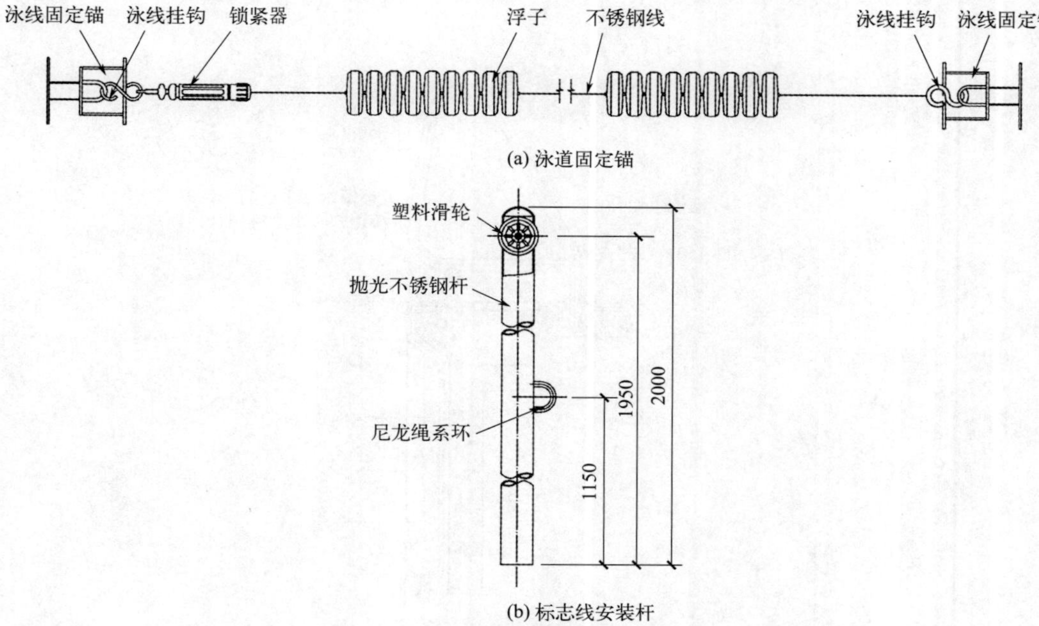

图 7-6 游泳池用水线与标志杆

应有 1 条以上水线。泳道线（水线）需要两端拉紧，漂浮在水面。泳道线（水线）固定锚需要与预埋件焊接牢固。泳道线浮标可以由工程塑料注塑成型。

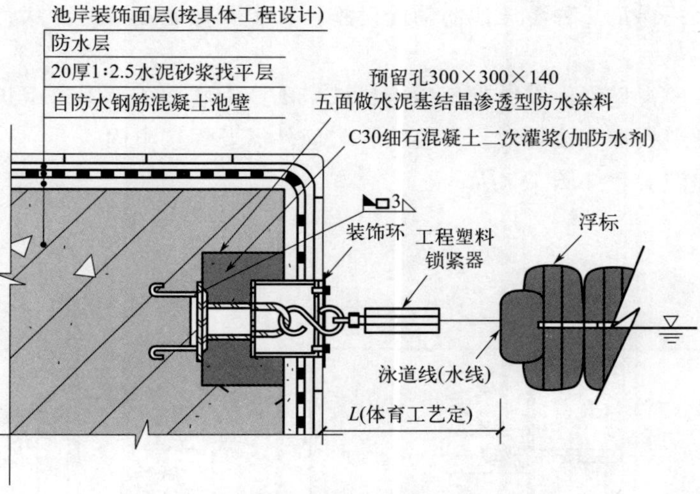

图 7-7 泳道线（水线）安装

7.2.2 游泳池扶手的施工与安装

游泳池扶手具有辅助进出泳池、提供休息处、提供安全保障等作用。栏杆扶手通常安装在游泳池边缘。

游泳池扶手的安装常涉及扶手、隐藏式踏步、专用紧固件、装饰罩等，如图 7-8 所示。

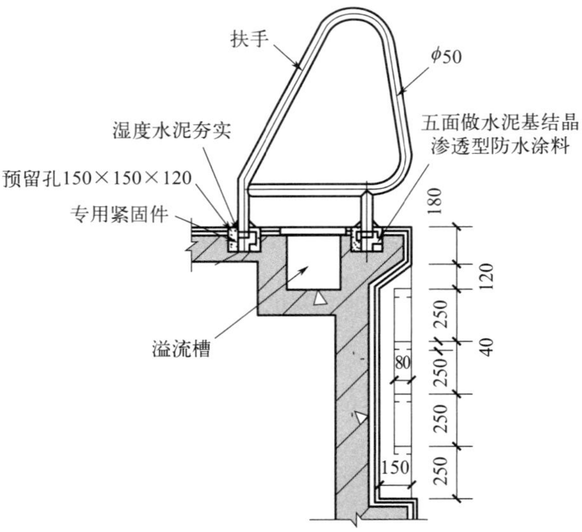

图 7-8　游泳池扶手的安装

7.2.3　游泳池扶梯的施工与安装

游泳池入水扶梯是一种游泳池的辅助设施，其主要功能是帮助游泳者安全、方便地进入游泳池。

游泳池扶梯的常见附件有抛光不锈钢扶杆、不锈钢装饰罩、不锈钢防滑踏步板等。砌筑池壁时，需预埋扶梯安装埋件。安装扶杆与埋件需要焊接牢固。

游泳池扶梯的安装如图 7-9 所示。

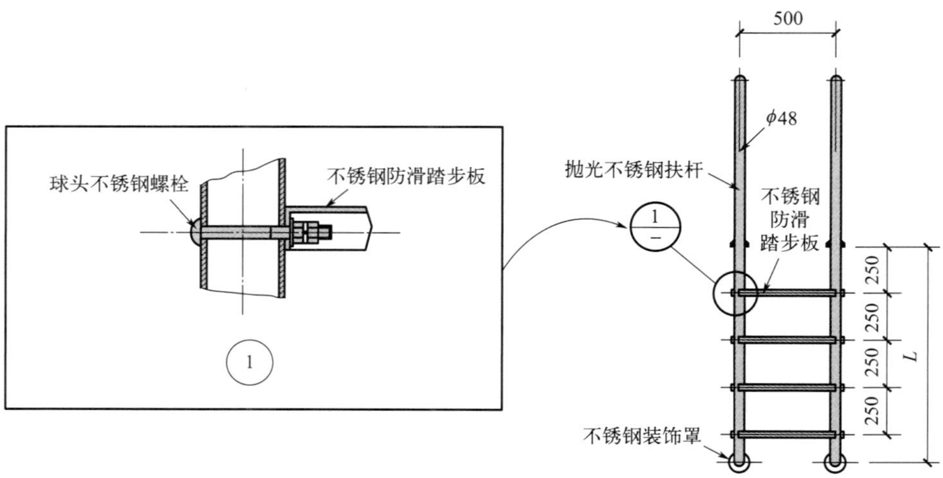

(a) JT-FTX-04、JT-FTB-04扶梯立面图

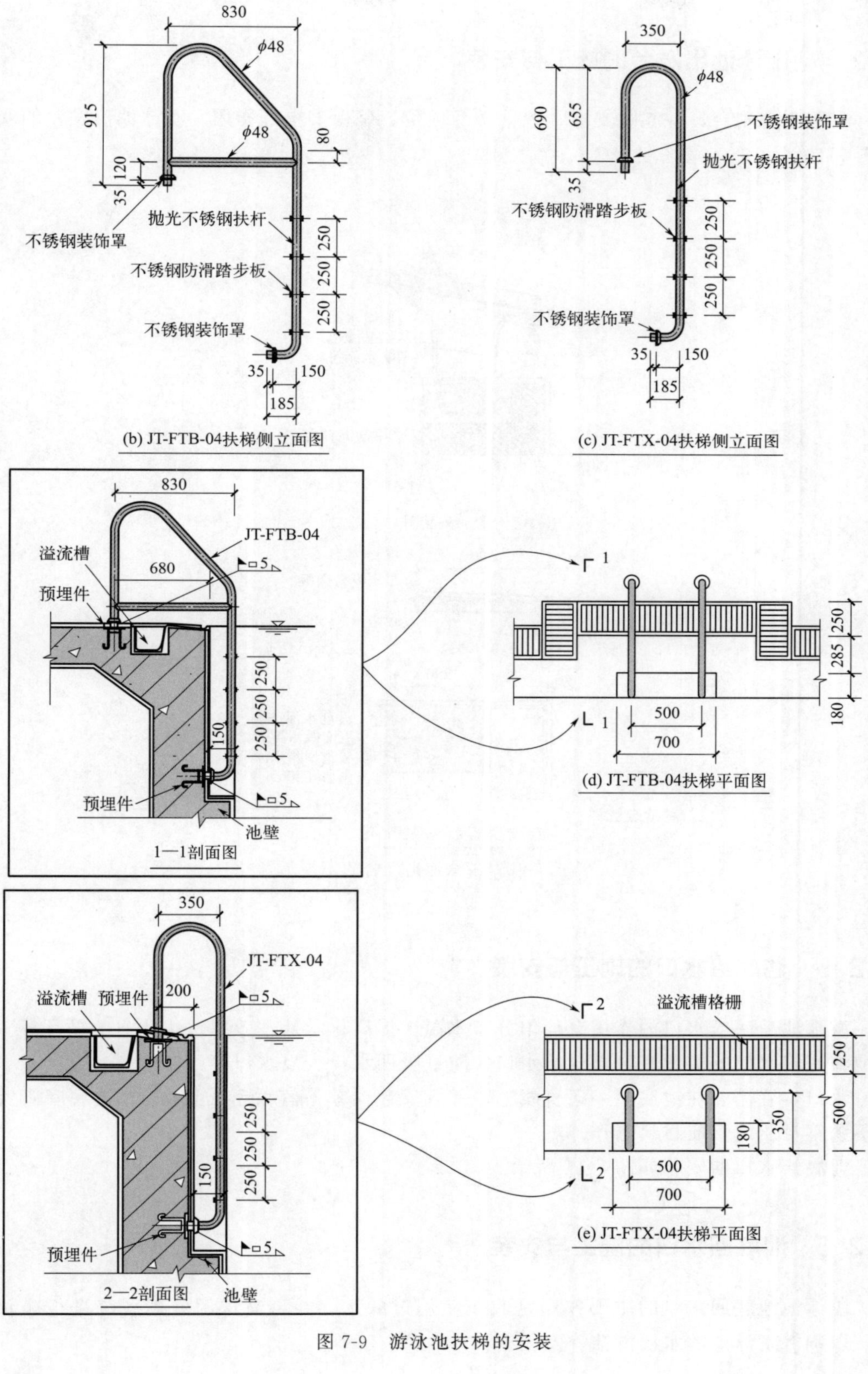

图 7-9 游泳池扶梯的安装

7.2.4　游泳池出发台的施工与安装

游泳池出发台具备起跳支撑、改善转身体位、确保安全等作用。游泳池出发台的安装如图 7-10 所示。

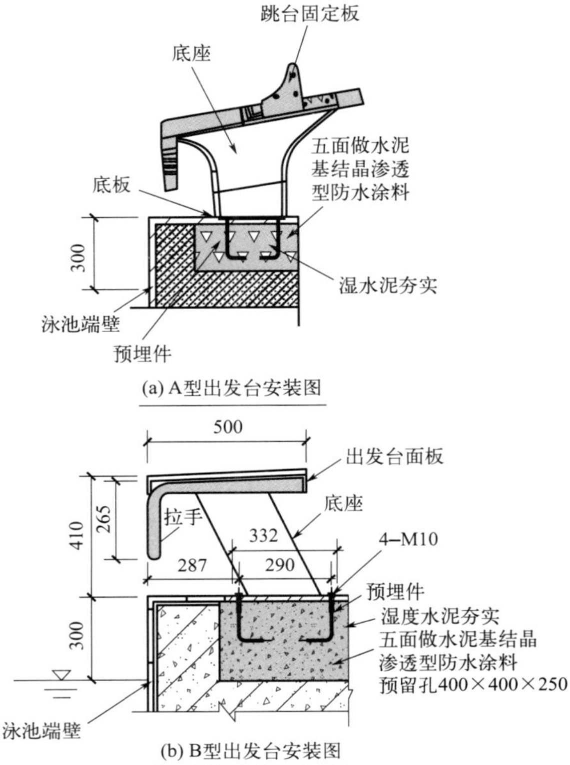

图 7-10　游泳池出发台的安装

7.2.5　池底给水口的施工与安装

游泳池池底给水口的作用有均匀分布水温、提高化学处理效率、优化水流循环等。游泳池池底给水口的类型有直插式给水口、防虹吸回水口、溢水口等。

水口位置需要在池底同一条直线上，并且安装误差不宜大于±10mm。池底套管宜采用不锈钢材质或钢质材料制作。

池底给水口的安装如图 7-11 所示。

7.2.6　池底回水口的施工与安装

游泳池池底回水口的主要作用是收集使用过的水，并将其送回处理系统进行净化处理，以确保游泳池的水质清洁、安全。

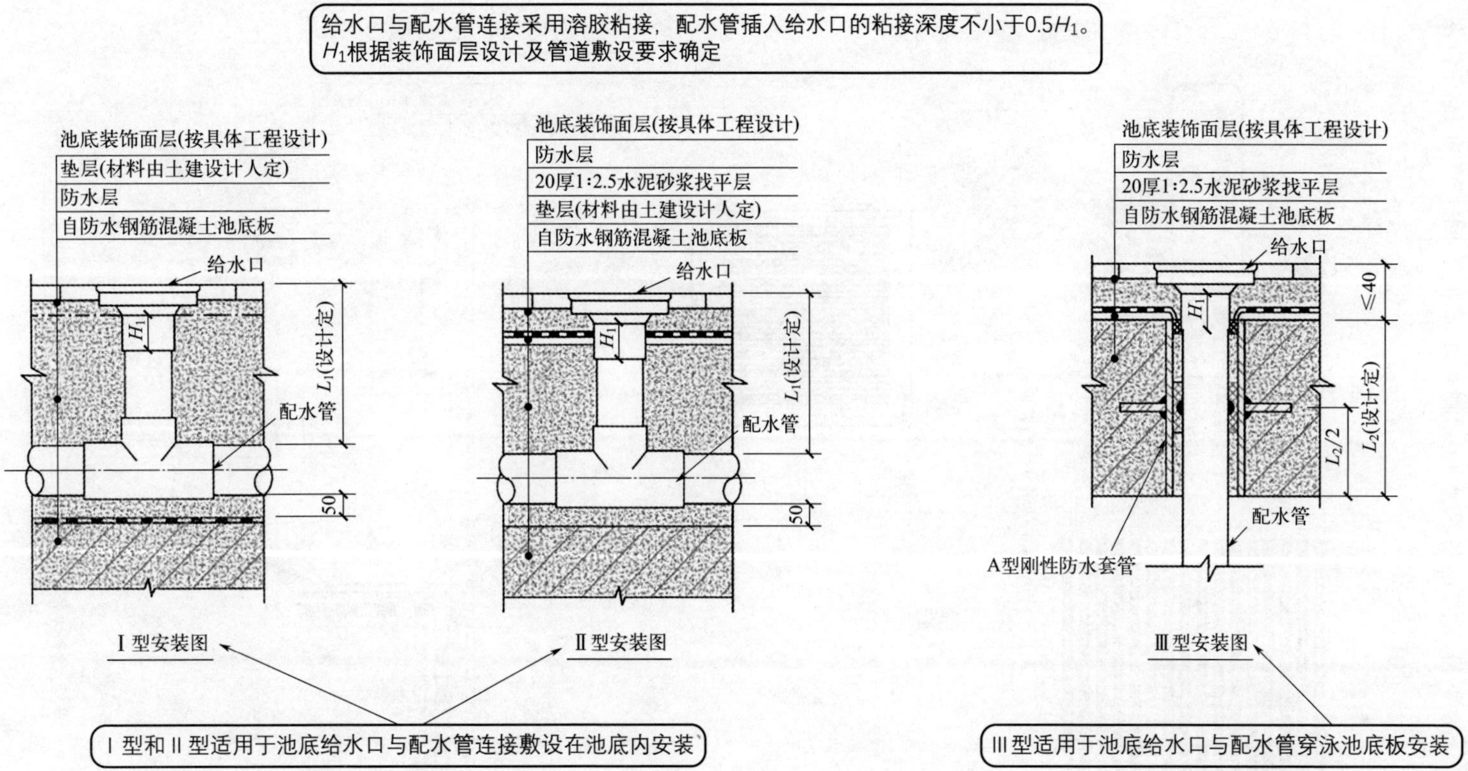

图 7-11 池底给水口的安装

游泳池池底回水口分为下排水式池底回水口、侧排水式池底回水口，其安装图例如图 7-12 所示。

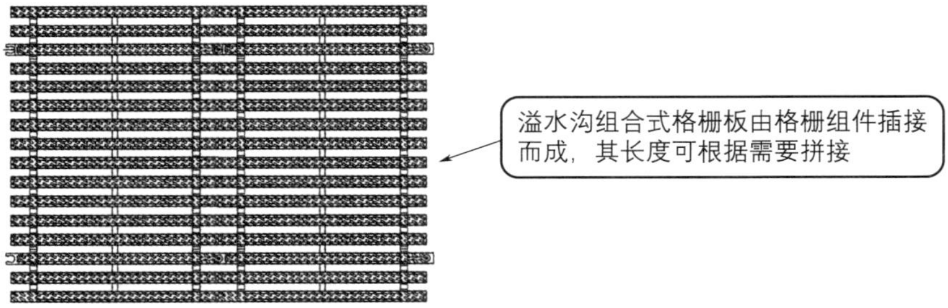

(a) 溢水沟组合式格栅板

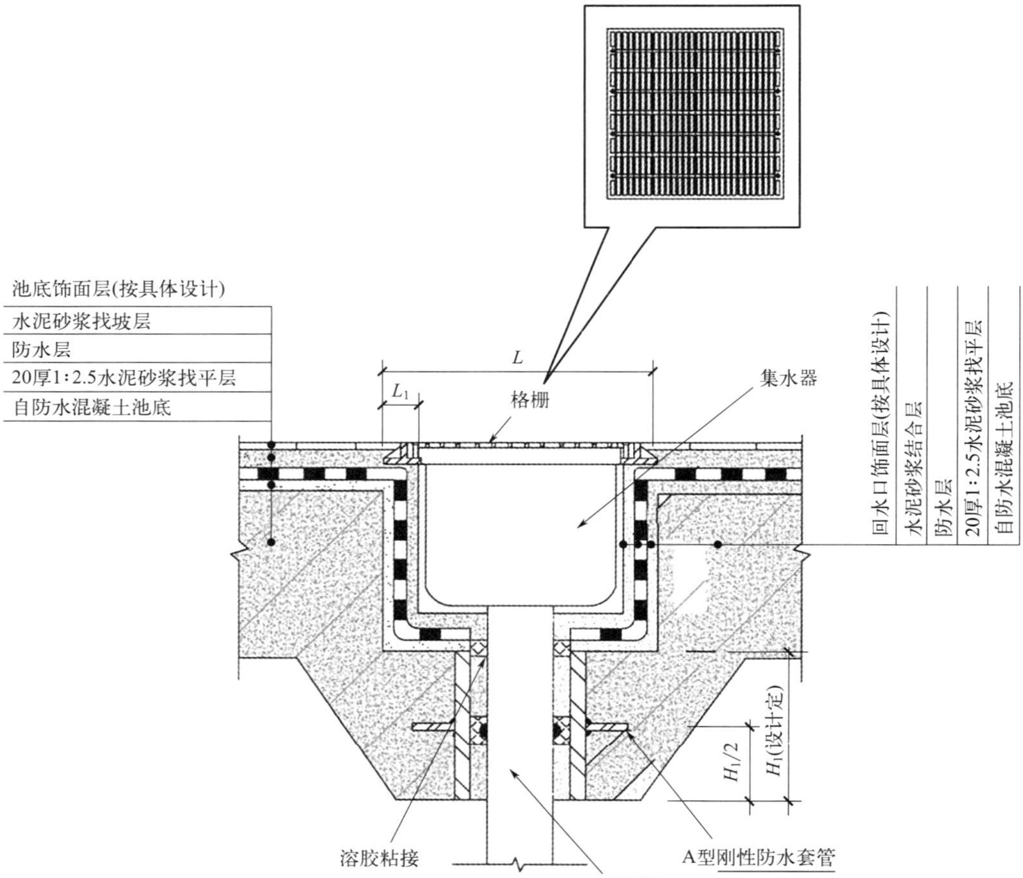

下排水式池底回水口安装图

(b) 下排水式池底回水口

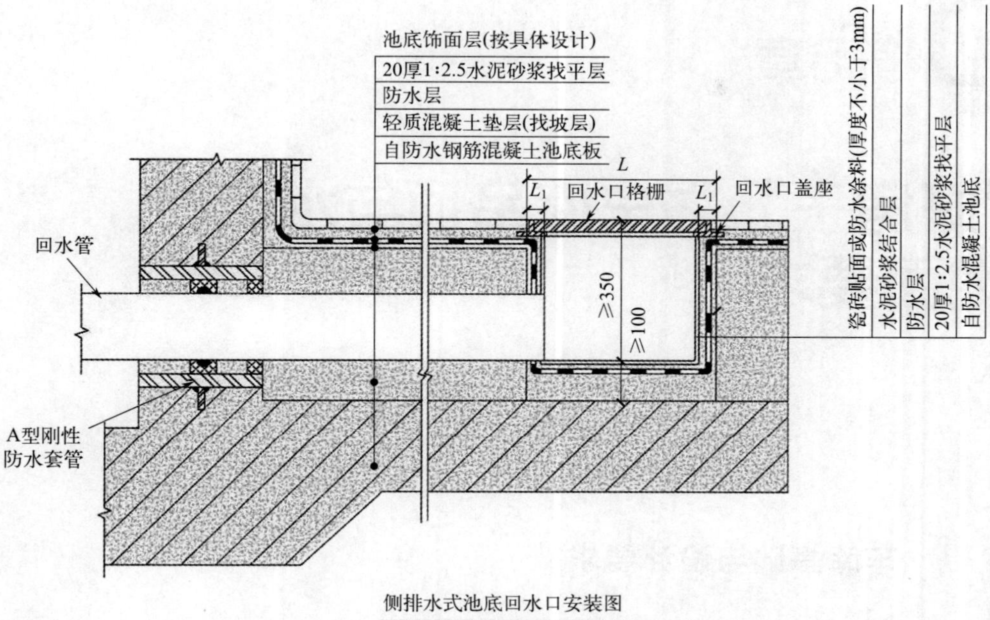

(c) 侧排水式池底回水口

图 7-12　池底回水口安装

第8章

“好房子”之车库吊顶与水磨石地面要求

8.1 车库基础与设计要求

8.1.1 车库的定义及分类

车库是指停放机动车和非机动车的建筑物。机动车是以动力装置驱动或牵引，在道路上行驶的，供人员乘用或用于运送物品以及进行工程专项作业的轮式车辆。非机动车是指以人力驱动，在道路上行驶的虽有动力装置驱动，但设计最高时速、空车质量、外形尺寸需符合国家有关标准规定的电动自行车、残疾人机动轮椅车等交通工具。

机动车库是停放机动车的建筑物；非机动车库是停放非机动车的建筑物。

地下车库是室内地坪低于室外地坪高度超过该层净高 1/2 的车库。

停车位是车库中为停放车辆而划分的停车空间或机械式停车设备中停放车辆的独立单元，由车辆本身的尺寸和四周所需的距离组成。

8.1.2 车库基地出入口的设计要求

车库基地出入口的设计要求如下。

(1) 车库基地出入口的数量、位置，需要符合现行国家标准《民用建筑设计统一标准》(GB 50352—2019) 的规定及城市交通规划和管理的有关规定要求。

(2) 车库基地出入口不应直接与城市快速路相连接，并且不宜直接与城市主干路相连接。

(3) 车库基地主要出入口的宽度不应小于 4m，并且应保证出入口与内部通道衔接顺畅。

(4) 当需要在基地出入口办理车辆出入手续时，出入口处应设置候车道，并且不应占用城市道路；机动车候车道宽度不应小于 4m，长度不应小于 10m，非机动车应留有等候空间。

(5) 相邻机动车库基地出入口之间的最小距离不应小于 15m，且不应小于两出入口道路转弯半径之和。

（6）机动车库基地出入口应设置减速安全设施。

（7）机动车库基地出入口应具有通视条件，并且与城市道路连接的出入口地面坡度不宜大于 5%。

（8）机动车库基地出入口处的机动车道路转弯半径不宜小于 6m，并且需要满足基地通行车辆最小转弯半径的要求。地下车库出入口如图 8-1 所示。

图 8-1 地下车库出入口

知识小贴士

机动车库内的标志与标线应符合如下规定。

（1）应在每层出入口的显著部位设置标明楼层、行驶方向的标志。

（2）应在地面上用彩色线条标明行驶方向，用 10～15cm 宽的线条标明停车位。

（3）在各层柱间及通车道尽端，应设置停车位标志。

8.1.3 车库设计有关尺寸的要求

车库设计有关尺寸的要求如下。

（1）车库总平面内，单向行驶的机动车道宽度不应小于 4m。

（2）车库总平面内，双向行驶的小型车道宽度不应小于 6m，双向行驶的中型车以上车道宽度不应小于 7m。

（3）车库总平面内，单向行驶的非机动车道宽度不应小于 1.5m，双向行驶的宽度不宜小于 3.5m。

（4）机动车道路转弯半径应根据通行车辆种类确定。微、小型车道路转弯半径不应小于 3.5m；消防车道的转弯半径应满足消防车辆的最小转弯半径要求。

（5）机动车库需要根据停放车辆的设计车型外廓尺寸进行设计。机动车设计车型的外廓尺寸取值见表 8-1。专用机动车库可以根据所停放的机动车外廓尺寸进行设计。

表 8-1 机动车设计车型的外廓尺寸

设计车型	外廓尺寸/m		
	总长	总宽	总高
微型车	3.80	1.60	1.80
小型车	4.80	1.80	2.00

续表

设计车型		外廓尺寸/m		
		总长	总宽	总高
轻型车		7.00	2.25	2.75
中型车	客车	9.00	2.50	3.20
	货车	9.00	2.50	4.00
大型车	客车	12.00	2.50	3.50
	货车	11.50	2.50	4.00

（6）机动车最小转弯半径应符合的规定见表 8-2。

表 8-2 机动车最小转弯半径

车型	最小转弯半径 r_1/m
微型车	4.50
小型车	6.00
轻型车	6.00～7.20
中型车	7.20～9.00
大型车	9.00～10.50

（7）机动车之间以及机动车与墙、柱、护栏之间的最小净距应符合的规定见表 8-3。

表 8-3 机动车之间以及机动车与墙、柱、护栏之间的最小净距

项目		机动车类型		
		微型车、小型车	轻型车	中型车、大型车
平行式停车时机动车间纵向净距/m		1.20	1.20	2.40
垂直式、斜列式停车时机动车间纵向净距/m		0.50	0.70	0.80
机动车间横向净距/m		0.60	0.80	1.00
机动车与柱间净距/m		0.30	0.30	0.40
机动车与墙、护栏及其他构筑物间净距/m	纵向	0.50	0.50	0.50
	横向	0.60	0.80	1.00

注：（1）纵向是指机动车长度方向，横向是指机动车宽度方向。

（2）净距是指最近距离，当墙、柱外有凸出物时，从其凸出部分的外缘算起。

（8）车辆出入口宽度，双向行驶时不应小于 7m，单向行驶时不应小于 4m。

（9）车辆出入口及坡道的最小净高应符合的规定见表 8-4。

表 8-4 车辆出入口及坡道的最小净高

车型	最小净高/m
微型车、小型车	2.20
轻型车	2.95
中型、大型客车	3.70
中型、大型货车	4.20

注：净高是指从楼地面面层（完成面）到吊顶、设备管道、梁或其他构件底面之间的有效使用空间的垂直高度。

（10）机动车最小停车位、通（停）车道宽度可通过计算或作图法求得，并且库内通车道宽度应大于或等于 3m。小型车的最小停车位、通（停）车道宽度应符合的规定见表 8-5。

表 8-5 小型车的最小停车位、通（停）车道宽度

<table>
<tr><th colspan="3" rowspan="2">停车方式</th><th colspan="2">垂直通车道方向的最小停车位宽度/m</th><th rowspan="2">平行通车道方向的最小停车位宽度 L_t/m</th><th rowspan="2">通(停)车道最小宽度 W_d/m</th></tr>
<tr><th>W_{e1}</th><th>W_{e2}</th></tr>
<tr><td colspan="2">平行式</td><td>后退停车</td><td>2.4</td><td>2.1</td><td>6.0</td><td>3.8</td></tr>
<tr><td rowspan="4">斜列式</td><td>30°</td><td>前进(后退)停车</td><td>4.8</td><td>3.6</td><td>4.8</td><td>3.8</td></tr>
<tr><td>45°</td><td>前进(后退)停车</td><td>5.5</td><td>4.6</td><td>3.4</td><td>3.8</td></tr>
<tr><td>60°</td><td>前进停车</td><td>5.8</td><td>5.0</td><td>2.8</td><td>4.5</td></tr>
<tr><td>60°</td><td>后退停车</td><td>5.8</td><td>5.0</td><td>2.8</td><td>4.2</td></tr>
<tr><td colspan="2" rowspan="2">垂直式</td><td>前进停车</td><td>5.3</td><td>5.1</td><td>2.4</td><td>9.0</td></tr>
<tr><td>后退停车</td><td>5.3</td><td>5.1</td><td>2.4</td><td>5.5</td></tr>
</table>

8.1.4 车库新做法

“好房子”的车库，在追求美观的同时也越来越人性化。对车库的设计新增美学评价，需雕琢产品。

目前地下车库的一些新做法包括设置星空顶、坡道奢石玄关墙、司机专属休息室、业主专属车库储物柜，采用“全铝板吊顶＋全石材地面”等。具体的一些新设计如下。

（1）车道上方的吊顶都是定制的铝板，停车位上方的吊顶则是深色的铝格栅，就连地面的挡车器，也是大理石材质的。

（2）车库标高与市政道路相同，没有坡道，方便车辆平进平出。

（3）车库采用“格栅吊顶＋环氧漆车道”。

（4）车库将业主归家动线设计成了沉浸式剧场。

（5）车库采用镜面般的水磨石地面。

（6）车库采用了定制石材。

（7）车库采用了艺术墙。

（8）车库车道端头、天花板装饰用发光软膜灯箱。

（9）车库车道使用一整面超大面积的软膜灯光墙面，车道的整个天花板全部用软膜灯箱、铝板覆盖。

（10）车库车位的车头和车尾位置用射灯局部加强照明；车位天花板不同铝板间形成阶差，并用隐藏灯带照明；车尾墙面用石材做类似背景墙的造型，背景墙四周使用隐藏灯带照明。

（11）车库车位顶部使用全铝板，且分为两个层次。

（12）车库挡车杆采用亮面金属材质，当光线较暗的时候可以起到反射作用。

（13）车库的面积相比其他新盘有所扩大，宽度约 2.4m，长度约 5.5m，类似越野车、大型 SUV 等车型都能正常停放。

（14）车库的整体造型打破了传统车库规规矩矩的样子，整体采用欧式等风格设计，较为独特。

（15）车库顶部采用大块岩石铺装，较有质感。

（16）车库顶部的灯也做成了灯带，使整个车库看起来更加明亮。

（17）车库顶部铝板的优势在于材质更轻盈、更透气，看起来也更干净、美观。

（18）车库被改造成了地下会客厅。

（19）车库内部的灯光采用金黄色色调，瞬间让车库有一种富丽堂皇的感觉。

（20）车库内部设置窗户，引入自然采光，保证车库处于一个通透明亮的环境里。

（21）车库内部可以加装充电桩，方便驾驶新能源汽车的业主使用。

（22）车库内部墙面的拐角处做了圆角处理，以免车辆不小心碰撞，同时也更安全。

（23）车库内部所有的柱子下方都贴上了金色的反光条，可以提醒业主安全停车。

（24）车库立柱装饰面用木纹铝板、石材装饰。

（25）车库门厅的顶部采用井字格工艺的金属型材，在镜面材质与方钻灯的交相辉映中，创造出波光粼粼的景致。

（26）车库内部空间，打造出一种舒适的尺度感。

（27）车库坡道入口设计光影渐变效果，并延伸至单元门前的艺术景墙。

（28）车库入口使用石材材质。车库入户大厅与电梯是连通的，可以直达业主所住楼层。入户大厅的顶部和地面全部铺装大理石，两侧均设有落地窗，增加室内自然采光。

（29）车库入口上方、地面都安装射灯作为点缀，充分利用光源增加车库美感。

（30）车库入口上方打造极具美感的星空穹顶，营造氛围感。

（31）车库入口整体高约 5m、宽约 16m，出入口吊顶做天幕星空穹顶。

（32）车库内部整体使用金黄色的灯光，搭配顶部蓝色光源，在视觉上显得更加高级。

（33）车库造型采用流线型设计，全铝板材质。

（34）普通车库中车位的尺寸是 2.4m×5.3m，有的"好房子"的车位尺寸为 2.5m×5.5m。该尺寸车位能够停放 MPV 车辆，满足越来越多的二孩、三孩家庭的停车需求。

（35）车库设在架空层里。架空平台用于停车，车库大部分在地面之上，能获得自然通风和采光，从而缓解了阴暗、返潮等问题。

（36）车位背景墙采用大块岩板，显得更加气派。

（37）车位背面墙采用石材，不是简单平铺，而是将灯带镶嵌进墙体内侧，达到所谓"见光不见灯"的效果。

（38）车位上的挡车器全部采用不锈钢材质。

（39）车行坡道采用无振动的止滑坡道，入口处使用铝板、香槟金不锈钢、条形灯、干挂仿石砖灯等材料和元素，再加上玄关的星空顶设计，让整个行车入口更具质感。

（40）地库行车道整体采用聚氨酯超耐磨玻璃微珠地坪做法，比普通地坪材料的耐磨性高 2～3 倍。

（41）地下车库设有采光井，更好地保证自然光的引入，让车库看起来更加明亮通透。

（42）地下车库设置了专属的落客区、司机休息区，并搭配了绿色植物装饰。

（43）地下车库手机信号全覆盖。

（44）每个车位都标上了序号，方便业主更快速地找到自家车位。

（45）每个车位都有多个光源点的设置，这样倒车时视线是清晰的，减少视线盲区。

（46）每一个车位的地面涂有镜面环氧树脂，防滑且耐用，不易磨损业主的车轮胎。

（47）在车道上方，有路线指示标识，告诉出口在哪里、会所通往哪里等。

（48）业主出入时还有智能识别系统自动识别车牌，人脸识别系统将联动电梯，自动为业主呼叫电梯，主打车库科技感。

（49）业主买下的固定车位会有车牌号标识，出租的临时车位则没有，很好辨认。

（50）整个小区停车位非常充足，车位配比做到 1∶1.6。

8.2 车库吊顶

8.2.1 格栅吊顶车库的特点、施工与验收

车库格栅吊顶是一种开放式吊顶方式，常由铝合金、镀锌钢板、木材制成，呈网格状排列，具有良好的通风、透光效果。

格栅吊顶是一种装饰性吊顶，一般由多个条形格子组成，能够为室内空间增添层次感与艺术气息。

根据材质、工艺的不同，格栅吊顶可以分为木质格栅吊顶、铝合金格栅吊顶、不锈钢格栅吊顶等多种类型。

根据样式，格栅吊顶可以分为平面式格栅吊顶、凹槽式格栅吊顶、镂空式格栅吊顶等多种类型。

格栅吊顶如图 8-2 所示。

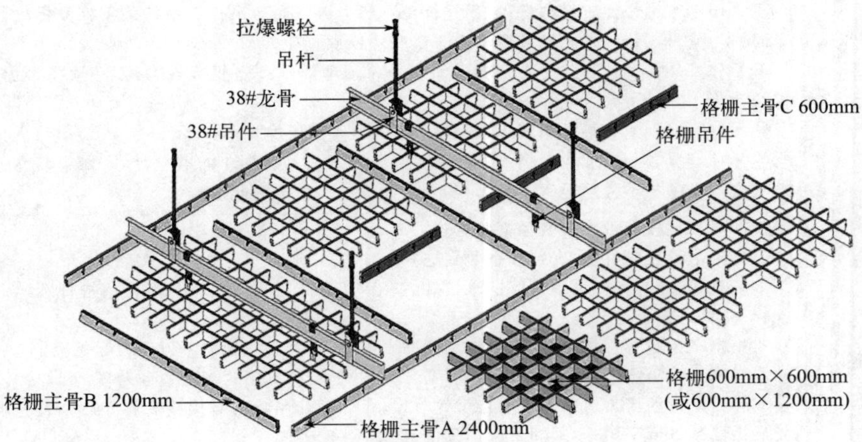

(a) 格栅天花安装示意

图 8-2

(b) 格栅吊顶车库

图 8-2　格栅吊顶

格栅吊顶施工工艺流程如图 8-3 所示。格栅吊顶施工主要步骤见表 8-6。

① 顶棚标高弹水平线 ⟶ ② 吊杆安装 ⟶ ③ 轻钢龙骨安装 ⟶ ④ 弹簧片安装 ⟶ ⑤ 格栅主副骨组装 ⟶ ⑥ 格栅安装

图 8-3　格栅吊顶施工工艺流程

表 8-6　格栅吊顶施工主要步骤

步骤	解说
弹线	①从室内预先确定的水准线量到吊顶设计高度,并且用粉线弹出吊顶面层表面水平线。 ②根据吊顶平面图,在混凝土顶板弹出主龙骨的位置。主龙骨应从吊顶中心向两边分,并标出吊杆的固定点。 ③主龙骨和吊杆的固定点间距为 900～1200mm,一般取 1000mm
固定吊挂杆件	①采用膨胀螺栓固定吊挂杆件,吊挂杆件一般为镀锌通丝吊杆。吊杆采用膨胀螺栓固定在楼板上时,用冲击电锤打孔,孔径需要稍大于膨胀螺栓的直径。 ②吊挂杆件需要通直并且有足够的承载力。预埋的吊杆需要接长时,则必须搭接焊牢,并且搭接长度为 $10d$,d 为吊杆直径。 ③吊杆距轻钢龙骨端部距离不得超过 300mm,否则应加长吊杆。 ④吊顶灯具、风口、检修口等处,需要设附加吊杆。大于 3kg 的重型灯具、风扇及其他重型设备严禁安装在吊顶工程的轻钢龙骨上,需要另设吊挂件与构造连接
安装轻钢龙骨	①如果吊顶较低可以安装轻钢龙骨。 ②如果吊顶较高,应有安装轻钢龙骨这一工序。 ③安装轻钢龙骨时,将组装好的吊挂件的轻钢龙骨,根据分档线位置,使吊挂件穿入对应的吊杆螺栓,再拧好螺母。 ④根据轻钢龙骨标高位置,对角拉水平原则线,轻钢龙骨安装调平以该线为基准。 ⑤轻钢龙骨需要平行房间长向安装,安装应起拱,起拱高度为房间短向跨度的 1/500。 ⑥轻钢龙骨的接长应采用专用接长件对接,相邻轻钢龙骨的对接接头要互相错开。轻钢龙骨安装后需要基本调平,并且紧固吊杆螺母。 ⑦跨度大于 15m 的吊顶,为增强整体刚度、稳定性能,需要在轻钢龙骨上部每隔 15m 加一道与该轻钢龙骨相似规格的轻钢龙骨,并且垂直于轻钢龙骨横向安放且连接牢固

续表

步骤	解说
弹簧片安装	①采用专供格栅安装的配套吊挂弹簧片钩具。 ②弹簧片钩具的上部与轻钢龙骨连接，下部带有吊钩，以便勾挂格栅。 ③弹簧片一般是由高强锰钢片制成，轻微拨动，即可上下升降、止动。可以灵活调整控制格栅水平面高度。 ④弹簧片钩具间距为 900～1200mm，一般取 1000mm。 ⑤如果吊顶较低，则可以将弹簧片钩具直接安装在吊杆上，省略本工序
格栅主副骨组装	①如果是铝合金格栅，则由铝合金做基材，表面进行滚涂、静电粉末喷涂、覆膜。 ②格栅主骨上方开缺口、格栅副骨下方开缺口，可构成多种规格的方格，一般规格为 50mm×50mm、100mm×100mm、150mm×150mm、200mm×200mm 等。 ③格栅的主副骨应根据设计规定组装
格栅安装	①弹簧片吊具下端的专用吊钩，与格栅主骨预留孔洞勾挂。 ②弹簧片吊具可以在轻钢龙骨上移动，保证弹簧片吊具垂直受力。格栅安装可以从一个墙角开始，将分片格栅托起，略高于标高位置线，临时进行固定。然后，微调弹簧片，直到抵达格栅水平高度。安装后应保证每个分片受力均匀
调整、安装压边条	①格栅安装后，需要统一拉线调整，以保证轻钢龙骨顺直、格栅表面平整、缝隙均匀一致。 ②墙、柱四面收边，应安装压边条

格栅吊顶的质量验收包括主控项目和一般项目的质量验收，具体要求见表 8-7。

表 8-7 格栅吊顶的质量验收要求

项目	质量验收要求
主控项目	①格栅的材质、品种、规格、成型尺寸、组装固定措施、颜色、花型图案等必须符合设计等规定。 ②格栅的防火、防潮、防锈必须符合设计和有关标准的规定
一般项目	①格栅表面应平整，颜色应均匀一致。镀膜或漆膜应完整、无划痕、无污染。感观应细腻、光洁。 ②格栅组装应牢固方正，角度方向应一致；表面应平整、无翘曲；接口应严密、无错台、错位，纵横向应顺直美观

格栅吊顶工程安装的容许偏差与检查措施应符合的要求见表 8-8。

表 8-8 格栅吊顶工程安装的容许偏差与检查措施

项类	项目	容许偏差/mm	检查措施
龙骨	龙骨间距	2	尺量检查
	龙骨平整	3	尺量检查
	起拱高度	5	拉线尺量
	龙骨四面水平	5	尺量或水准仪检查
格栅	表面平整度	2	用 2m 靠尺和塞尺检查
	分格线平直度	2	拉 5m 线(局限性 5m 拉通线)，用钢直尺检查
	接缝高下差	1	用直尺和塞尺检查
	顶棚四面平直度	5	拉线或用水准仪检查

8.2.2 星空吊顶车库的特点、施工与验收

星空吊顶根据光源分为光纤星空顶、LED 星空顶等。光纤星空顶的核心组件包括端

发光光纤（直径为 0.75～2mm）、光源发生器（150～300W 的卤素灯/LED 灯）、星空控制器等。LED 星空顶包括 LED 模组（200～500 颗/m^2）、DMX512 控制系统、扩散光学膜组等。

星空吊顶如图 8-4 所示。星空吊顶应首先确定星空吊顶的顶面材料和图案。

(a)

(b)

图 8-4　星空吊顶

星空吊顶的导光基板分为石膏板开孔嵌入光纤、航空铝蜂窝板、纳米导光膜、压电陶瓷星空板等。

星空吊顶主要涉及隐蔽工程强弱电（包括预埋 32mm 阻燃 PVC 穿线管等）、星点定位、光学调试等。

光纤星空顶光纤的粗细，目前可供选择的规格有 0.75mm、1.0mm、1.5mm 等。

光纤尺寸、数量应根据安装房间的长宽比例合理分配、恰当配置。分配过密或太过稀疏，会导致最终效果不理想。敷设光纤时，需要将较短的光纤布置在靠近光源机的位置，较长的光纤布置在远离光源机的位置。

安装光纤应先在吊顶饰面板上标记好需要钻孔的位置，再在标记好的地方根据光纤对应的开孔尺寸钻孔，然后将光纤穿入板材。光纤与吊顶饰面板连接处，可以采用滴加环氧树脂胶来固定。

星空吊顶的光源器需要安装在吊顶上通风、干燥、便于检修的位置。如果吊顶为全封闭设计，则需要在放置光源器的位置开设活动检修口，以便光源器的放置和检修。

星空顶龙骨有木龙骨、轻钢龙骨等。星空顶装修用木龙骨的规格一般为 60cm×60cm；PVC 吊顶用龙骨的规格一般为 50cm×50cm；石膏板吊顶用龙骨的规格一般不宜超过 42cm×42cm；木工板吊顶用龙骨的规格一般不宜超过 42cm×42cm。

龙骨吊筋间距以60～80cm为宜。

石膏板面自攻螺钉内陷1～2mm并做防锈处理，要做到平整牢固。

有的流星机、变光机的厚度加起来有10.5cm，为此，吊顶至少要距离原顶11cm。如果考虑安装操作方便，以及散热等情况，则应增加余量。

星空顶选择铝扣板吊顶时，其尺寸一般选择300mm×300mm、600mm×600mm等类型。

家居星空顶吊顶一般使用的铝板厚度有0.55mm、0.6mm、0.7mm等规格。

星空顶的施工与验收要求见表8-9。

表8-9 星空顶的施工与验收要求

项目	验收要求
基材与设备选型	①星空纤维布需要选择阻燃级材质，幅宽需要超出实际装饰区域10%～15%。 ②导光纤维要选用直径为0.75mm以上的规格，透光率需达到92%以上。 ③主龙骨需要采用304不锈钢材质，副龙骨可用阳极氧化铝合金。 ④LED点光源建议选用低压DC24V系统，单颗功率不超过0.5W
基层预处理要求	①完成面平整度偏差应控制在3mm/2m范围内。 ②基层含水率应低于8%，必要时需做防潮处理。 ③需使用激光水平仪进行基准线定位，误差不超过±1.5mm。 ④所有电气线路需预埋PVC阻燃套管
系统安装工艺	(1)龙骨框架安装 ①主龙骨间距不大于1200mm。 ②副龙骨中心距保持400mm等分。 ③采用M6膨胀螺栓固定，间距≤800mm。 (2)光学系统集成 ①导光纤维按星图走向排布，弯曲半径＞50mm。 ②LED光源间隔密度为150～200mm/颗。 ③采用并联电路设计，单回路负载不超过80W。 (3)面层张拉技术 ①采用放射式张拉法，从中心向四周作业。 ②边缘预留20mm热胀冷缩余量。 ③接缝处使用专用接缝带处理
系统调试与验收	①通电前需完成500V兆欧表绝缘测试。 ②连续运行72h无频闪现象。 ③最终呈现的星座定位误差＜3°。 ④亮度均匀性偏差应＜15%

8.3 水磨石车库地面

8.3.1 水磨石概述

车库的类型有水泥混凝土车库、水磨石地库、环氧地坪车库、金刚砂固化车库、整体浇筑水磨石车库等。其中，水磨石地库是指地库地面主要采用水磨石。

水磨石是以水泥或水泥和聚合物的混合物为主要胶凝材料，以碎石和砂为主要骨料，经搅拌、振动或压制成型、养护，表面经研磨和（或）抛光等工序制作而成的建筑装饰材料。

水磨石包括预制、现浇等类型。水磨石及其施工相关术语解说见表8-10。

表8-10　水磨石及其施工相关术语解说

名称	术语解说
普通水磨石	普通水磨石是指以水泥为主要胶凝材料，结构形式多为双层的水磨石。其抗折强度平均值不小于5MPa，并且吸水率不超过8%
高性能水磨石	高性能水磨石是指以水泥为主要胶凝材料，结构形式多为单层的水磨石。其抗折强度平均值不小于8MPa，并且吸水率不超过6%
水泥人造石	水泥人造石是指以水泥和聚合物的混合物为主要胶凝材料，结构形式为单层的水磨石。其抗折强度平均值不小于10MPa，并且吸水率不超过4%
高性能水泥人造石	高性能水泥人造石是指以水泥和聚合物的混合物为主要胶凝材料，结构形式为单层的水磨石。其抗折强度平均值不小于15MPa，并且吸水率不超过1%
不发火水磨石	不发火水磨石是指在一定的摩擦、冲击或冲擦等机械试验时，不会产生火花（或火星）的水磨石
洁净水磨石	洁净水磨石是指使用中发尘量满足洁净室要求的水磨石
防静电水磨石	防静电水磨石是指具有防静电功能的水磨石
晶面水磨石	晶面水磨石是指光面水磨石中具有镜面效果的水磨石
返浆	返浆是指在水磨石磨光面上出现底层砂浆的现象
杂质	杂质是指存在于水磨石产品表面或内部，与水磨石产品本身材质不同（如纸皮、胶皮、塑料等），呈点状、团状或线状的物质
杂石	杂石是指与水磨石装饰面色调不协调、花色显著不同且影响面层装饰效果的石碴
石碴	石碴是指粉碎并筛分碎石所得的粒径为0.45mm以上的不同品种的装饰石子
越线	越线是指在有图案的产品装饰面上，两种或两种以上颜色的交界处，一种颜色超出图案规定的线条侵入相邻颜色区的现象
图案偏差	图案偏差是指两块或两块以上的水磨石组成图案时，相邻水磨石间线条不相吻合，线条彼此的偏离值

8.3.2　水磨石的分类

水磨石可以根据抗折强度和吸水率、制作方式、常用功能、制品在建筑物中的使用部位及产品类型、制品表面效果、胶凝材料类型、尺寸稳定性等进行分类，具体分类情况如图8-5所示。

8.3.3　预制水磨石常用规格尺寸

现浇水磨石的规格尺寸根据工程实际而定，预制水磨石的常用规格尺寸见表8-11。

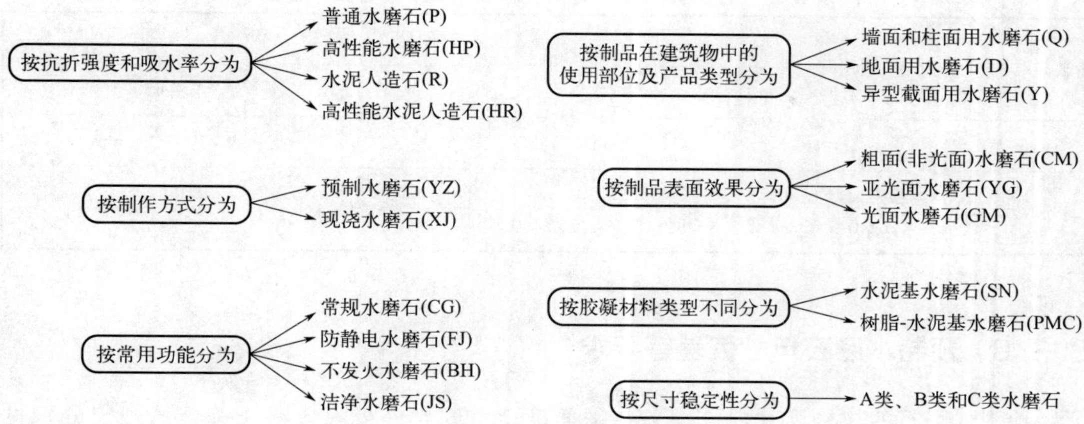

图 8-5 水磨石的分类

表 8-11 预制水磨石的常用规格尺寸

类别	指标/mm
长度(L)	300、400、500、600、800、1200、1400、1600、2400、2700、3000、3200
宽度(B)	300、400、500、600、800、1200、1400、1600、1800
厚度(H)	15、20、25、30、40、50、60

注：其他规格尺寸由设计使用部门与生产厂共同议定。

8.3.4 水磨石外观质量要求

水磨石装饰面的外观质量技术要求见表 8-12。

表 8-12 水磨石装饰面的外观质量技术要求

缺陷名称	偏差技术要求			
	普通水磨石	高性能水磨石	水泥人造石	高性能水泥人造石
露筋	不准许	不准许	不准许	不准许
裂缝	不准许	不准许	不准许	不准许
返浆、杂质	不准许	不准许	不准许	不准许
色差、划痕、杂石、气孔	不明显	不明显	不准许	不准许
边角缺损	缺角面积不超过 5mm×2mm；缺边长度不超过 10mm，宽度不超过 2mm。允许 2 处	缺角面积不超过 3mm×2mm；缺边长度不超过 5mm，宽度不超过 1mm。允许 1 处	不准许	不准许

注：(1) 由于表面失水等原因而产生的裂纹不属于裂缝。
(2) 有气孔装饰要求时，气孔允许存在。

8.3.5 水磨石图案越线和图案偏差要求

水磨石磨光面有图案时，其越线和图案偏差应符合的规定见表 8-13。

表 8-13 有图案水磨石磨光面越线和图案偏差技术要求

缺陷名称	偏差技术要求			
	普通水磨石	高性能水磨石	水泥人造石	高性能水泥人造石
图案偏差	≤3mm	≤2mm	≤2mm	≤2mm
越线	越线距离≤2mm； 长度≤10mm；允许 2 处	越线距离≤2mm； 长度≤5mm；允许 1 处	不准许	不准许

8.3.6 预制水磨石尺寸偏差等要求

预制水磨石的规格尺寸允许偏差、平面度、角度允许极限公差应符合的规定分别见表 8-14、表 8-15。正面与侧面的夹角不应大于 90°。

表 8-14 墙面和柱面、地面用水磨石尺寸偏差技术要求

检验项目/mm		偏差技术要求/mm			
		普通水磨石	高性能水磨石	水泥人造石	高性能水泥人造石
长度(L)		0，−1			
宽度(B)		0，−1			
厚度(H)		±1.0			
平面度	L≤600	≤0.8	≤0.8	≤0.6	≤0.2
	600<L≤1200	≤0.8	≤0.8	≤0.6	≤0.5
	L>1200	≤1.0	≤1.0	≤0.8	≤0.7
角度	L≤600	≤0.8	≤0.8	≤0.6	≤0.3
	600<L≤1200	≤0.8	≤0.8	≤0.6	≤0.4
	L>1200	≤1.0	≤1.0	≤0.8	≤0.5

表 8-15 异形截面水磨石尺寸偏差技术要求

检验项目/mm		偏差技术要求/mm			
		普通水磨石	高性能水磨石	水泥人造石	高性能水泥人造石
长度(L)		±2	±1	±1	±1
宽度(B)		±2	±1	±1	±1
厚度(H)		±2	+1，−2	+1，−2	±1
平面度	L≤600	≤1.0	≤1.0	≤0.8	≤0.6
	600<L≤1200	≤1.5	≤1.5	≤1.0	≤0.8
	L>1200	≤2.0	≤2.0	≤1.5	≤1.0
角度	L≤600	≤0.8	≤0.8	≤0.6	≤0.4
	600<L≤1200	≤1.0	≤1.0	≤0.8	≤0.6
	L>1200	≤1.5	≤1.5	≤1.0	≤0.8

8.3.7 水磨石物理力学性能与尺寸稳定性要求

水磨石的抗折强度、吸水率、线性热膨胀系数应符合的要求见表8-16。

表8-16 水磨石的抗折强度、吸水率和线性热膨胀系数值要求

项目		指标			
		普通水磨石	高性能水磨石	水泥人造石	高性能水泥人造石
抗折强度/MPa	平均值，≥	5.0	8.0	10.0	15.0
	最小值，≥	4.0	6.5	8.0	12.0
吸水率/%	≤	8.0	6.0	4.0	1.0
线性热膨胀系数/$℃^{-1}$	≤	1.3×10^{-5}			

水磨石的尺寸稳定性应符合的要求见表8-17。

表8-17 水磨石的变形分类

分类	A	B	C
总位移幅度/mm	<0.3	≥0.3但<0.6	≥0.6

8.3.8 现浇水磨石的允许偏差要求

现浇水磨石的允许偏差应符合的要求见表8-18。

表8-18 现浇水磨石的允许偏差要求 单位：mm

项目	普通水磨石	高性能水磨石	水泥人造石	高性能水泥人造石
平面度	≤3	≤2	≤2	≤2
踢脚线上口平直	≤3	≤3	≤3	≤2
缝格顺直	≤3	≤2	≤2	≤2

知识小贴士

水磨石外观质量判断的方法是将水磨石平放在地面上，在自然光下目测水磨石面层的外观缺陷，距水磨石1.5m处明显可见的缺陷视为有缺陷，否则视为无缺陷。

8.3.9 水磨石地面施工的主要材料

水磨石地面施工的主要材料见表8-19。

表8-19 水磨石地面施工的主要材料

类型	材料要求
水泥	原色水磨石面层宜采用普通硅酸盐水泥，严禁不同型号水泥混用

续表

类型	材料要求
石粒	①需要采用坚硬可磨的白云石、大理石、方解石等岩石破碎筛分而成。 ②硬度过高的石英岩、刚玉、长石等不宜采用。 ③石粒颜色粗细均匀一致，洁净无泥沙、无杂物。 ④石渣的粒径一般为6～15mm，最大粒径比水磨石面层厚度小1～2mm
沙	过8mm孔径的筛子，含泥量不得大于3%
颜料	①水泥中掺入的颜料需要采用耐光、耐碱的矿物颜料，禁用酸性颜料，掺入量宜为水泥重量的3%～6%，深色不超过12%。 ②同一色彩的面层需要使用同厂、同批的颜料
分格条	①有铜条、铝条、玻璃条、塑料条等，常用的是铜条。 ②分格条要求平直、厚度均匀。 ③分格条长度以分格尺寸来确定，宽度以面层的厚度来确定，铜条和铝条宽度为1～2mm、塑料条宽度为2～3mm、玻璃条宽度为3mm
其他	草酸、地板蜡等

8.3.10　水磨石地面施工工艺

水磨石地面的施工工艺流程如图8-6所示。水磨石地面的施工工艺主要步骤要求见表8-20。

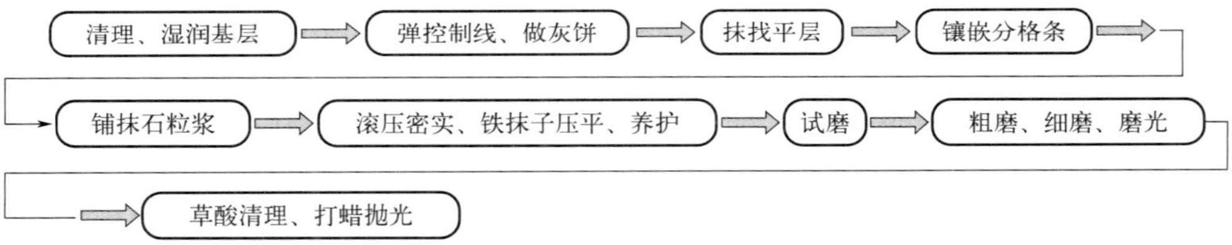

图8-6　水磨石地面的施工工艺流程

表8-20　水磨石地面的施工工艺主要步骤要求

项目	步骤要求
清理、湿润基层	①基层表面需要密实平整，不允许有凹凸不平、起砂现象。 ②细石混凝土铺设前一天即应洒水保持表面有一定的湿润，以利于面层与基层结合牢固。 ③垫层表面上的松散焦渣、混凝土、水泥砂浆均需要清理干净。如果有油污，则可以使用火碱液清洗干净
弹控制线、做灰饼	①根据墙面上的500mm标高线，往下量出水磨石面层的标高。 ②根据墙面上的标高线，做找平层的灰饼。 ③留出面层的厚度为15mm，灰饼间距为1.5m，大小为8～10mm。 ④灰饼砂浆硬结后，以灰饼高度为准，抹宽为8～10mm的纵横标筋
抹找平层	①找平层用1∶3的干硬性水泥砂浆，先将砂浆摊平，然后用刮尺按冲筋刮平，再用木抹子磨平压实，保持表面平整、密实、粗糙，找平层抹好后，第二天至少浇水养护1d。 ②找平层养护1d后，在找平层上根据设计要求弹出纵横两向或图案墨线，再根据墨线裁分格条
镶嵌分格条	①用纯水泥浆在分格条下部抹成八字角通长坐嵌牢固，铜条穿的铁丝要埋好。 ②纯水泥浆的涂抹高度比分格条低4～6mm，分格条镶嵌牢固，接头严密，顶面在同一平面上，且通线检查其平整度、顺直度。 ③分格条镶嵌好以后，隔12h开始浇水养护，最少应养护2d

续表

项目	步骤要求
铺抹石粒浆	①在底层刮素水泥浆，再将不同色彩的水泥石子浆填入分格中，大约厚8mm（比嵌条大约高1mm）。 ②收水后，再用滚筒滚压，并浇水养护。 ③铺筑石粒浆时，需要先沿分格条两边一齐铺，使其对称，再将分格条挤住，铺设每格的中央部分
滚压密实、铁抹子压平、养护	①水磨石铺设完毕不要用刮杠刮平，需要先用滚筒滚压密实，并且滚压时要沿两个方向分别纵横压，如果发现表面石子偏少，可在水泥砂浆较多处撒石子并拍平，以增加美观。等表面出浆后，再用抹子抹平。 ②铺完面层严禁行走，1d后进行洒水养护。常温下养护5～7d，低温、冬期施工时养护10d以上
试磨	①开磨前，需要先试磨，当表面石粒不松动、不脱落，砂浆抗压强度为100～130N/mm^{2}时才可以开磨。 ②开磨时间与气温、水泥品种有关，一般1～5d后可开磨
粗磨、细磨、磨光	①水磨石面一般采用“二浆三磨”法，也就是整修研磨过程中磨光三遍，补浆两次。 ②第一遍先用60～80号粗金刚石粗磨，磨光机走“8”字形，边磨边加水冲洗，注意磨匀磨平，并且用2m靠尺板进行平整度检查。检查合格后，可以把水泥浆冲洗干净，再用同色水泥浆涂抹。填补研磨过程中出现孔眼大或脱落的石粒，需要用石粒补齐或嵌补，并且适当养护后再磨，常温养护需要2～3d，低温及冬期施工养护需要5d以上。 ③第二遍用120～150号金刚石磨平，要求磨到表面光滑为止。磨光后再用水冲洗，然后补浆一次，养护2～3d。 ④第三遍用180～240号油石精磨，要求打磨光滑，无砂眼、细孔，石子颗颗显露
草酸清理、打蜡抛光	①将地面冲洗干净，涂一遍10%浓度的草酸溶液，然后再用280～320号油石进行细磨或把布卷固定在研磨机上进行研磨，研磨到出白浆、表面光滑为止。 ②用水冲洗、晾干后，再在水磨石面层上满涂第一遍蜡，等干后再用磨光机研磨，研磨出光亮后，再涂第二遍蜡并研磨一遍，直到光滑洁亮即可

参考文献

1. GB 55038—2025. 住宅项目规范 .
2. GB/T 17986. 1—2000.《房产测量规范　第 1 单元：房产测量规定》.
3. DBJ50/T-470—2024. 金属与石材幕墙工程技术标准 .
4. CJJ 82—2012. 园林绿化工程施工及验收规范 .
5. DB11/T 212—2024. 园林绿化工程施工及验收规范 .
6. 24S605. 游泳池给水排水设计及附件安装 .
7. JC/T 507—2022. 建筑装饰用水磨石 .
8. CJJ/T 294—2019. 居住绿地设计标准 .
9. DB1401/T 23—2024. 居住区绿地种植设计规范 .
10. DB11/T 214—2016. 居住区绿地设计规范 .
11. DB37/T 5258—2023. 假山工程技术标准 .
12. GB 50015—2019. 建筑给水排水设计规范 .